1 2 & 8 9 10

物理のエッセンス

【五訂版】

力学・波動

河合塾講師 浜島清利［著］

河合出版

1・2 & 8・9・10 ？

妙な表紙だなと思ったことでしょう。もちろんこの本の性格を表しているのです。私が最も書きたかったこと，それは教科書に書かれていないけど大切なことです。数字が増すにしたがって基本から応用へ進むと思って下さい。教科書にはいわば**3**～**7**のことが書かれています。

さわやかに“分かる”から

1・**2**に当たる部分が教科書から抜け落ちているのです。物理の認識というかフィーリングのような部分です。それが教科書を読んでも分からないという声を生む原因です。たとえば，力学では力の図示（力の働き方の理解）が根幹（こんかん）にあるのですが，教科書には通り一遍（いっぺん）の記述しかありません。“分かる”かどうかはこの**1**・**2**の部分に大きく左右されます。公式を知っていても分かっていない人が多いのです。

あざやかに“解ける”へ

また，教科書を読んでも問題は解けないという声も聞きます。**8**・**9**・**10**の部分ですね。そこで何を身につけておくべきかを明示しました。問題を解く上で大切なことは，どう考えていくかという“考え方の流れ”です。フォーメーション・プレーといってもよいでしょう。１つ１つの公式がばらばらになって頭に入っていませんか。物理はピラミッドのように下から（法則から）積み上がっているものです。体系の中に公式が息づいていなければいけません。解法のノウハウや公式の体系を目に見える形で満載しました。

物理の ESSENCE（エッセンス）を

教科書は**3**〜**7**になっているといっても，これを利用しない手はありません。そこで，用語の説明など必要だけれど退屈な所は教科書にまかせ，この本は物理のエッセンス（本質）に重点をおきました。**物理の考え方をクローズアップ**したのです。そのために図をふんだんに用いています。

さらに，入試の壁を打ち破るパワーをつけるために——

阿修羅の手の如く

阿修羅（アシュラ）は守護神。何本もの手を持ち戦います。多くの武器を用意しました。その説明をしておきます。

考え方の流れが大切だと言いました。私自身は半分無意識にやってきたことですが，誰にもわかるように定石化しました。四角のワクで囲んだものがそうです。**1**，**2**，**3**は１つながりの手順を示しています。一方，**A**，**B**，**C**はこのうちどれかで解決できるというパターン分けを示しています。

1→**2**→**3** と思考は流れる

A …………
B …………
C …………

→**A**
→**B** と思考は分かれる
→**C**

EX その応用例です。また，理解の骨格を形づくる例題です。

問題 ぜひ自分の力で解いてみて下さい。どれも理解を深め，試験問題を解く上で粒よりのエッセンスばかりです。せっかく解く鍵を手にしても，自分で使ってカシャッと錠（じょう）がはずれる快感を味わわないと身につきません。**くわしい解答が別冊**にあります。＊は難度を示します。

ちょっと一言 文字通りちょっとした注意や補足です。なかなか味のあるところですが，すぐにはピンとこないこともあるでしょう。だんだんにつかんでくれればよいのです。

Miss 誤りやすい誤答例を取り上げました。出題者の狙(ねら)い目になっている個所ですからクリアーをめざしましょう。

Q&A よく受ける質問あるいは本質をつく疑問にQ&Aの形で答えています。

知っておくとトク 覚えなくてもよいのですが，知っていると問題を解く上でずっと有利になることがらです。

High 物理の得意な人へのメッセージです。レベルの高い内容なので読み飛ばしてもかまいません。

物理基礎，物理という分け方は物理を体系的に学ぶのには適していません。そこで**分野別の編成**としました。

すべての例題と問題は，入試問題の詳しい分析に基づいて，最大の効果が得られるよう内容と構成に工夫をこらしたオリジナル問題です。マスターしたら入試問題集で大型問題にも挑戦してみて下さい（「**良問の風**」，さらには上級向きの「**名問の森**」（河合出版）を薦(すす)めます）。その時，この本は**解法マニュアルとしても力を発揮**します。かつては難攻不落と思われた問題がすらすらと解けていくでしょう。

試験の直前には太字部分だけでよいですから見直して下さい。重要事項の確認が効率的にできます。

さあ物理の世界に飛び立とう

物理で大切なものは現象のイメージです。いつも図を描いて考えるようにして下さい。図を見ながら法則を考え，式を立てる ―― これが物理です。そうすれば，複雑な現象に出合っても本質をえぐりだす力，本当の意味での実力がついてきます。

もう一言(ひとこと)。「なぜ？」という疑問を大切にしていって下さい。それこそ物理の心なのです。

目　次

（灰色部は物理基礎，白色部は物理）

力　学

波　動

物理の周辺

解法定石

力学

波動

Q & A

力学

波動

力学

ここでの約束：
とくに断らない限り，次のように考えて読んでいってほしい。

- ♣ 重力加速度の大きさは g とする。（問題文で提示しなくても，g が必要な場合は用いる。）
- ♣ 空気の抵抗は無視する。
- ♣ 小物体とは，物体の大きさを考えなくてよいことを意味する。
- ♣ 糸やばねの質量は無視する。糸は伸び縮みしないものとする。
- ♣ 滑車はなめらかなものとする。
- ♣ 地面，床，天井は水平とする。

※ 折りにふれて，「物理の周辺」(p 153〜) を見てほしい。

I　速度と加速度

◆ 速度と加速度

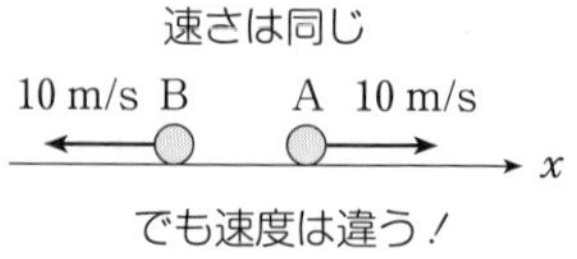

速度　「速度」は「速さ」だけでなく「向き」も考えた量で，1つのベクトル(p 161)だ。直線上の運動では，向きの区別に符号を利用する。右向きを正とすれば(右向きに x 軸をとれば)，図のAは $+10$ m/s，Bは -10 m/s と表される。

速さは同じ
10 m/s B　A 10 m/s
x
でも速度は違う!

堅苦しいが速度の定義を確認しておこう。微小時間 Δt〔s〕の間の変位を Δx〔m〕とすると，速度 v は

$$\boldsymbol{v}=\frac{\boldsymbol{\Delta x}}{\boldsymbol{\Delta t}}\ \text{〔m/s〕}$$

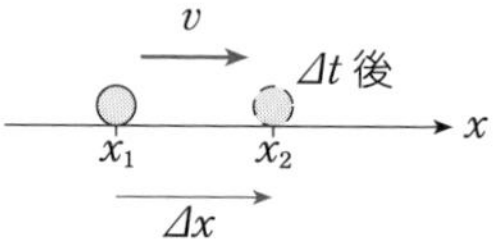

v
Δt 後
x
x_1　x_2
Δx

ここで変位 Δx は移動量であるが，より正確には，位置座標 x の変化 x_2-x_1 で，その符号が v の符号となっている。

ちょっと一言　“変化”は「後」－「前」を意味する用語。記号 Δ(デルタ) で表す。
ただ，Δ は単に差や微小量の意味で用いられることもある。

加速度　加速度は速度の時間変化を表す量で，これも向きをもつベクトルだ。直線運動での定義は，Δt〔s〕の間の速度の変化を Δv〔m/s〕とすると，加速度 a は

$$\boldsymbol{a}=\frac{\boldsymbol{\Delta v}}{\boldsymbol{\Delta t}}\ \text{〔m/s}^2\text{〕}$$

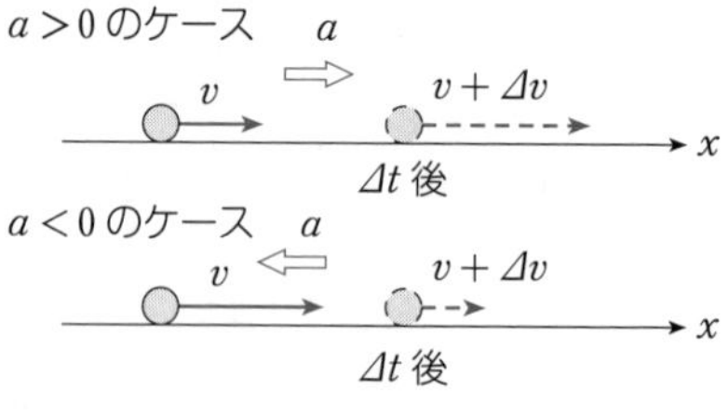

$a>0$ のケース　a
v　$v+\Delta v$
x
Δt 後
$a<0$ のケース　a
v　$v+\Delta v$
x
Δt 後

Δv の正・負が a の正・負につながる。

◆ v-t グラフ

速度 v の時間変化を表すグラフである。

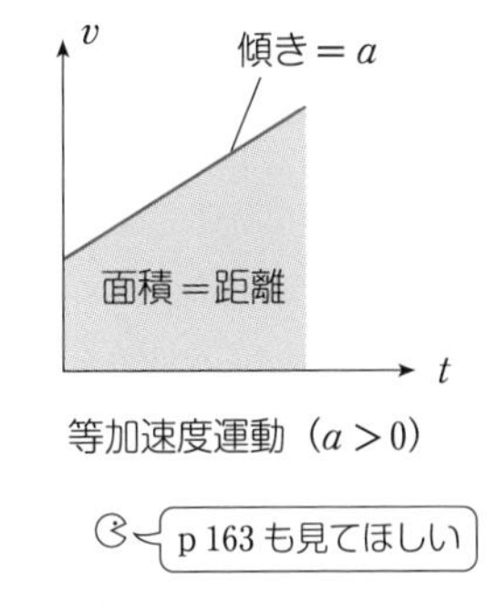

等加速度運動（$a>0$）

p 163 も見てほしい

v-t グラフを見たら

A　グラフの傾き ⇨ 加速度 a

B　グラフの面積 ⇨ 移動距離

解説

v-t グラフの接線の傾きは加速度 a に等しい。等加速度運動ではグラフは直線になる。また，t 軸との間の面積(赤色部)は進んだ距離を表す。

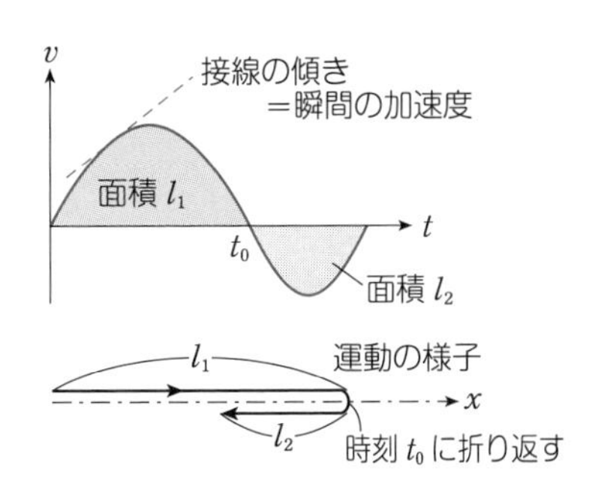

v-t グラフを見たとき，まず第一に考えるべきことは，x 軸上での運動の様子だ。$v>0$ は $+x$ 方向への，$v<0$ は $-x$ 方向への動きを表すから，右図のケースなら l_1 の距離右へ行き，l_2 だけ左に戻った，と分かる。

$a<0$ の等加速度運動はUターン型になる。ある点から折り返し点まで行く時間と戻る時間は等しい。また，同じ場所では同じ速さである(速度の向きは逆)。

このような**対称性**をもつことを知っておくと何かと役に立つ。

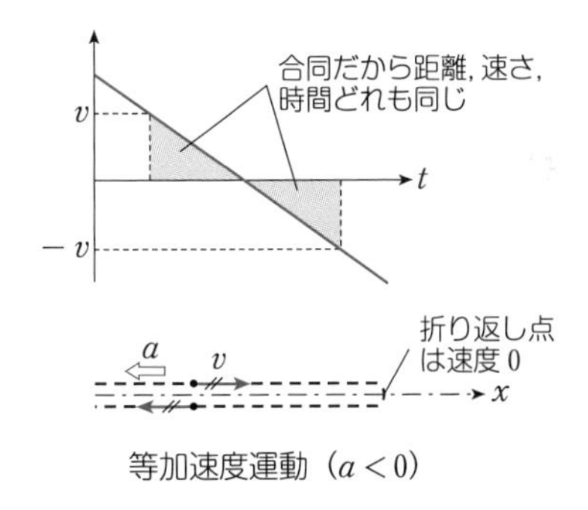

等加速度運動（$a<0$）

1　次の(a)，(b)の場合について，加速度の時間変化をグラフに表せ。また，4秒間の走行距離(道のり)lと元の位置に戻る時刻を求めよ。

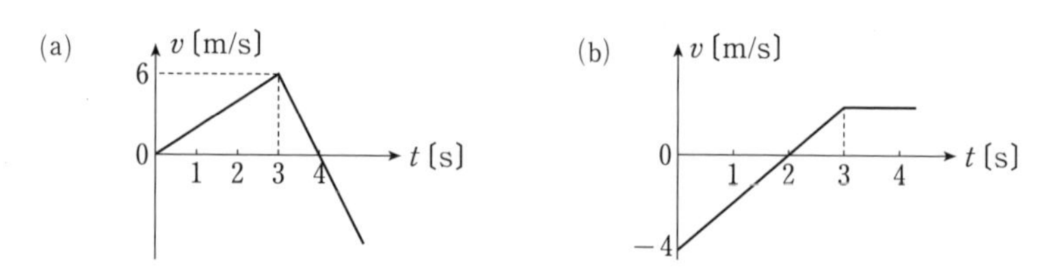

◆ 等加速度直線運動

加速度aが一定の場合の次の3つの公式はそらんじておかねばならない。というよりは自然に覚えるぐらいに使いこなしてほしい。

$$\boldsymbol{v = v_0 + at} \qquad \cdots\cdots①$$

$$\boldsymbol{x = v_0 t + \frac{1}{2}at^2} \qquad \cdots\cdots②$$

$$\boldsymbol{v^2 - v_0{}^2 = 2ax} \qquad \cdots\cdots③$$

①は加速度の定義から，②はv-tグラフの面積を利用して出されている。③は，①，②よりtを消去して導かれ，新しい内容のある式ではないが，大いに役立ってくれる。時間に関係した話は①，②，そうでなければ③と役目が分かれる。

$t=0$ のときの位置を原点 $x=0$ とすることが約束だ。また，**すべての量が符号をもつこと**に注意してほしい。**速度 v，加速度 a の符号は座標軸と同じ向きなら正，逆向きなら負となるし，x は座標**であるから正の位置も負の位置もある。とくに，式③のxを距離と誤解している人が多い。

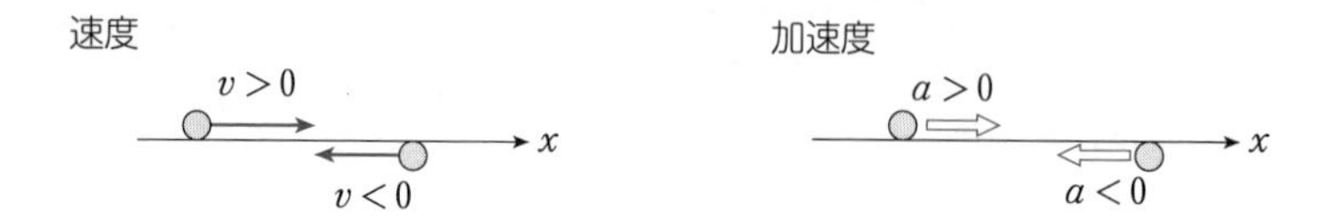

ちょっと一言　初速 v_0 はいつも正と思っていないだろうか。正となるのは座標軸の向きを通常はじめの運動方向にとるからなんだ。軸の向きを逆向きに設定すれば，v_0 は負としなければならない。また，$t=0$ 以前より等加速度運動が続いているなら，$t<0$ として式はすべて成立する。符号を嫌がらないでほしい。符号のおかげで１つの式でいろいろな場合が表現できるんだ。

2　初速 2 m/s で等加速度運動をし，4 s 後に速度が 14 m/s となった。この間の移動距離はいくらか。

3　初速度 20 m/s，加速度 $-4\ \mathrm{m/s^2}$ で動く物体の速度が -12 m/s となるまでに何秒かかるか。また，それまでの走行距離 l はいくらか。

◆ 落体の運動

自由落下，投げ下ろし，投げ上げなどの運動は等加速度直線運動の典型例だ。このときの加速度(重力加速度)の大きさ g は一定で，向きは鉛直下向きとなっている。

すべて等加速度運動の公式で扱えるので，新たに覚えることは何もない。ただ，注意すべきは，座標軸 y の取り方で $a=+g$ とするか(y が下向きのとき)，$a=-g$ とするか(y が上向きのとき)が分かれることだ。はじめの運動の向きを y の向きとするのが普通。

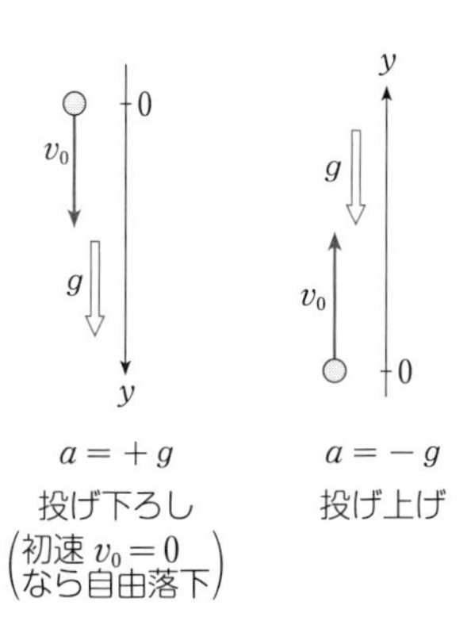

ちょっと一言　「……の大きさ」は符号をはずして，絶対値を表す用語。ベクトルの場合は，ベクトルの長さを表す用語。

4　初速 v_0 で投げ下ろされた物体の速さが $2v_0$ になるまでに落下する距離を l_1，$2v_0$ から $3v_0$ になるまでの落下距離を l_2 とする。l_2/l_1 はいくらか。

5*　高さ H のビルの屋上から初速 v_0 で真上に投げ上げる。最高点の高さ(地面からの高さ)h，地面に達するまでの時間 t を求めよ。

◆ 放物運動（主に物理の範囲）

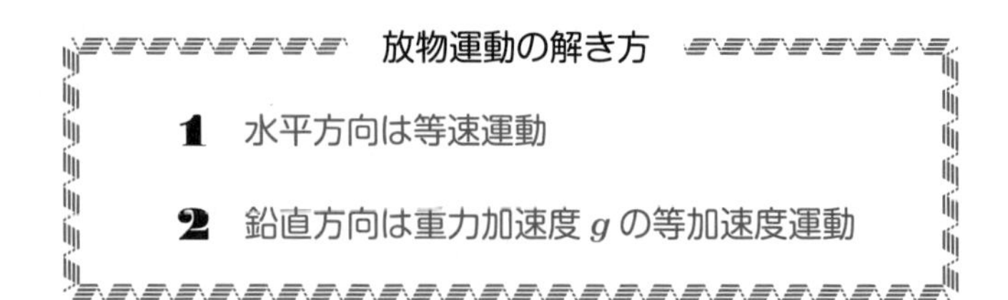

解説

運動を水平 x，鉛直 y の 2 方向に分解するのがコツ。y 方向は等加速度運動の公式で扱えばよい。重力加速度は下向きなので，やはり座標軸 y の取り方で $a=g$ とするか（y が下向きのとき），$a=-g$ とするか（y が上向きのとき）が分かれる。あとは，次のような特徴を活(い)かして解いていこう。

最高点では 速度の y 成分 $v_y=0$　　落下点では $y=0$

また，放物運動の対称性も利用しよう。最高点まで上がる時間と降りてくる時間は等しいとか，同じ高さでは同じ速さといったことである。

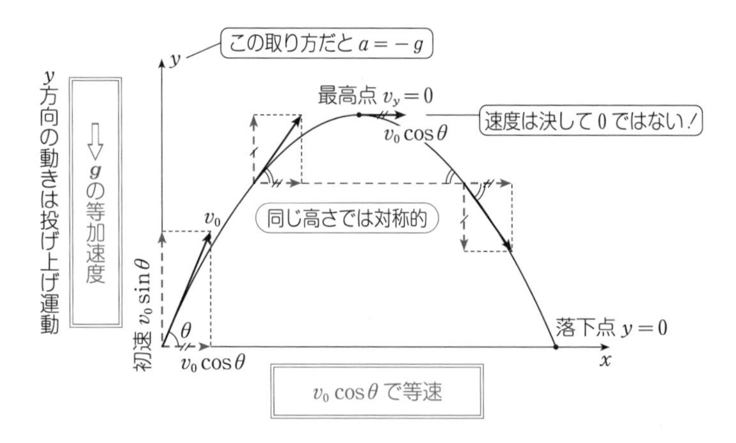

ちょっと一言　**速度の向きは軌道の接線方向**。これはどんな曲線軌道に対しても当てはまる。

High　鉛直方向には重力 mg が働くので重力加速度 g で運動し，水平方向には力が働かないので等速運動となる――これがことの本質。運動方程式が背景にある。

x と y を t の関数として表した後，t を消去すると，x と y の関係——軌道の式が得られる※。この場合は放物線を描くことが分かる。大きさ，向きともに一定の力を受けて物体が運動するときには，放物線（か直線）を描くことは一般に成り立つ。

※　$x=v_0\cos\theta\cdot t$,　$y=v_0\sin\theta\cdot t-\frac{1}{2}gt^2$　より

$$y=-\frac{g}{2{v_0}^2\cos^2\theta}x^2+(\tan\theta)x$$

EX　床から初速 v_0 で角度 θ の方向に投げた場合，

(1)　最高点に達するまでの時間 t_1 と最高点の高さ h を求めよ。

(2)　水平到達距離 x を求めよ。

解　(1)　$v_y=0=v_0\sin\theta-gt_1$　より　$t_1=\boldsymbol{\frac{v_0}{g}\sin\theta}$

$0^2-(v_0\sin\theta)^2=2(-g)h$　より　$h=\boldsymbol{\frac{(v_0\sin\theta)^2}{2g}}$

Miss　下の式の右辺を $2gh$ とする人が多い。$a=-g$！

(2)　投げ出されてから落下するまでの時間を t_2 とすると

$$y=0=(v_0\sin\theta)t_2-\frac{1}{2}g{t_2}^2 \quad よって \quad t_2=\frac{2v_0\sin\theta}{g}\ (=2t_1)$$

$$x=(v_0\cos\theta)t_2=\boldsymbol{\frac{2{v_0}^2}{g}\sin\theta\cos\theta=\frac{{v_0}^2}{g}\sin 2\theta}$$

ちょっと一言　v_0 一定で θ を変えていくと，x が最大となる θ は？
このとき最後の変形が役に立つ。$\sin 2\theta$ が最大値 1 になるのは $2\theta=90^\circ$，つまり $\theta=45^\circ$ と分かる。

6　高さ H のビルの屋上から初速 v_0 で水平方向に投げ出すと，地面に落下するまでに飛ぶ水平距離 x はいくらか。

7*　前問で，水平から 30° 上向きに初速 v_0 で投げ出した場合はどうか。

8*　傾角 30° の斜面がある。最下点から斜面に対して角 30° の方向に初速 v_0 で投げ出した。斜面との衝突点までの距離 l と衝突するまでの時間 t を求めよ。

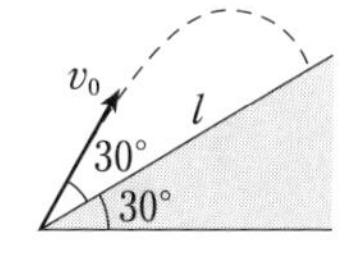

9**　傾角 θ の滑らかな斜面上で物体を運動させる。物体を初速 v_0 で水平から斜面にそって測った角度 α の方向に打ち出した。最高点に達するまでの時間 t を求めよ。

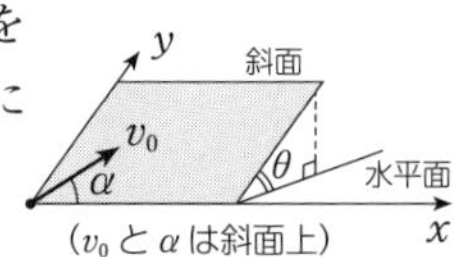

反発係数(はね返り係数)　　放物運動は固定面との衝突と組み合わせて出題されることが多い。必要な知識は，反発係数 e の面に垂直に速さ v で衝突すると，衝突後の速さは ev になるということだ。e は物体と面との性質で決まる定数で，$\mathbf{0 \leqq e \leqq 1}$ の範囲にある。

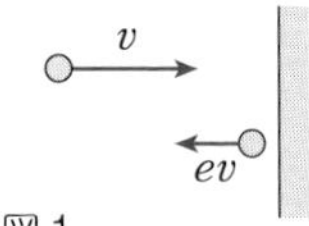

図 1

滑らかな面に斜めに衝突するケース(図 2)では，速度を面に平行な成分 u と垂直な成分 v に分解して考える。u は衝突後も変わらず，v は ev となる。

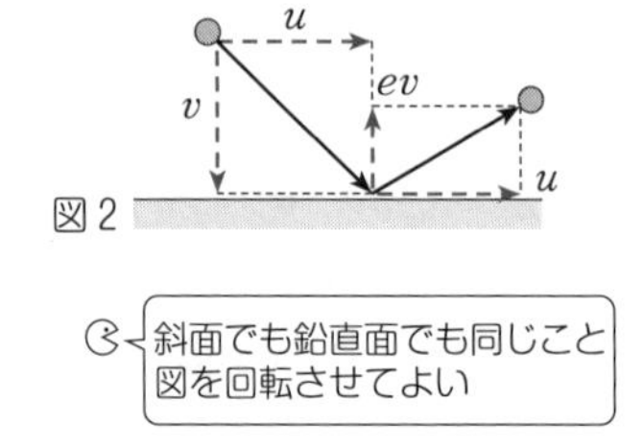

図 2

以下の問題では，物体と床(あるいは壁)との反発係数を e とする。床や壁は滑らかとする。

10　床から高さ h の位置で物体を放した。床とはじめて衝突した後跳ね上がる高さ h_1 を求めよ。また，2 度目の衝突をした後の高さ h_2 を求めよ(下図)。

11*　滑らかな水平面上の点 A で，角 θ の方向に初速 v_0 で投げだした。水平面との最初の衝突点を B，2 度目の衝突点を C とする。BC 間の距離を求めよ(下図)。

12**　壁からの距離 d，床から高さ h の点から水平に初速 v_0 で投げだした。床に達するまでの時間 t と落下点の壁からの距離 x を求めよ(下図)。

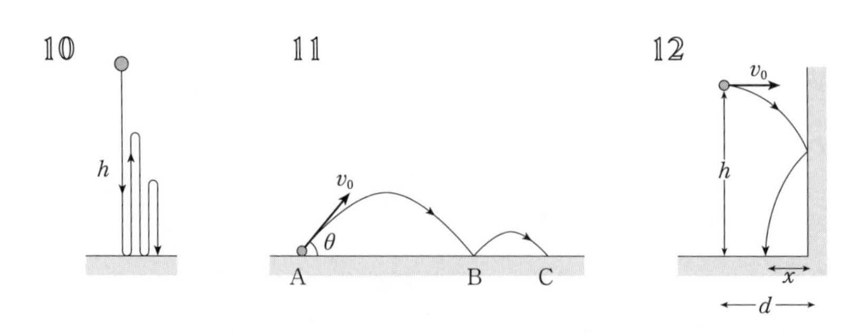

◆ 相対速度・相対加速度　(直線運動以外は物理)

動いている人から見た物体の速度を相対速度という。

相対速度 ＝ 物体の速度 － 見た人の速度

2物体A，Bが運動している場合，Bに対するAの相対速度といえば，Bと共に動く人が見たAの速度のこと。“に対する”は“から見た”の意だ。

本来，ベクトルの引き算である点が大切。直線上の運動なら，速度の符号を考えてから引くことになる。

相対加速度についてもすべて同様である。

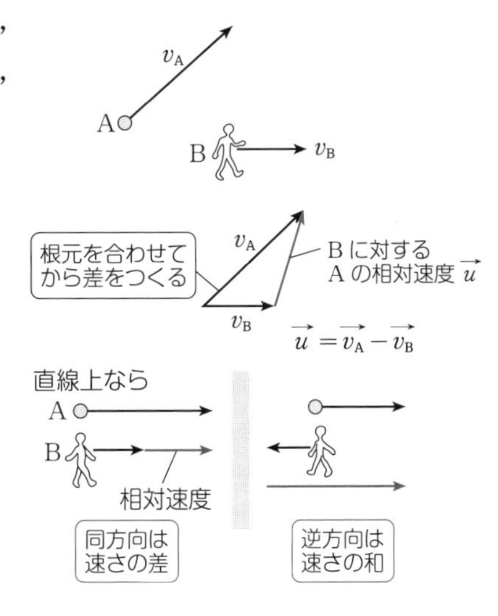

相対速度(相対加速度)はベクトルの差，見た人の分を引く

ちょっと一言　逆に，$\vec{v_B}$ と $\vec{u}$ が分かれば，$\vec{v_A}$ は $\vec{v_A}=\vec{v_B}+\vec{u}$ と求められる。これは**速度の合成**だ。たとえば，$\vec{v_B}$ が船の速度，$\vec{u}$ が船上で見た物体の速度とすると，$\vec{v_A}$ は岸に対する物体の速度だ。

High　相対加速度が一定なら，等加速度運動の公式が用いられるが，相対速度と相対距離(正確には相対座標)をセットにしなければならないことに注意しよう。すべて，動いている人が見た値を用いること。

13　直線上を新幹線(全車両の長さ480 m)が198 km/hで走り，平行に車A，Bが90 km/hで走っている。新幹線が車に出会ってから，車Aを抜き去るまでの時間〔s〕と，車Bとすれ違う時間を求めよ。車の大きさは無視する。

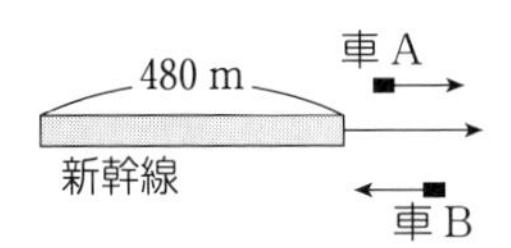

14* 長さ 125 m の列車と小さな車が並んでいる。車は初速 20 m/s，加速度 1 m/s² で走り，列車は静止状態から加速度 3 m/s² で動き出す。列車から見て車は最大何 m 先まで離れるか。また，列車が車を抜き去るのに何 s かかるか。

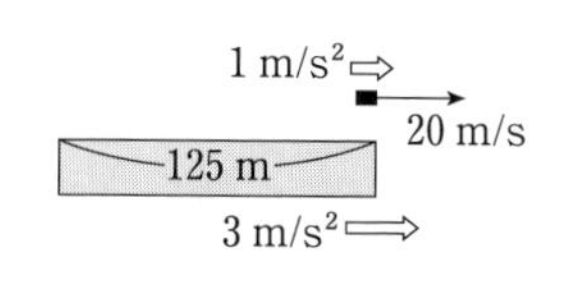

15 雨が鉛直方向に 10 m/s の速さで降っている。水平に走る列車から見ると雨は鉛直線から 30° 傾いていた。列車の速さ v はいくらか（物理）。

16* 幅 20 m の川があり，水の速さは 3 m/s である。静止した水面なら 5 m/s の速さで進める船で岸に垂直に横切った。何秒を要したか（物理）。

II 力のつり合い

◆ 力の図示

物体がどんな力を受けているかを考えることは，力のつり合いや運動方程式を扱うための第一歩となる。その大切さは言いつくせない。

力を図示する

1 注目している物体に働く重力（mg）を鉛直下向きに描く。

2 注目物体に接触している他の物体があれば，それらから力を受けているはず。接触による力を描く。
面で接触していれば，垂直抗力と摩擦力に分けて描く。

解説

物体は周(まわ)りのいろいろな物体から力を受ける。まずは地球から重力(じゅうりょく)を受ける。それを描くのが**1**だ。重力は物体の質量 m〔kg〕を用いて mg〔N(ニュートン)〕と表される。重力の特徴は物体が地球から離れていても，物体との間が真空であっても働く点にある。このような性質をもつ力としては，ほかに静電気力と磁気力がある。電磁気の問題では，これらも**1**の段階で描くことになる。

その他の力は，物体どうしが接触することで生じる。そこで**2**の段階へ移ることになる。離れていても働く力と接触しないと働かない力，この区別をしっかり身につけたい。**1**，**2**の手順をふめば，力の描き過ぎや描き落としは確実に防げる。次に，実例で見てみよう。

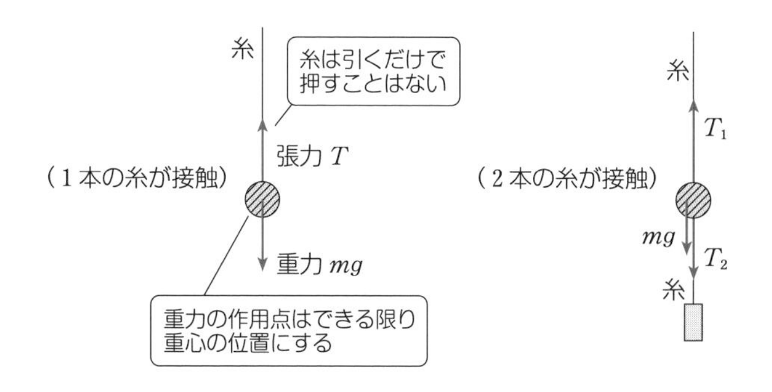

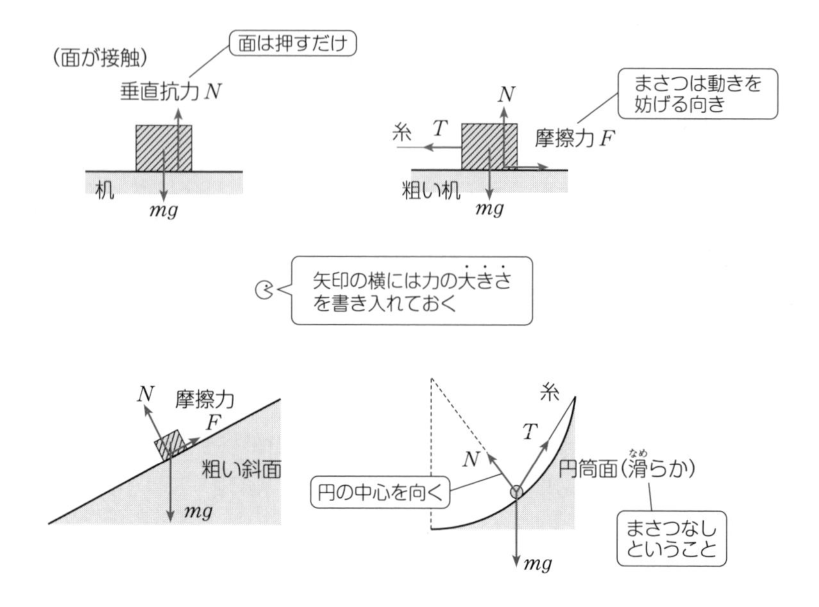

ちょっと一言　張力(ちょうりょく)と垂直抗力(すいちょくこうりょく)の向きは一目で決められる。円筒面の例では，N は接触面(円の接線方向)に垂直なので円の中心を向くことになる。一方，摩擦力(まさつりょく)の向きは少し難しい(p 21)。

17　積み木が 4 段に積まれている。灰色の積み木に働いている力を図示せよ。

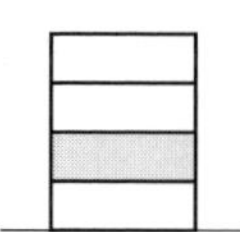

Q&A

Q　重力と接触による力はそれぞれどうして生じるのですか。

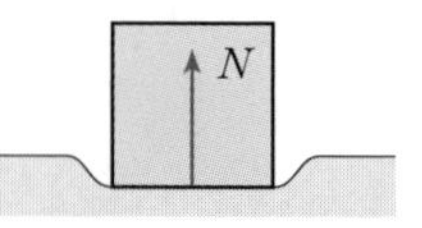

A　重力は，質量をもつものどうしは引き合うという万有(ばんゆう)引力の法則に基づいている(p 90)。接触による力は変形した物体が元の形に戻ろうとして出す力だ。たとえば，おもりをつるしている糸は目に見えないけれどわずかに伸びている。ミクロに見れば，分子間の間隔が広がり，それを元に戻そうとする力が分子間に生じる。それが張力として現れている。また，物体を置かれた机はわずかにへこんでいる。そして元の面に戻ろうとして垂直抗力をだすんだ。だからこれらの力は変形の度合いで大きさが変わることも理解できるね。ともかく，“力には原因がある”――これは大切な認識だよ。

◆ 力のつり合い

静止している物体に働く力はつり合っている。つまり，合力(ごうりょく)（力のベクトル和）をつくると $\vec{0}$（零(ゼロ)ベクトル）となるのだが，実際には次のように解くとよい。

張力，垂直抗力，……を求める

1　力を，直角をなす２方向に分解する。

2　各方向でのつり合い式を立てる。
たとえば，（右向きの力の大きさ）＝（左向きの力の大きさ）

解説

なんといっても，まずは２力のつり合いが分かりやすい。綱引きの例で考えてみよう。左右から引っぱり合っているのに綱が動かないとすると，$F_1=F_2$ と２人の力の大きさが等しいことになる。当たり前じゃないかって？――そう，当たり前なのだけど，複雑なケースになっても見方は同じであることが大切なんだ。

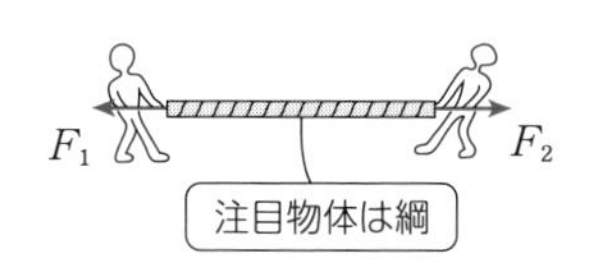

では，粗い斜面上で静止している物体に移ってみよう。斜面上では，斜面に平行な方向と垂直な方向に力を分解して考えるとよい。

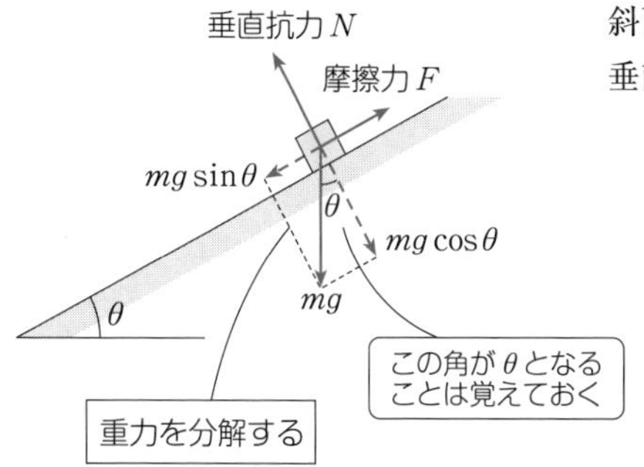

斜面方向　$F=mg\sin\theta$
垂直方向　$N=mg\cos\theta$

水平方向と鉛直方向に分けて考えてもいいけれど，N と F の２つを分解しなければいけないので手間(てま)がかかってしまう。

ちょっと一言　力を成分(成分は符号をもつ)で表示して，x 成分 F_x の和 $=0$，y 成分 F_y の和 $=0$ とする方法もあるが，大きさで扱った方が分かりやすい。綱引きの例で　$-F_1+F_2=0$　としてみてもあまりピンとこないからね。

Miss　運動している物体が一瞬静止したときには力のつり合いはダメ。投げ上げ運動の最高点がいい例。力のつり合いは完全な静止状態でのこと。

EX　天井(てんじょう)から2本の糸 a，b により質量 m の小球がつるされている。a，b の張力 T_1，T_2 を求めよ。

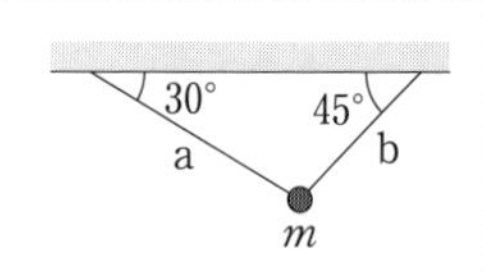

解　水平方向　$T_1\cos 30°=T_2\cos 45°$

$$\frac{\sqrt{3}}{2}T_1=\frac{1}{\sqrt{2}}T_2 \quad \cdots\cdots①$$

鉛直方向　$T_1\sin 30°+T_2\sin 45°=mg$

$$\frac{1}{2}T_1+\frac{1}{\sqrt{2}}T_2=mg \quad \cdots\cdots②$$

①，②より　$T_1=\boldsymbol{\frac{2}{1+\sqrt{3}}mg}$　　$T_2=\boldsymbol{\frac{\sqrt{6}}{1+\sqrt{3}}mg}$

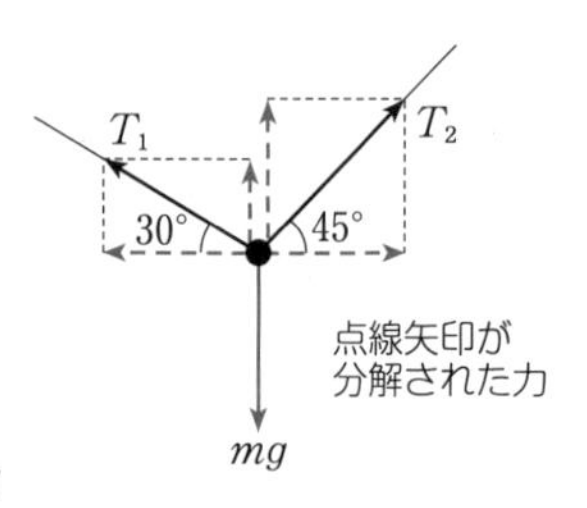

18　糸 a，b の張力 T_1，T_2 を求めよ。糸 b は水平である。

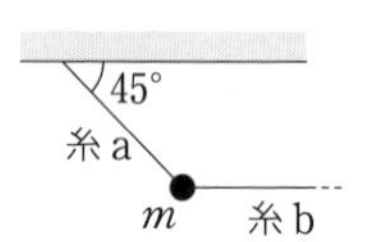

19　物体 P と Q が1本の糸で結ばれ，滑車を介して滑らかな2つの斜面上に置かれている。斜面は水平に対して60°と30°をなしている。P の質量を m とすると，Q の質量 M はいくらか。

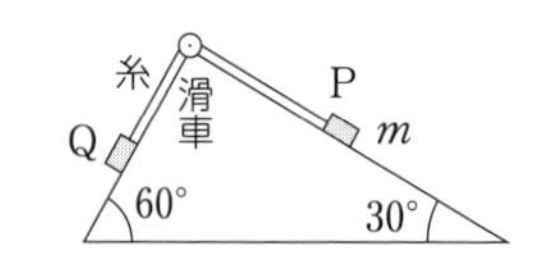

20*　O を中心とする半径 r の滑らかな円筒面 AB 上に，質量 m の小球が糸に結ばれて静止している。OA は水平である。垂直抗力 N と糸の張力 T を求めよ。

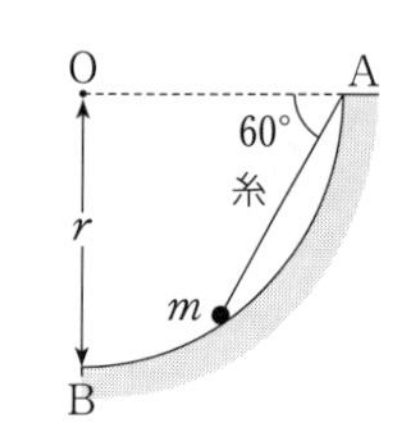

◆ 摩擦力

摩擦力には，物体が静止しているときに働く静止摩擦力と，滑っているときに働く動摩擦力とがある。意外に思う人が多いが，難しいのは静止摩擦力の方だ。

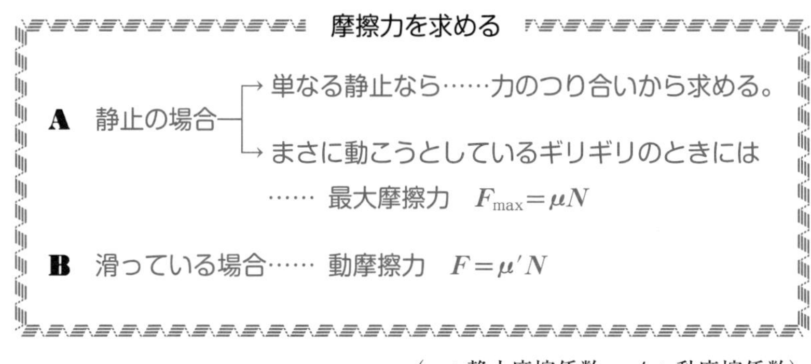

（μ：静止摩擦係数，μ'：動摩擦係数）

解説

間違えやすいのは，$F_{\max}=\mu N$。μ が与えられるとすぐこれに飛びつく人が多い。物体に力を加えていくと，静止摩擦力もそれに応じて大きくなっていくが，やがて最大値 μN に達する。これを超えた力に対しては滑ってしまうことになる。だから，ギリギリの状況設定──“まさに滑ろうとした”とか“動き始めた”とか──でない限り，$F_{\max}=\mu N$ は用いられないことを肝に銘じてほしい。

静止しているというだけなら力のつり合いから静止摩擦力が求められる。p 19で扱った斜面上での摩擦力がその例だった。

これに対して，動摩擦力 $\mu' N$ は，物体が滑ってさえいればいつでも用いられる。一般に $\mu>\mu'$ であり，最大摩擦力は動摩擦力より大きい。

Q&A

Q　摩擦力，とくに静止摩擦力が得体の知れない力です。

A　平らな机の面も細かく見れば凸凹しているね。これを台所のスポンジタワシの感じでイメージしてほしい。前に取り上げた垂直抗力は，この１つ１つがつぶれ，元の形に戻ろうとして出している力なんだ。

さて，物体を右に引っぱったけど動かないとしよう。こんどはつぶれると同時に，右にねじれてくるね。すると元の形に戻ろうとして出す力は左上向きになる。これを分解して考えたのが垂直抗力と静止摩擦力なんだ。2つは元々1つの力だったんだよ。それを**抗力**とよんでいる。

摩擦の原因は実際にはとても複雑だけど，今の所こんなイメージでいいよ。

Q　垂直抗力と摩擦力は別種の力とばかり思っていました。なるほど，手の力を増すと，ねじれが増すから静止摩擦力も増すんですね。ところで，摩擦力の向きはどのように決めるのですか。

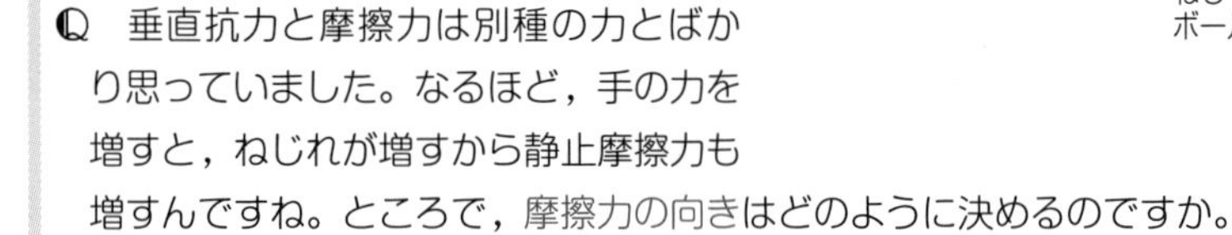

A　動摩擦力は滑っている向きと逆向きに働く。これは分かりやすいね。問題は静止摩擦力の向きだ。ただ1つの外力が働いているだけならその逆向きと判断できる。が，いくつかの外力が働いていると速断は禁物。困ったときはこんな風に考えてはどうだろう ―― “もしも摩擦がなかったらどちらへ動くのか？” ――静止摩擦力はその逆向きに働いていることになる。結局，動摩擦力·静止摩擦力ともに「動きを妨げる向き」とまとめられるね。

EX　傾角30°の斜面上に質量 $m=20\ \mathrm{kg}$ の物体が静止している。静止摩擦係数を $\mu=\dfrac{\sqrt{3}}{2}$，$g=9.8\ \mathrm{m/s^2}$ とする。

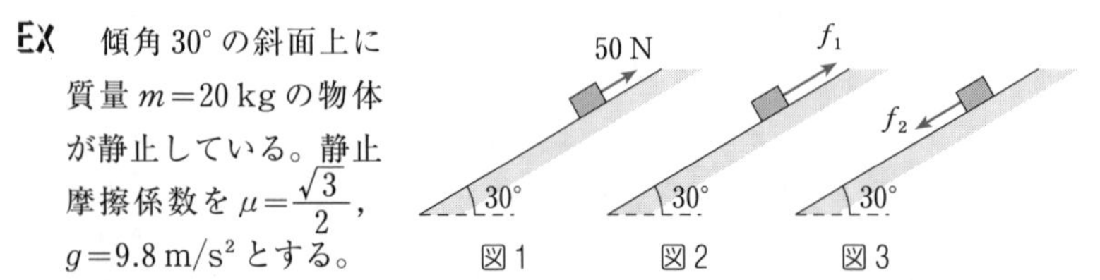

図1　図2　図3

(1)　図1のように，50 Nの力を上向きに加えている。静止摩擦力の大きさと向きを求めよ。

(2)　図2のように，上向きに力を加えても物体が静止し続けるための，力の最大値 f_1 はいくらか。

(3)　同様に，下向きに加える場合の力の最大値 f_2 はいくらか。（図3）

解 (1)　p 19 のように重力を分解して考える。
斜面方向下向きに働く成分は

$$mg\sin 30° = 20 \times 9.8 \times \frac{1}{2} = 98\ \mathrm{N}$$

これは 50 N より大きいから，静止摩擦力 F は
上向きで　$98 = 50 + F$　より　$F = \mathbf{48\ N}$

(2)　最大値 f_1 のときは物体はまさに上に動こうとしているのだから，摩擦は最大摩擦力 μN となって下向きと判断できる。垂直方向でのつり合い式 $N = mg\cos 30°$ を用いて

$$f_1 = mg\sin 30° + \mu\, mg\cos 30°$$
$$= 98 + \frac{\sqrt{3}}{2} \times 20 \times 9.8 \times \frac{\sqrt{3}}{2} = 98 + 147 = \mathbf{245\ N}$$

(3)　f_2 のとき物体はまさに下へ動こうとしているから，最大摩擦力 μN は上向きに働き

$$f_2 + mg\sin 30° = \mu\, mg\cos 30°$$
$$f_2 + 98 = 147 \qquad \therefore\ f_2 = \mathbf{49\ N}$$

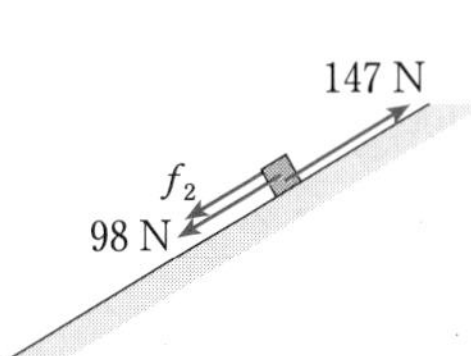

21　板の上に物体をのせ，ゆっくりと傾けていくと，角度 θ_0 をこえると物体は滑りだした。物体と板の間の静止摩擦係数 μ はいくらか。

22*　質量 m の物体と床との間の静止摩擦係数は μ である。図のように 30° 方向に力を加えるとき，物体が滑り出さないための最大の力 f を求めよ。

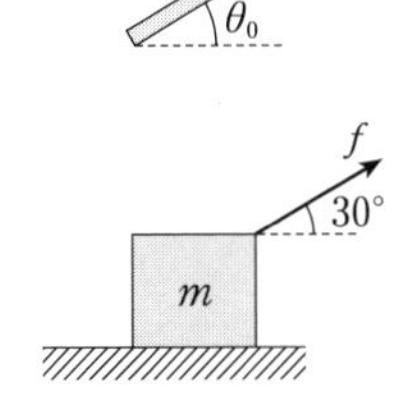

◆ 弾性力

ばねの力，弾性力(だんせいりょく)は，自然の長さから伸ばされた(縮められた)ばねが自然長に戻ろうとしてだす力であり，その大きさ F は自然長からの伸び(縮み) x に比例し，$\boldsymbol{F = kx}$ と表される(フックの法則)。k をばね定数とよぶ。

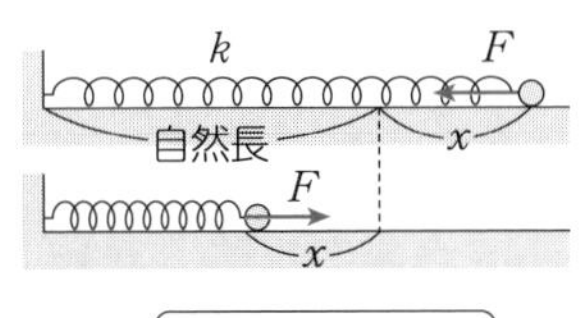

力の向きにも注目

EX　ばね定数が k_1 と k_2 の2つのばねをつなぎ，質量 m のおもりPをつるして静止させた。

(1)　k_1 のばねの伸び x_1 はいくらか。

(2)　k_2 のばねの伸び x_2 はいくらか。

(3)　2つのばねを1本のばねと考えると，そのばね定数 k_{T} はいくらか。

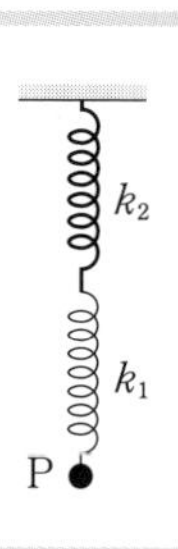

解　(1)　Pのつり合いより　$k_1x_1 = mg$　　$\therefore$　$x_1 = \dfrac{\boldsymbol{mg}}{\boldsymbol{k_1}}$

(2)　Pと k_1 のばねを合わせて1つの注目物体とみると（一体化の見方），k_2 のばねはやはり mg を支えているにすぎないから

$$k_2x_2 = mg \qquad \therefore \quad x_2 = \frac{\boldsymbol{mg}}{\boldsymbol{k_2}}$$

(3)　1本のばねと考えると，$x_1 + x_2$ だけ伸びて mg を支えているから

$$k_{\mathrm{T}}(x_1 + x_2) = mg$$

x_1，x_2 を代入して mg で割ると　　$k_{\mathrm{T}}\left(\dfrac{1}{k_1} + \dfrac{1}{k_2}\right) = 1$　……①

$$\therefore \quad k_{\mathrm{T}} = \frac{\boldsymbol{k_1k_2}}{\boldsymbol{k_1 + k_2}}$$

これを合成ばね定数という。　①より　$\dfrac{1}{k_{\mathrm{T}}} = \dfrac{1}{k_1} + \dfrac{1}{k_2}$

導き方から推測できるように，ばねの数が増えても同様の形になる。
他のケースも含めてまとめておくと

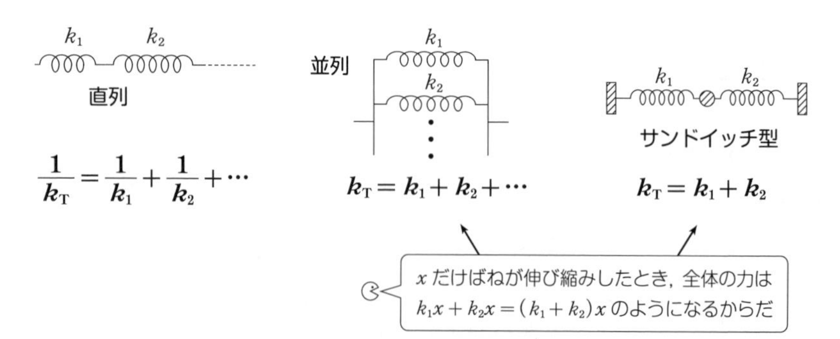

知っておくとトク　EXで２つが同じばねだとしよう。自然長を２倍にしたわけだ。全体としての伸びは１本分の２倍。でも出す力は１本分と同じ mg。つまり，ばね定数は $\frac{1}{2}$ 倍になる。このように**ばね定数 k は自然長に反比例**する。

23　合成ばね定数 k_T を求めよ。

24　ばね定数 k のばねを半分に分けて，２つを並列にした。全体としてのばね定数はいくらになるか。

◆ 浮力

浮力（ふりょく）を理解するには，まず**圧力**（あつりょく）について知る必要がある。面積 S の面に力 F がかかるとき，面が受ける圧力 P は $\boldsymbol{P=F/S}$ と表される。圧力の単位は〔N/m²〕となるが，〔Pa〕（パスカル）と表す。

液体（密度（みつど） ρ（ロー））の液面から深さ h の位置での圧力 P を求めてみよう。**密度＝質量÷体積** であり，図のような液柱（底面積 S）に注目すると，質量 m は ρ と体積 Sh を用いて，$m=\rho(Sh)$ と表される。この液柱に働く力は，重力 $\rho(Sh)g$，液体からの PS，それに大気圧 P_0 による P_0S である。力のつり合いより

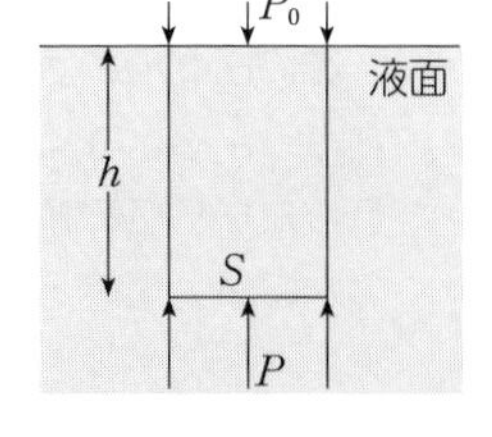

圧力と力は少し違う
圧力×面積で力

$$PS=P_0S+\rho Shg$$

$$\therefore\ P=P_0+\rho gh$$

ちょっと一言　$\boldsymbol{\rho gh}$ の部分は覚えておくこと。液体の圧力は，深さが同じなら（同じ水平面上なら）同じである。また，液体中での面の方向によらないことが知られている。もちろん，面に垂直に働き，面を押しつける。

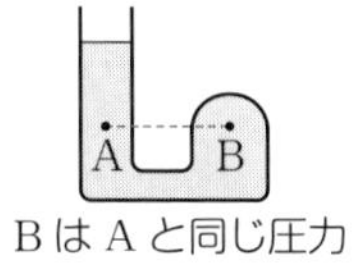

BはAと同じ圧力

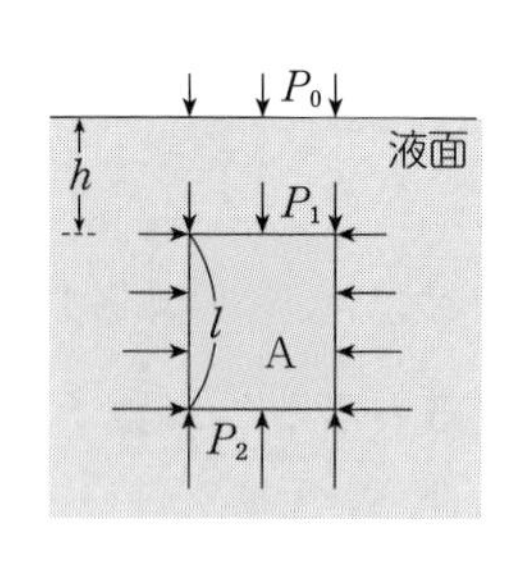

さて，これで浮力に入れる。底面積 S，高さ l，体積 $V(=Sl)$ の直方体 A が液体中にある。上面の深さを h とすると

上面での圧力は　　$P_1=P_0+\rho gh$

下面での圧力は　　$P_2=P_0+\rho g(h+l)$

$P_1<P_2$ より浮力 F は鉛直上向きとなり（側面が受ける力はつり合っている）

浮力　$\boldsymbol{F}=P_2S-P_1S=\rho(Sl)g=\boldsymbol{\rho Vg}$

浮力は h や P_0 に無関係

Q&A

Q　浮力の原因は圧力差だったんですね。でも，直方体のようなきれいな形をしていないときでも $\boldsymbol{F=\rho Vg}$ でいいんですか。

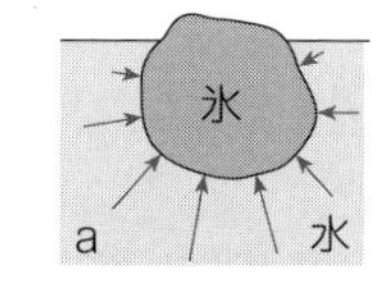

A　じゃあ，もっと一般的にしよう。簡単のために大気を無視すると，水に浮かんだ氷には図 a のように水から力がかかる。これらすべての合力が浮力というわけだ。といっても計算できそうもないね。そこで仮想実験。いま，氷の表面にうすーいプラスチックの膜を張ってから氷だけをひっこ抜いたとしよう。膜には浮力がかかるから上から押しつけていなければいけないよ（図 b）。

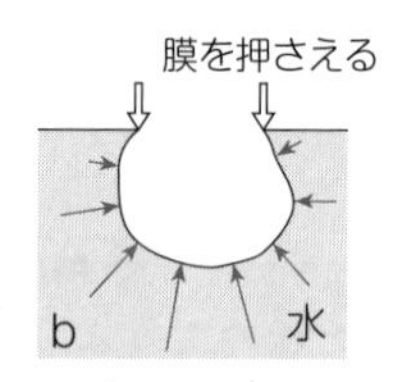

次に図 c のように，この中へ液面まで水（赤色）を入れたとしよう。すると，もう手の力はいらない。同じ水どうしだからこのままで安定になる。つまり，浮力は赤色の水の重力に等しいというわけだ。中に周りと同じ液体を入れたことがミソだね。

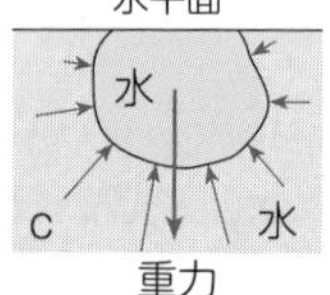

こうして　（液体の密度）×（液面下の体積）× g

氷の形はどうでもいいんだ。実にエレガントな証明じゃないか！　**アルキメデスの原理**とよばれているよ。

なお，大気があると，大気圧 P_0 の分だけどこでも圧力が増すので，浮力は変わらない。それから，気体でも浮力は発生するんだ。風船や気球がいい例だね。

Q　ところで，浮力の作用点って，どこになるんですか。

A　液面下の部分を水で置き換えたときの，水（赤色）の重心の位置になるんだ。アルキメデスの原理からしてももっともでしょ。

EX　円柱 A を水に入れたら，全体の $\frac{1}{3}$ が水面上に出た。水の密度を ρ として，A の密度 ρ_A を求めよ。

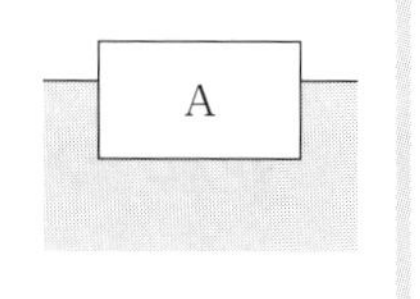

解　A の体積を V とすると，重力は $\rho_A Vg$

一方，浮力は，液面下の体積が $\frac{2}{3}V$ だから，$\rho\left(\frac{2}{3}V\right)g$

力のつり合いより　　$\rho_A Vg = \rho\cdot\frac{2}{3}V\cdot g$　　∴　$\rho_A = \boldsymbol{\frac{2}{3}\rho}$

このように水面下の部分の割合から水の密度の何倍かが分かる。形や大きさは関係しない。「氷山の一角（いっかく）」ということわざがあるが，氷の密度は水の 0.9 倍だから，水面上には氷の 1 割しか顔を出していないことになる。

なお，物体の密度が水(一般には液体)の密度を超えると，沈んでしまう。金属の船が浮くのは，内部がくり抜かれ，平均密度が水の密度より小さいからである。

25　水中で，空気を含んだ容器が静止している。この容器を下へ押し下げ静かに放すと，上昇するか，下降するか，そこで静止するか。気体の体積は圧力が増すと減少する。温度は一定とする。

III　剛体のつり合い　—物理—

◆ 力のモーメント

物体には大きさがあるため，力のかかり方によっては回転を起こすことがある。大きさをもつが変形しない固い物体を剛体という。

ある軸(回転軸)のまわりに剛体を回転させる能力を表すのが力のモーメントだ。図 a のように，O を軸として回転できる剛体があるとする。$OA=l$ の点 A に大きさ F の力を OA に垂直に加えたときのモーメント M は $\boldsymbol{M=Fl}$ と表される。**剛体に働く力はその作用線上のどこに移しても力の効果は同じ**だから，図 b のようなケースもモーメントは Fl となる。l をうでの長さという。

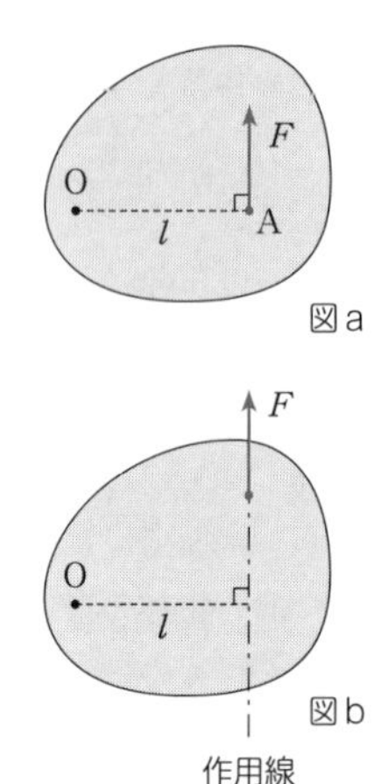

モーメントはうでの長さと回転の向きが大切
力とうでは直角をなす

力のモーメント＝力×うでの長さ

重いドアを開けるとき，回転軸から離れた所に力を加えるのはうでの長さを長くして力のモーメントを大きくするためだ。

ちょっと一言　モーメントの求め方として，OB をうでの長さとみる手もある。その場合は OB に垂直な力の分力(点線矢印)を用いて，$F\cos\theta\times OB$ と計算する。
$OB\cos\theta=l$ だから同じになる。

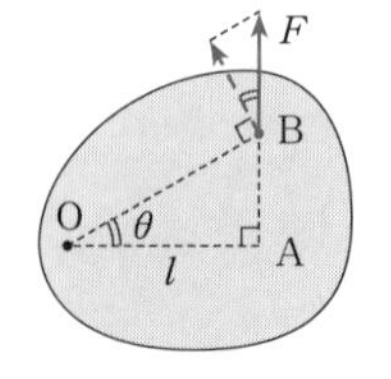

ちょっと一言　剛体を回転させる向きを明示するときには，モーメントに符号をつける。反時計回りに回転させるモーメントを正とし，時計回りに回転させるモーメントを負とする。これは，数学で角度を表すとき，反時計回りを正とすることからきている。

26　大きさ F〔N〕の等しい力がA，Bの2点に平行で逆向きにかかっている。AB=l〔m〕とする。図のO_1のまわりのモーメント，およびO_2のまわりのモーメントを求めよ。

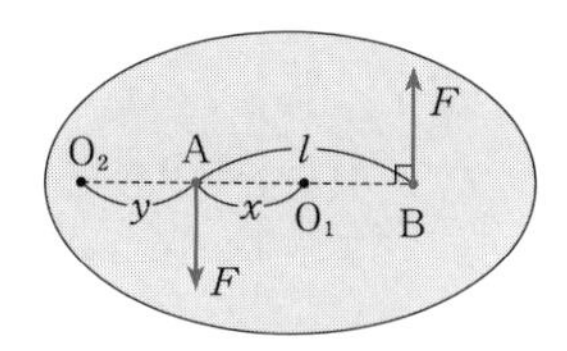

◆ 剛体のつり合い

物体に2つの力が働くとき，大きさが等しく，向きが反対であっても静止しないことがある。問題**26**の偶力のケースがそれで，剛体は回転してしまう。剛体が静止するためには，2つの力の作用線まで一致していなければいけない。多くの力が働くとき，静止する条件は次のようにまとめられる。

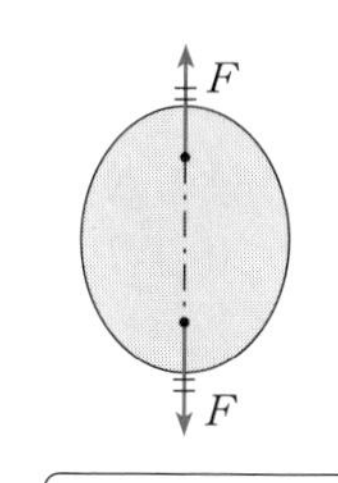

最もシンプルな剛体のつり合い

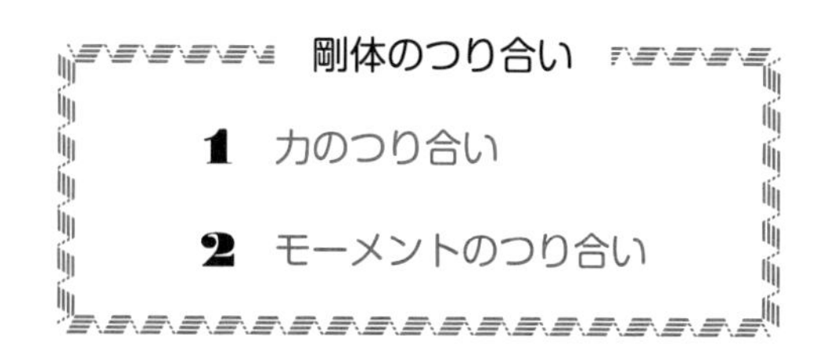

解説

1は剛体が平行移動(並進)しないことに対応し，**2**は回転しないことに対応する。

1は，力がベクトル量であることから　$\vec{F_1}+\vec{F_2}+\cdots=\vec{0}$

2は，モーメントに符号をもたせ　$M_1+M_2+\cdots=0$

と表記されるが，実用上は次の形が扱いやすい。

1……左向きの力の和 = 右向きの力の和
　　上向きの力の和 = 下向きの力の和

2……反時計回りのモーメントの和 = 時計回りのモーメントの和

なお，モーメントのつり合いにはすべての力が参加する。また，モーメントのつり合いは，ある1つの軸のまわりについて成り立てば十分である。(他の任意の軸のまわりについても成り立つ。)

以下の問題では，とくに断らない限り，物体は均質な剛体であり，棒の太さや板の厚みは一様とする。

EX 1　長さ l の棒の両端に質量 m，M の 2 つの質点が取り付けられている。棒を糸でつるして水平に保つには図の x をいくらにすればよいか。(1)棒が軽い場合と　(2)棒の質量が m の場合について答えよ。

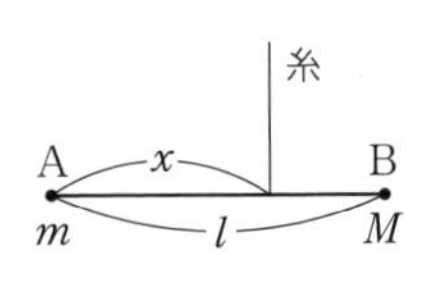

解　(1)　“軽い”は質量が無視できることを表す。支える点 O のまわりのモーメントのつり合いより(張力 T のモーメントは 0)

$$mg\times x=Mg\times(l-x)$$

$$\therefore\quad x=\boldsymbol{\frac{M}{m+M}l}$$

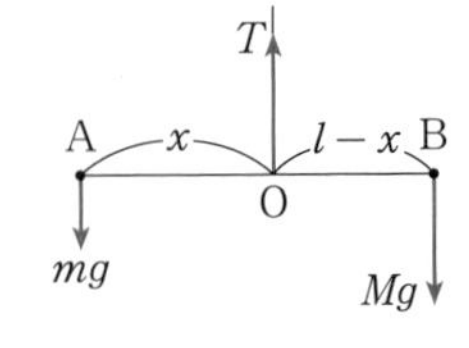

図 1

知っておくとトク　このように未知でしかも求める必要のない力(この場合は張力)のモーメントが 0 になるように軸を選ぶとよい。

(別解)　力のつり合いより　$T=mg+Mg=(m+M)g$

点 A のまわりのモーメントのつり合いより

$$Tx=Mgl\qquad\therefore\quad x=\frac{Mg}{T}l=\boldsymbol{\frac{M}{m+M}l}$$

(2)　棒の重力は重心つまり中点 G に働く。点 O のまわりのモーメントのつり合いより

$$mgx+mg\left(x-\frac{l}{2}\right)=Mg(l-x)$$

$$\therefore\quad x=\boldsymbol{\frac{m+2M}{2(2m+M)}l}$$

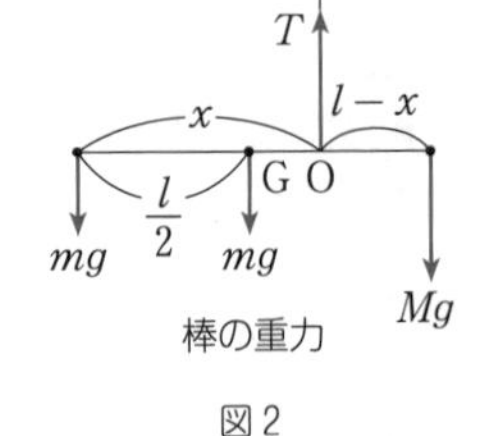

図 2

なお，答えは m と M の大小関係にはよらない。もし，O が G の左側にあるとしても同じ答えとなることを確かめてみるとよい。

EX 2　長さ l，質量 m の棒を滑らかな鉛直の壁に立てかける。床は粗(あら)く，静止摩擦係数を μ とする。角度 θ を徐々に小さくしていくと，やがて棒は滑りだす。その直前の角を θ_0 として，$\tan\theta_0$ を求めよ。

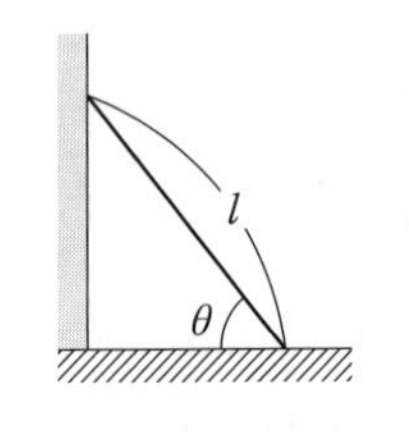

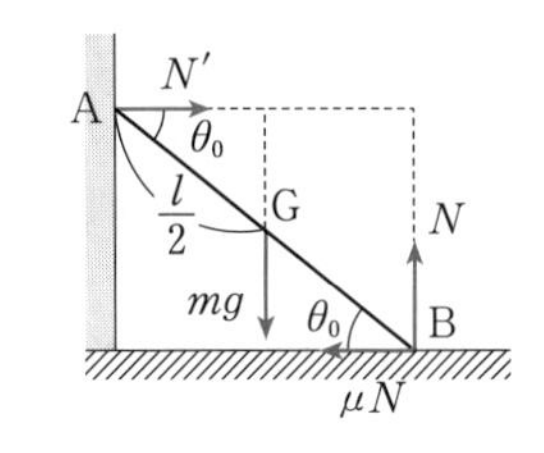

解　床と壁からの垂直抗力を N，N' とおく。θ_0 のとき，床からの摩擦は最大摩擦力 μN となり，B 点では棒が右へ滑るはずだから，摩擦力の向きは左向きである。

上下のつり合いより　　$N=mg$　……①

A 点のまわりのモーメントのつり合いより

$$mg\cdot\frac{l}{2}\cos\theta_0+\mu Nl\sin\theta_0=Nl\cos\theta_0$$

①を代入して，両辺を $mgl\cos\theta_0$ で割ると

$$\frac{1}{2}+\mu\tan\theta_0=1\qquad\therefore\quad \tan\theta_0=\boldsymbol{\frac{1}{2\mu}}$$

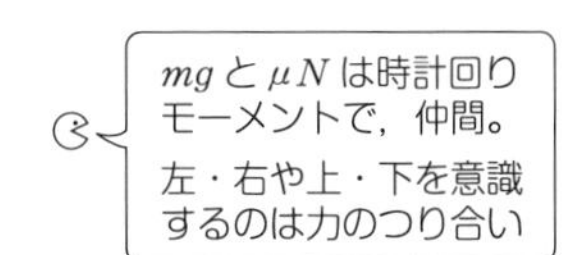

なお，左右のつり合いより　$N'=\mu N=\mu mg$

N' が右向きであることから，摩擦力は左向きと判断してもよい。

Q&A

Q　あらい斜面上に置かれた物体があって，垂直抗力 N の作用点はどこかという問題なんですが……つかみどころがなくって……

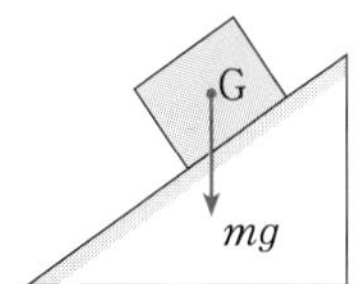

A　mg と N と摩擦力のモーメントのつり合いを調べても解けるけど，もっとスパッと決められるよ。もともと斜面から受ける力は 1 つで抗力だったよね(p 22)。抗力の作用点がどこかということと同じなんだよ。

Q　そうは言っても……

A　重力 mg と抗力の 2 つの力のつり合いだよ。

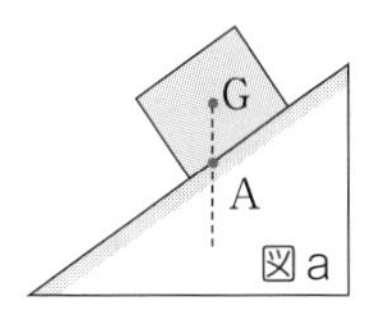

Q　アッ……そうか。同じ作用線上にないといけないんだ。すると，重心 G の真下の位置 A なんだ。でも，その位置が図 b のように接触面をはずれていたらどうします？　接触のない所で抗力は生じないでしょ。

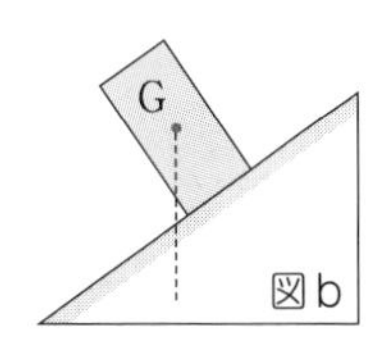

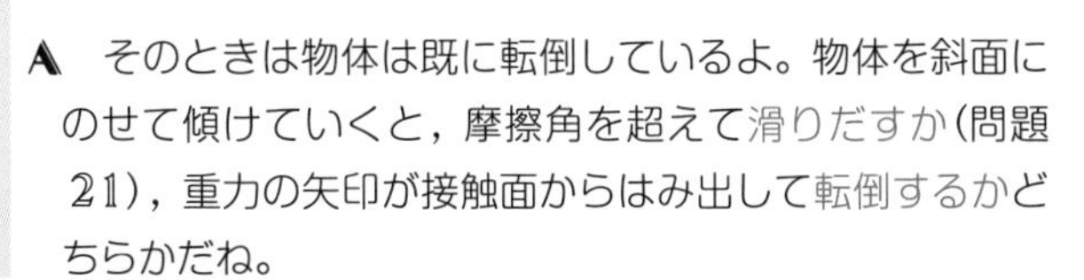

A　そのときは物体は既に転倒しているよ。物体を斜面にのせて傾けていくと，摩擦角を超えて滑りだすか(問題 21)，重力の矢印が接触面からはみ出して転倒するかどちらかだね。

27　軽い棒が図のような力を受けている。棒を静止させるにはもう1つの力を加えればよい。その大きさと向き，および力を加える位置を求めよ。

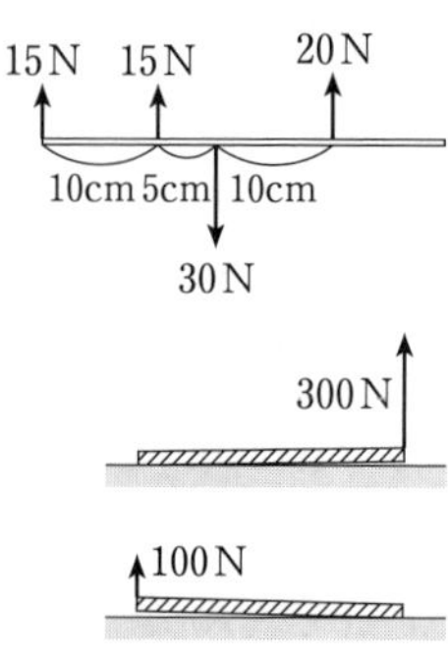

28　長さ10 mの不均質な丸太(まるた)が置かれている。右端を少し持ち上げるには300 Nの力が必要であり，一方，左端を少し持ち上げるには100 Nの力が必要であった。丸太の重さ W と重心の位置を求めよ。

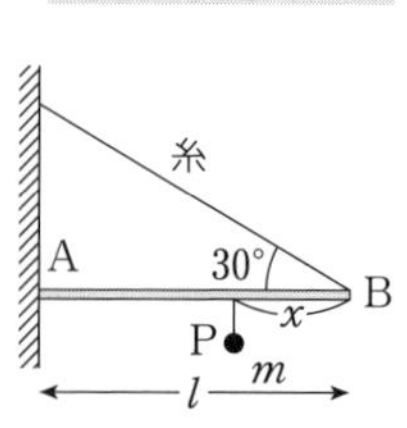

29*　長さ l の軽い棒ABのA端は粗い壁に接触し，B端は糸で結ばれて水平になっている。質量 m のおもりPをB端から徐々に左へ移していくと，やがてA端が滑りだす。このときの距離 x を求めよ。棒と壁の静止摩擦係数を μ とする。

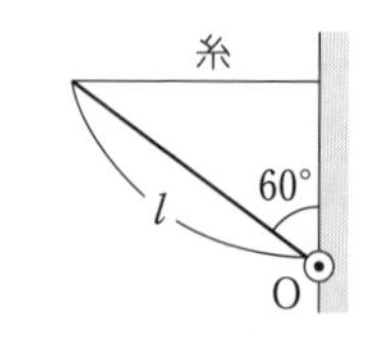

30**　**Ex 2** で，鉛直な壁が滑らかでなく，棒と壁の間の静止摩擦係数が μ' とする(床との間は μ)。この場合の $\tan\theta_0$ はいくらか。

31**　鉛直な壁面上のちょうつがいOのまわりに自由に回転できる，質量 m，長さ l の棒がある。棒は60°傾き，先端を水平な糸で壁と結ばれている。糸の張力 T と，棒がOから受ける力の大きさ F と向き(壁からの角度を θ として $\tan\theta$)を求めよ。

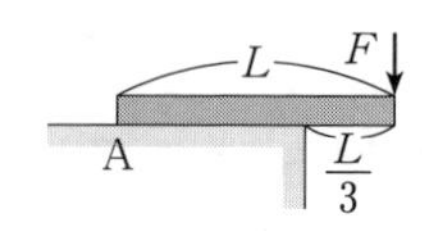

32*　長さ L，質量 m の板が机から $L/3$ だけはみ出し，右端を F の力で下に押されて静止している。垂直抗力の作用点は左端Aからいくら離れた所か。また，F を増していき，板が傾き始めるときの F の値を求めよ。

33*　質量 m の直方体Pが水平な床上に置かれている。2辺の長さは h と l で，辺A(紙面に垂直)の中点に水平左向きの力 f を加え，f を増していくとPは転倒しようとした。そのときの値 f_1 を求めよ。また，Pと床との間の静止摩擦係数 μ はいくら以上か。

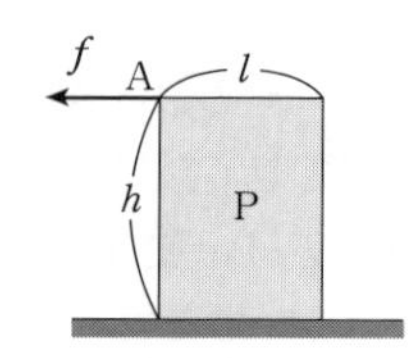

◆ 重心

重心の求め方

A　対称中心をさがす。

B　計算で求める。(剛体の場合は**A**を利用して分割後)

解説

物体に働く重力の作用点を重心という。対称的な形をした均質な物体では重心は対称中心となる。たとえば，棒なら中点，円板や球なら中心が重心となっている。今までもこの**A**は利用してきた。

一般には計算をして求めることになる。まず，質点 (点状の物体) の集まりの場合には，各質点の質量を m_1，m_2，…，座標を $(x_1,\ y_1)$，$(x_2,\ y_2)$，… とすると，重心 G の座標 $(x_G,\ y_G)$ は次式で求められる。

$$x_G=\frac{m_1x_1+m_2x_2+\cdots}{m_1+m_2+\cdots}\qquad y_G=\frac{m_1y_1+m_2y_2+\cdots}{m_1+m_2+\cdots}$$

大きさのある剛体の場合には**A**と**B**を共に利用する。まずは物体をいくつかの対称形状をした部分に分け，各部分の重心に対して上式を適用すればよい。

重心の公式を理解するには，3 つの質点の場合で考えてみるとよい。全体の重力 W (赤矢印) は各質点の重力の合力であり，合力は大きさの点でもモーメントの点でも全体を代表できるものでなければならない。

そこで　$W=m_1g+m_2g+m_3g$

$Wx_G=m_1gx_1+m_2gx_2+m_3gx_3$　(原点 O を軸)

$$\therefore\quad x_G=\frac{m_1x_1+m_2x_2+m_3x_3}{m_1+m_2+m_3}$$

y_G は，重力が図で左向きにかかっている状態 (物体を 90° 回転させた状態) を想定してみれば，同様の式となる。

ちょっと一言　x，y は座標であり，負となることもある。
平行に働く力の合力の作用線の位置を求めるときにも，上の考え方が適用できる。

知っておくとトク

■ 複数物体の重力のモーメントの和は，重心に全質量があるときのモーメントに等しい。

■ **2つの質点の重心は質点間を質量の逆比に分ける点。**
(p 30 EX 1，(1)の点 O は重心。重心なら一点で支えられる。)

■ 数学で習った三角形の重心 G は，まさに三角形の板の重心。

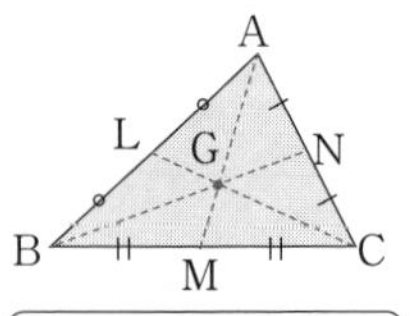

Q&A

Q　数学でいう重心って本当に重心なんですか。

A　板を辺 BC に平行に細かく分割して棒状にすると，一本一本の重心は中点になるね。それらは AM 上に並ぶ。すると全体の重心は AM 上にあるはずだ。

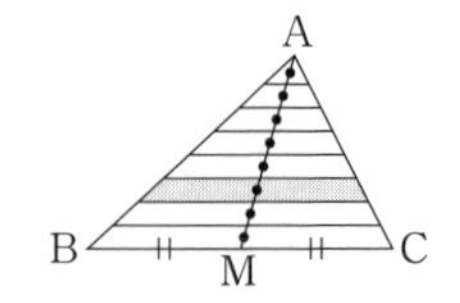

Q　同じことが BN，CL についてもいえるから交点が重心 G というわけですね。でも，不規則な形をした物体の重心はどうやって求めるんですか。

A　実用的には，ぶら下げてみればいいんだよ。2 力のつり合いから糸の延長線上に重心はあるはずだね。

　異なった 2 ヶ所でぶら下げてみれば，2 つの延長線の交点が重心というわけだよ。ボール紙でも切ってやってみたら？。重心の位置だと指 1 本で支えられるよ。

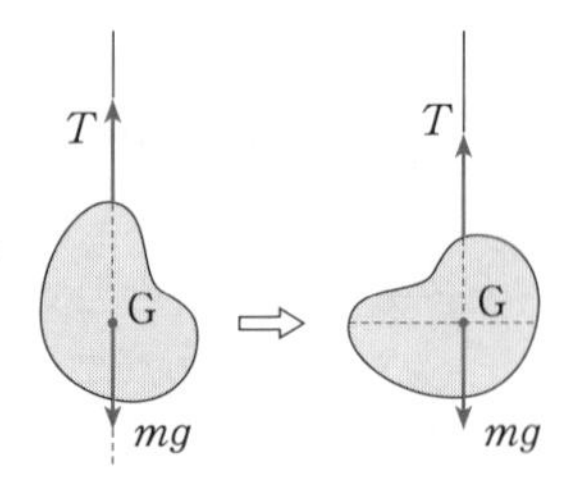

EX　辺の長さが $2l$ と $3l$ の長方形の板から一部を切り取った板がある。図のように座標軸をとり，重心 G の座標 $(x_G,\ y_G)$ を求めよ。

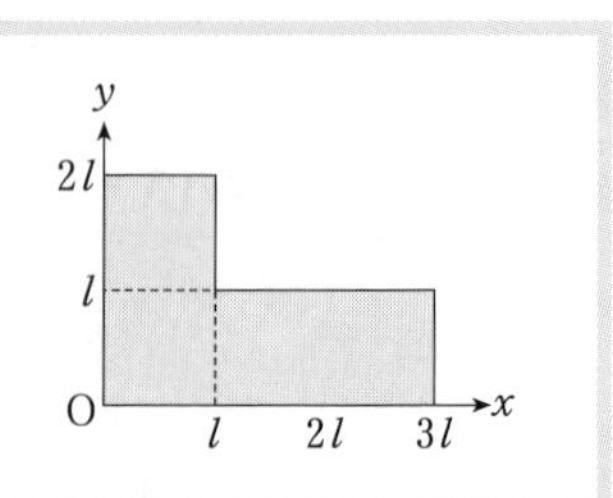

解 いろいろな考え方がある。3つの解法を紹介しよう。1辺が l の正方形の質量を m とすると，板の質量は $4m$ である(板の質量を m とするより計算がやりやすい)。

(解1) 右のような2つの長方形に分割すると，質量はともに $2m$ で，重心は $\left(\frac{1}{2}l,\ l\right)$ と $\left(2l,\ \frac{1}{2}l\right)$

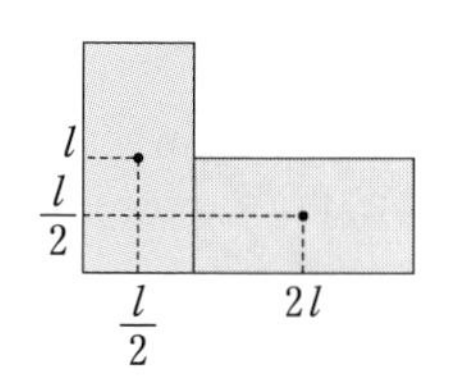

$$\therefore\quad x_G=\frac{2m\times\frac{l}{2}+2m\times 2l}{2m+2m}=\boldsymbol{\frac{5}{4}l}$$

$$y_G=\frac{2m\times l+2m\times\frac{l}{2}}{2m+2m}=\boldsymbol{\frac{3}{4}l}$$

(解2) 切り取られた斜線部(質量 $2m$，重心 G_1)を元に戻してやると全体 $6m$ の重心は $G_0\left(\frac{3}{2}l,\ l\right)$ となる。つまり，G と G_1 の重心が G_0 だから

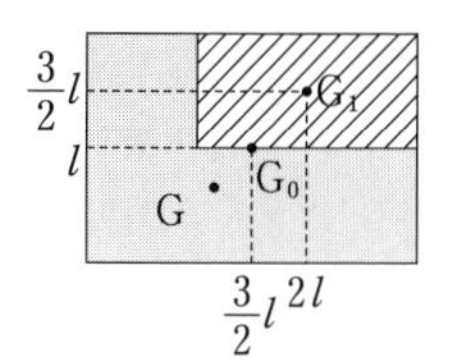

$$\frac{3}{2}l=\frac{4mx_G+2m\times 2l}{4m+2m}\qquad\therefore\quad x_G=\boldsymbol{\frac{5}{4}l}$$

$$l=\frac{4my_G+2m\times\frac{3}{2}l}{4m+2m}\qquad\therefore\quad y_G=\boldsymbol{\frac{3}{4}l}$$

(解3) 元の質量 $6m$ の長方形に，質量 $-2m$ の斜線部を重ねたと考えることもできる。G_0，G_1 の座標より

$$x_G=\frac{6m\times\frac{3}{2}l+(-2m)\times 2l}{6m+(-2m)}=\boldsymbol{\frac{5}{4}l}$$

$$y_G=\frac{6m\times l+(-2m)\times\frac{3}{2}l}{6m+(-2m)}=\boldsymbol{\frac{3}{4}l}$$

マイナスの質量などあり得ないが，欠けた部分に対しては便宜的(べんぎてき)に用いることができる。

知っておくとトク　欠けた部分は“マイナスの質量”として扱える。

34　p 30 **EX 1** を重心の観点で解いてみよ。

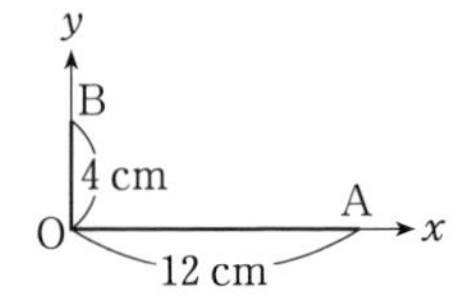

35　長さ 8 cm の棒 AB の中点に棒 CD を垂直につないだ。CD の長さが次の場合の重心の位置を求めよ。

(1)　8 cm　　(2)　12 cm

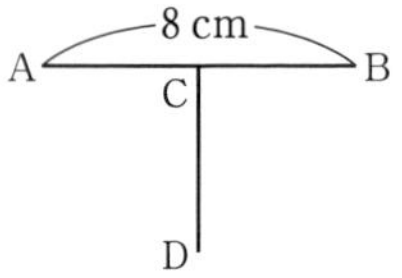

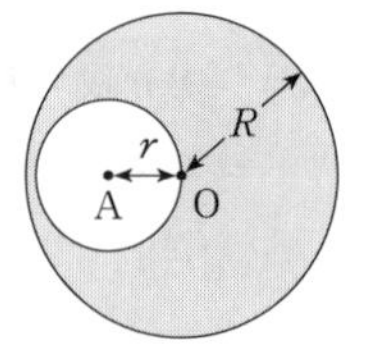

36*　長さ 16 cm の針金 AB を図のように直角に折り曲げた。重心の座標 (x_G, y_G) を求めよ。

A 端に糸を付けてつり下げる。OB 上で A の真下に来る点を C とする。OC は何 cm か。

37**　O を中心とする半径 R の円板から，図のように O から r だけ離れた A を中心として半径 r の円板をくり抜いた。重心の位置はどこになるか。

38　前問において，O から重心 G までの距離を d とする。円板を鉛直面（紙面）内に置き，O を軸として滑らかに回転できるようにする。円板に力を加え，OA が水平になるように支えるとき，必要な力の最小値を求めよ。円板の質量を m とする。

IV　運動の法則

◆　作用・反作用の法則

池の上に浮かんだ2そうのボート——相手を引き寄せると，自分も引かれて動いてしまう。与えたのと同じ力を逆向きに受ける作用・反作用の法則だ。壁の前に立ち，壁をドンと押すとはね跳ばされる。これもそうだ。

身近な現象で出合いながら，力学の初めのつまずきが作用・反作用で起こる。力のつり合いとの混同がその原因だ。作用・反作用の本質は，むしろ万有引力(p 90)や静電気力でみるとつかみやすい。

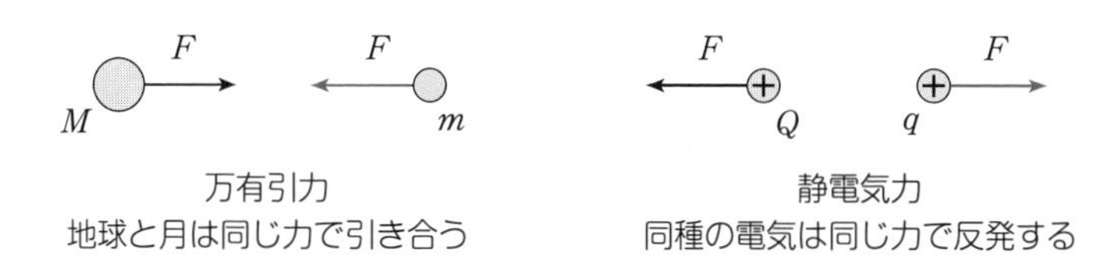

接触による力の場合も同じことなんだ。

床に置かれた質量 m，M の2物体A，Bに働く力で考えてみよう。図で N と N' が作用・反作用の関係にある力だ。大きさが等しく($N=N'$)，向きは逆向きである。全体が静止しているので，

Aのつり合いから　　$N=mg$

Bのつり合いから　　$R=Mg+N'$

結局，$R=(M+m)g$　　床は2物体分の重力を支えている——合理的だね。

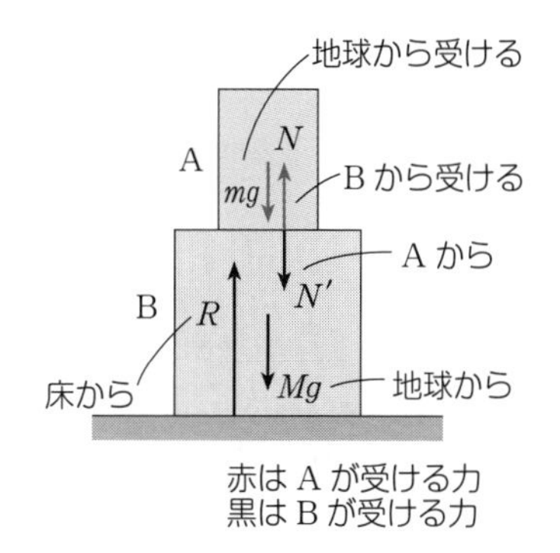

まず，重力 mg がBにかかるわけではないことを強調したい。BがAから受けるのは接触による力であり，BがAに与えた N の反作用 N' である。確かに，つり合っているときは N' は大きさとしては mg に等しいが，力の

原因は別だという認識をもってほしい。

その違いは運動をさせてみるといっそう明らかになる。B を手のひらと思ってほしい。A を上に持ち上げてみる。$N>mg$ の状況だ。運動していても作用・反作用の法則は成り立ち，$N'=N$。よって N' は mg より大きい。物を急に持ち上げると重く感じる――あの感覚は N' による。逆に，急に下に降ろす場合は軽く感じる。$mg>N=N'$ となるからである。

物理では重力の大きさ mg のことを「重さ」という。一方，日常用語では N' を重さとしている。このギャップが混乱の一因になっている。

力のつり合いは 1 つの注目物体が受けている力についての話。注目物体はまわりの物体からいろいろな力を受けている。そしてそれらの合力が 0 になっているんだ。一方，作用・反作用は 2 物体間に働く力の性質の話。**力は必ず 2 つの物体間で生じ，作用・反作用を満たしている。**

ちょっと一言　上の例で，重力 mg の反作用はどこにあるか分かるかな？
重力は地球と物体間で働く力だから，反作用は物体が地球を引く力で，地球の中心で働いているから図には現れないんだ。

結局，複数の物体を扱うとき，接触の箇所では作用·反作用に注意ということだ。もう大丈夫だと思うけど，念のため，この辺の事情を概念図にしてみよう。分かりやすいように接触はわざと切り離してみた。右の図はその具体例。

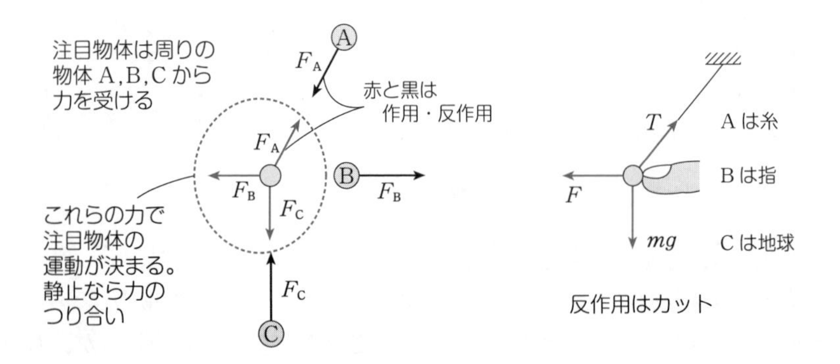

◆ 運動方程式

質量 m の物体に力 $\vec{F}$ が働くと，物体には加速度 $\vec{a}$ が生じる。——この関係を表す運動方程式 $m\vec{a}=\vec{F}$ こそ力学の根幹(こんかん)をなすものだ。それは運動の第2法則(物体の加速度は力に比例し，質量に反比例する)を式で表している。まずは1つ1つの文字の意味を詳しく確認しておこう。

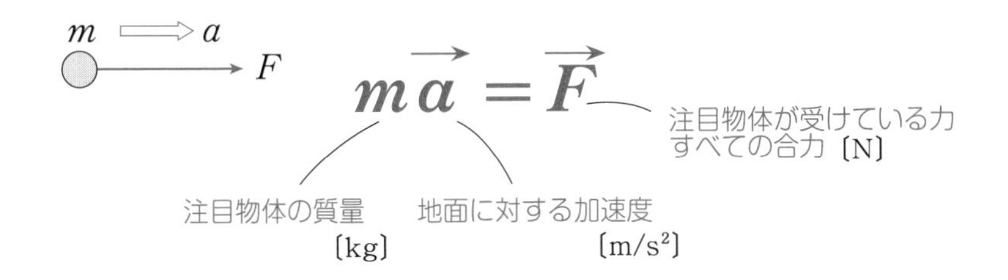

注目物体はまわりの物体から力を受け，止まっていたり，動いたりする。だから，必ず **“受けている力” だけを考える**ことになる。力はすべて右辺に集めておく。

$\vec{a}$ の向きは $\vec{F}$ の向き，つまり合力の向きに加速度が生じていることにも注意を払っておこう。ほとんどの人が上のベクトル式を見ても通り過ぎてしまっているが，とても大切な点だ。

Miss 運動方向(つまり速度の向き)には力が働いていると思っていないかい？偉大なアリストテレスでさえ誤ったのだからしようがないが，力は速度の向きじゃなくて，加速度の向きと一致しているんだ。直線運動では分かりにくいが，曲線運動，たとえば放物運動になると，その差が明確になる。重力が鉛直下向きだから，重力加速度 g も下向きになっている。でも速度の向きはまったく別。

ちょっと一言　上式から〔N〕=〔kg·m/s²〕と分かる。

静止の場合は力のつり合い式をつくった。静止は $\vec{a}=\vec{0}$ だから運動方程式より $\vec{F}=\vec{0}$ (合力$=\vec{0}$) ——つまり力はつり合っている。力のつり合いは運動方程式に含まれている。

自由落下の際の運動方程式‘$m\cdot g$=重力’こそ，重力を mg と表す根拠。

High　運動方程式を扱う人は地上に静止している(静止系という)のが通常だが，等速度で動いている人(等速度系)でもよい。両者にとって加速度は同じであり，両者合わせて慣性系(かんせいけい)という。系は座標系のこと。

慣性系では物理法則はまったく同じである。たとえば，等速度で走る新幹線の中でリンゴを落とせば，自由落下して真下の床に落ちる。

運動方程式を立てる

1　注目物体を決め，力を図示する。

2　力を分解する(運動方向とそれに垂直な方向に)。

3　運動方向では　$ma=F$

垂直方向では　力のつり合い式

解説

ここでは直線運動を扱おう。直線運動では，当然のことながら，$\vec{a}$ の向きはその直線方向となる。合力も同じ向きだ。ということは，直線に垂直な方向では力はつり合って消えてしまっているというわけだ。そこで**3**のように式を立てる。

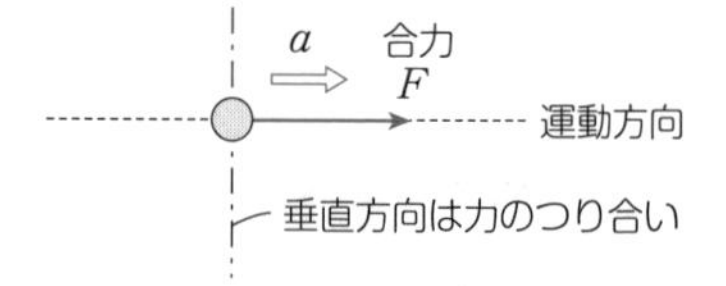

EX　傾角 θ，動摩擦係数 μ の斜面を滑(すべ)りおりる物体の加速度を求めよ。また，初速 v_0 で滑り上がらせるとき，斜面に沿って上昇する距離 l を求めよ。

解　力は本来(ほんらい)ベクトルだから，運動方程式では＋，－を考えて扱わなければいけない。下向きを正とすると(普通は運動方向を正とする)，斜面方向では

$$ma=mg\sin\theta+(-\mu N) \qquad \cdots\cdots ①$$

垂直方向は力のつり合いより

$$N=mg\cos\theta \qquad \cdots\cdots ②$$

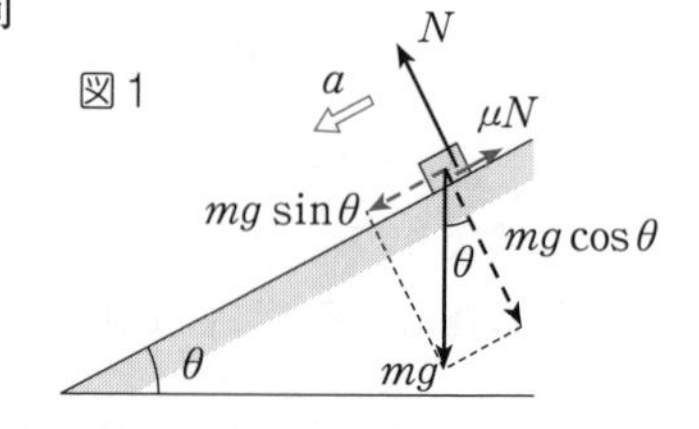

①，②より　$a=g(\sin\theta-\mu\cos\theta)$

上昇のときは上向きを正とすると

$$ma=-mg\sin\theta-\mu N \quad \cdots\cdots\cdots\cdots\cdots ③$$

$$=-mg\sin\theta-\mu mg\cos\theta$$

$$\therefore \quad a=-g(\sin\theta+\mu\cos\theta) \quad \cdots\cdots ④$$

$0^2-v_0{}^2=2al$　より　$l=\dfrac{v_0{}^2}{2g(\sin\theta+\mu\cos\theta)}$

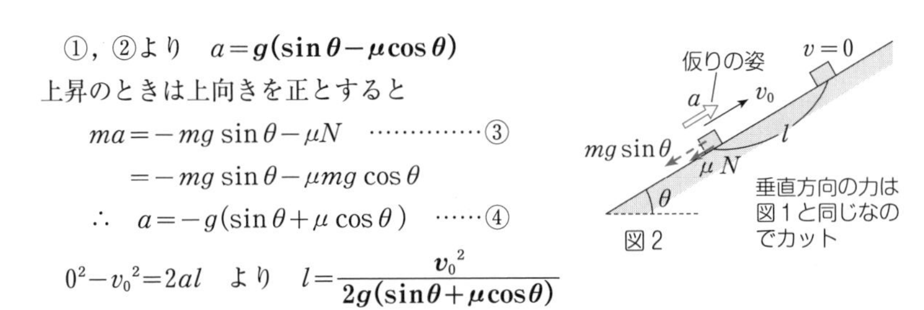

図2

ちょっと一言　加速度は符号を含めて③のように単に a とおけばよい。未知数の特権とでも言おうか。④のマイナス符号は加速度が本当は下向きであることを示している。図2の a の矢印はいわば仮りの姿だ。未知の段階では正と仮定して描いておくと，式が立てやすい。

39　質量 m のおもりを糸の張力 T_0 で引き上げるときの加速度を求めよ。

40　動摩擦係数 μ の水平面上で，質量 m の物体を初速 v_0 ですべらせた。止まるまでの距離 L を求めよ。

41*　動摩擦係数 μ の床上にある質量 m の物体に，30°の向きに力 F_0 を加え続けてすべらせた。加速度を求めよ。

等速度運動　等速度といえば，等速であるだけでなく速度の向きも一定，つまり等速直線運動を意味している。この場合，物体に働く力はつり合っている。運動方程式でいえば，$\vec{a}=\vec{0}$　より　$\vec{F}=\vec{0}$。 $\vec{F}$ は合力だから，これは力のつり合いを意味する。逆に，力がつり合っている（$\vec{F}=\vec{0}$）と，$\vec{a}=\vec{0}$　これは速度が変わらないということで，物体は静止するか等速直線運動をする。静止も速度0の等速度に含めて，

等速度 ⟺ 力のつり合い

ちょっと一言　動いている物体には必ず力が働いているという「常識」をくつがえしたもので，以上の内容は**運動の第1法則**（**慣性の法則**）として明示されている。

42　雨滴は速さに比例する空気の抵抗力(比例定数 k)を受けるため，地上に降ってくる頃には一定の速度(終端速度 u)になってしまう。雨滴の質量を m として，u を求めよ。また，$\frac{1}{3}u$ のときの加速度はいくらか。

43　糸で結ばれたP，Qが等速 v で動いている。Pの質量は m で傾角 θ の滑らかな斜面上にある。Qの質量 M はいくらか。

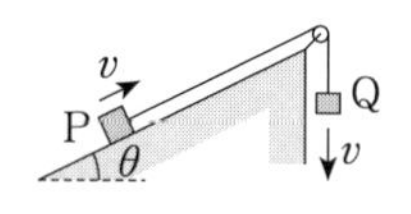

◆ 物体系の運動方程式

2物体以上が力を及ぼし合いながら運動する場合にも，基本は個々の物体について力を図示し，順次，式を立てていくことである。

EX 1　質量 m，M の物体A，Bを軽い糸で結び，滑らかな水平面上に置いて，Bに力 F を加えたときの加速度 a と張力 T を求めよ。

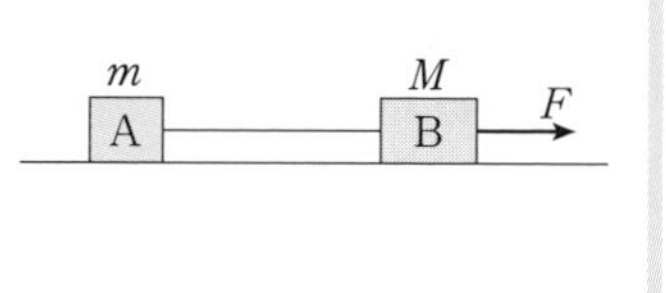

解　糸の張力は両端で等しい。A，Bそれぞれについて運動方程式を立ててみると

A　　$ma=T$　　　　……①

B　　$Ma=F-T$　　　　……②

①+②より　　$(m+M)a=F$　　……③

$\therefore\ a=\dfrac{\boldsymbol{F}}{\boldsymbol{m+M}}$　　①へ代入して　　$T=\dfrac{\boldsymbol{m}}{\boldsymbol{m+M}}\boldsymbol{F}$

鉛直方向の力のつり合い式は用いる必要がないので，力の図示でもカットしておくと見やすい。

ちょっと一言　③は，注目物体を糸を含めてA・B全体としたときの運動方程式でもある。このような**一体化の見方**も a だけ知りたいときには有効だ。

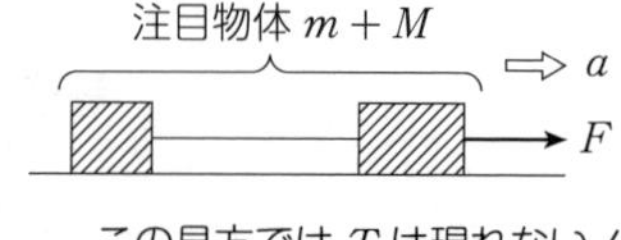

この見方では T は現れない！

③と①のセットで a，T を求めることもできる。

Q&A

Q　なぜ糸の張力は両端で等しいんですか？

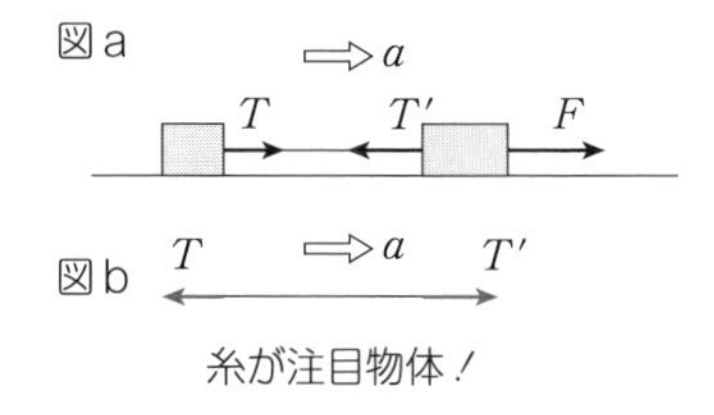

A　よく気がついたね。とてもいい質問だ。大抵(たいてい)の人は“慣れ”で当然のことと思っているに過ぎない。答えは糸の質量がないからなんだ。

図aのように両端の張力を T，T' とする。“糸”の運動方程式をつくってみよう。作用・反作用によって糸は図bのような力を受けている。“軽い”糸，それは糸の質量を無視してよいことを意味する。そこで，

$$0\times a=T'-T \qquad \therefore \quad T'=T$$

糸に限らず軽いばねでも同じことだね。ただ，“軽い”は当然のこととして省かれることが多い。

糸でさえ注目物体とすることができる —— その精神も学んでほしい。

EX 2　滑らかな床上に，質量 m，M の物体A，Bを置き，Aを一定の力 F で押す。加速度と，AがBを押す力を求めよ。

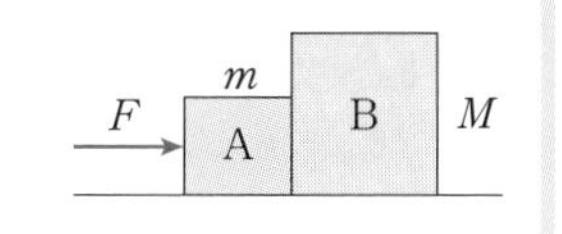

解　A，B間で働く力が作用，反作用を満たすことに注意して力を図示する。

A　　$ma=F-N$　　……①

B　　$Ma=N$　　……②

①+②より　$(m+M)a=F$　　……③

$$\therefore \quad a=\boldsymbol{\frac{F}{m+M}} \qquad \text{②に代入して} \quad N=\boldsymbol{\frac{M}{m+M}F}$$

③は一体化したときの運動方程式でもある。

Miss　②で $Ma=F$ とか $Ma=F+N$ とやる人がいる。F が原因でBが動くという気持ちからなのだろう。F はAに働いているのであってBは接触による垂直抗力 N を受けているだけである。**重力以外の力は飛び離れて働くことはない** —— これは力の図示のときにも強調しておいた。

44　次のような場合の加速度 a と，糸の張力 T(図a～d)あるいは物体間の垂直抗力 N(図e，f)を求めよ。ただし，$m<M$，摩擦はないとする。

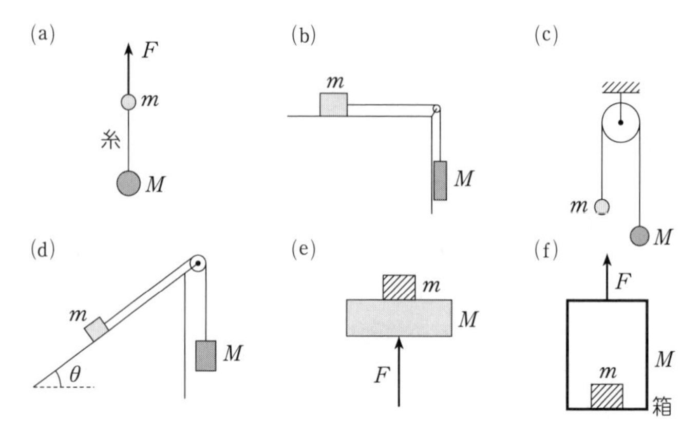

45　上の図(b)および(d)で，m と面との間に摩擦があり，動摩擦係数を μ としたときの加速度 a を求めよ。

46＊　質量 m の A とつり合わせるためには B の質量 M_0 はいくらにすればよいか。次に，B の質量を M としたところ，B が下がった。A の加速度 a および糸 β の張力 S を求めよ。2つの滑車は軽いものとする。

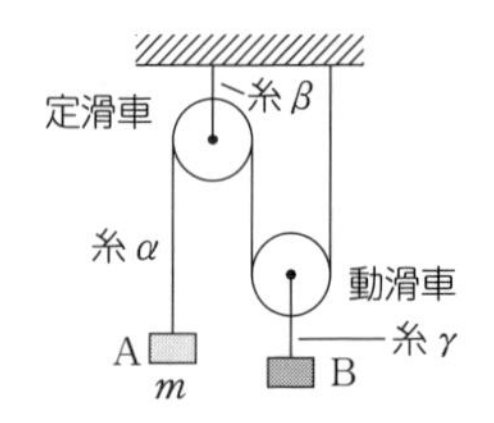

知っておくとトク　A の動きと比べると**動滑車の動きは半分**。
つまり，A に比べて B は動く距離，速さ，加速度すべてが半分になる。

47＊　質量 M の A に質量 m，長さ l のロープを取り付け，なめらかな床上を F の力で引っぱる。付け根から x 離れた位置でのロープの張力 T を求めよ。

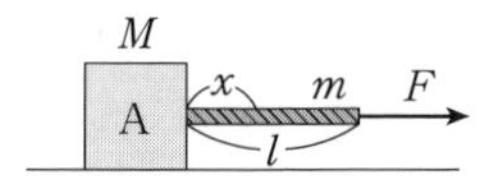

さあ，運動方程式も最終段階だ。次のケースで実力を試してみよう。

EX 3　滑らかな床上に置かれた質量 M の板 B がある。質量 m の小物体 A が速さ v_0 で飛び乗り，B の上を滑った。それぞれの物体の加速度を求めよ。また，A が B に対して止まるまでの時間 t と B 上で滑る距離 l を求めよ。A，B 間の動摩擦係数を μ とする。

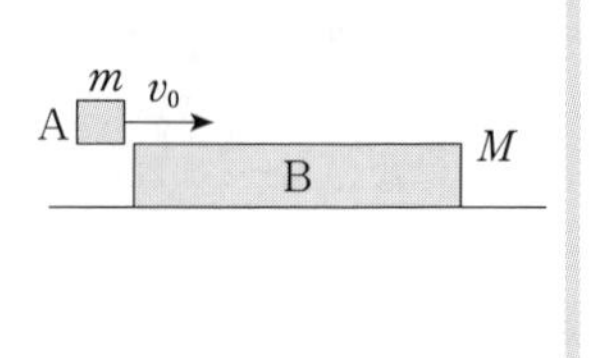

解　AはBから動摩擦力 μmg を左向きに受けるので

A　$ma_{\mathrm{A}}=-\mu mg$　　∴ $a_{\mathrm{A}}=-\boldsymbol{\mu g}$

一方，Bはその反作用を右向きに受けるので

B　$Ma_{\mathrm{B}}=\mu mg$　　∴ $a_{\mathrm{B}}=\dfrac{\boldsymbol{\mu mg}}{\boldsymbol{M}}$

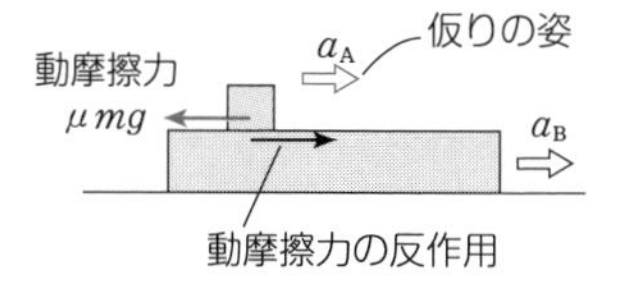

Miss　Bの式を $(m+M)a_{\mathrm{B}}=$ で始める人が非常に多い。Aが乗っていて重いという意識からなのだろうが，運動方程式の質量の項は“注目物体の質量”だった！　Bに注目しているからそれは M なんだ。

Bに対するAの相対加速度 α は　$\alpha=a_{\mathrm{A}}-a_{\mathrm{B}}=-\dfrac{m+M}{M}\mu g$

B上で止まるのは相対速度が0になるときだから

$$0=v_0+\alpha t \quad より \quad t=\frac{\boldsymbol{Mv_0}}{\boldsymbol{(m+M)\mu g}}$$

また，$0^2-v_0{}^2=2\alpha l$　より　$l=\dfrac{\boldsymbol{Mv_0{}^2}}{\boldsymbol{2(m+M)\mu g}}$

ここで，v_0 は相対初速度 $(=v_0-0)$ として用いている。なお，AがB上で止まった後は動摩擦力はなくなり，2つは一体となって，$v_0+a_{\mathrm{A}}t=0+a_{\mathrm{B}}t=\dfrac{m}{m+M}v_0$ の速さで床上をすべる。

Miss　$l=v_0t+\dfrac{1}{2}a_{\mathrm{A}}t^2$ としてはダメ。a_{A} はB上での動きでなく床に対する動きを表しているからだ。運動方程式の加速度は地面に対するものだった！

ちょっと一言　床に摩擦（動摩擦係数 μ）があると，Bが床から受ける動摩擦力はいくらになるか分かるかな？　……μMg？　それとも $\mu(M+m)g$？

この場合は $\mu(M+m)g$ が正しい。頭がこんがらがりそうだね。動摩擦力 μN は床からの垂直抗力 N で決まり，上下方向では力のつり合いが成りたち，$N=(M+m)g$ となるからなんだ。床は2物体分の重さを支えなければならない。――考えてみれば当然のことだね。

Q&A

Q　この場合Aは動摩擦力を左向きに受けるのは直感的に分かります。でも，一般に，動いている板から受ける動摩擦の向きはどのように決めるのですか。

A　速度の向きと逆というのは固定面のときのこと。板が動いているときは，板に対する動き（相対速度）と逆向きと判断する。もし，相対速度が0なら静止摩擦の話になる。動摩擦か静止摩擦かは，地面に対する動きでなく，接触面が滑り合うかどうかで分かれるんだ。

48* 滑らかな床上に，質量 m，M の A，B を重ねて置き，下の B を一定の力 F_0 で引くと，A，B は一体となって動いた。加速度 a を求めよ。また，A，B 間の摩擦力 f を求めよ。

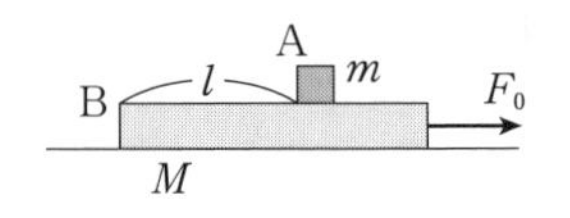

49** 同様に，静止状態から B を F_1 の力で引くと，A は B の上を滑った。はじめ A が B の左端から l の距離にあったとすると，何秒後に A は B から落ちるか。A，B 間の動摩擦係数を μ とする。

High 重心と運動方程式

質点の集まりを質点系という。全質量を M，重心を G とする。各質点が動けば，G も動く。G の運動の加速度を $\vec{a}_G$ とし，外部から各質点に働く力の合力を $\vec{F}_{外力}$ とすると，$M\vec{a}_G=\vec{F}_{外力}$ が成り立つことが示されている（重心の運動方程式）。

質点間で働く力は内力と呼ばれ，作用・反作用の法則により打ち消し合っているので，外力で重心の運動が決まってくる。

ふつうの物体も質点の集まりであり，重力だけを受けているなら，重心 G の運動は放物運動になる。

図のように，棒の両端に物体を取り付け，回転を与えて放り投げると，G は放物線を描く。そして，G を中心にして棒は等速で回転する。

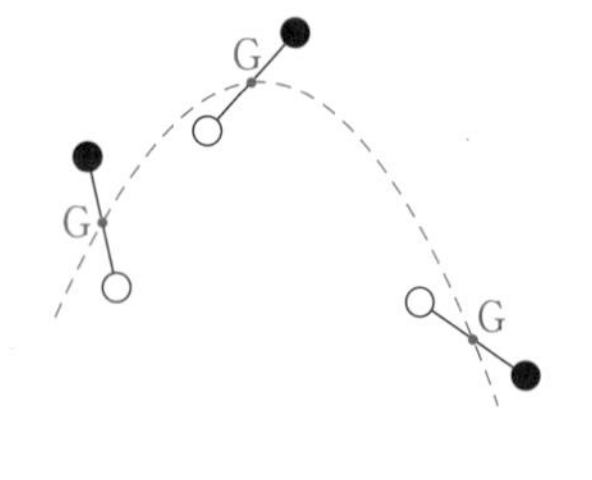

V　エネルギー

◆ 仕事

物体にF〔N〕の力が働き続け，距離x〔m〕の移動が起こった場合，力のした仕事Wは$\boldsymbol{W=Fx\cos\theta}$〔J〕であるという。$\theta$は力と移動の向きのなす角で，〔J〕(ジュール)＝〔N·m〕。

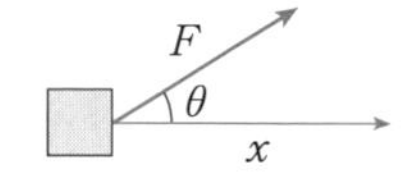

この定義式に頼るのもよいが，それより次の3つのケースで覚えてしまおう。

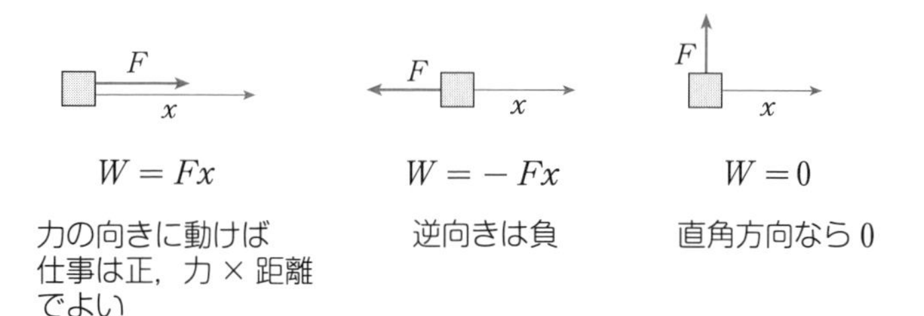

$W=Fx$
力の向きに動けば仕事は正，力×距離でよい

$W=-Fx$
逆向きは負

$W=0$
直角方向なら0

右上の例なら，力を分解して考える。まわりくどいと思うかもしれないが，実際は定義式に頼るより早く求められる。何より仕事の符号を間違えることがない。正・負の判断は一目瞭然(いちもくりょうぜん)だからだ。

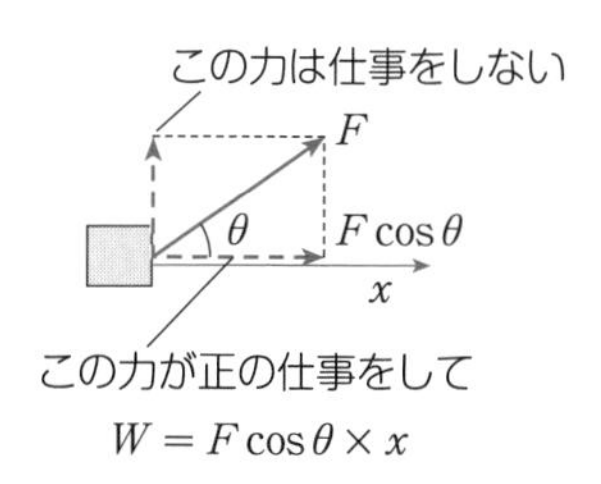

ちょっと一言　Fは物体に働いているいくつかの力のうちの1つに着目してのこと。したがって，Fとxの向きは一般に異なっている。仕事を問うときは必ずどの力がする仕事かを指定する。

力の向きと移動の向きを考えているが，仕事は向きのないスカラー。

> 仕事は符号が大切
> 力に対して物体が垂直に動くときの仕事は0
> 逆向きに動くときの仕事は負

50　AB は水平，BC は鉛直で，AC$=l$ である。質量 m の物体を A から C へ次の経路で移すとき，重力のする仕事を求めよ。

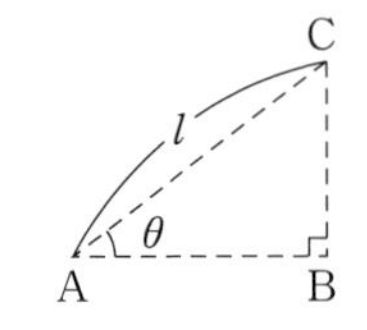

(1)　A→C　　(2)　A→B→C

51　動摩擦係数 μ の水平面上で，質量 m の物体に手の力 F_0 を 30° 方向に加え距離 l だけ引きずるとき，次の力のする仕事を求めよ。

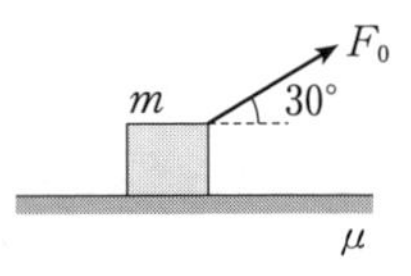

(1)　手の力　(2)　垂直抗力　(3)　重力
(4)　動摩擦力

正の仕事は物体の運動エネルギー $\frac{1}{2}mv^2$〔J〕を増やし，負の仕事は減らす。だから仕事の符号はとても大切なのだ。

仕事＝運動エネルギーの変化

ちょっと一言　これは運動方程式から導かれる１つの定理。

$ma=F$ と $v^2-v_0{}^2=2ax$ から a を消去すると　$Fx=\frac{1}{2}mv^2-\frac{1}{2}mv_0{}^2$ となる。a が一定でないケースや曲線運動についても成り立つことが証明されている。

左辺は，物体に働く合力のする仕事のこと。あるいは，１つ１つの力(物体が受けている力)の仕事の総和でもよい。

52　51で，はじめ物体は静止していたとする。l だけ引きずったときの速さ v はいくらか。

仕事率　1 s 間にする仕事を仕事率 P という。単位は〔J/s〕だが，〔W（ワット）〕と表す。　t〔s〕間に W〔J〕の仕事をすれば　$\boldsymbol{P=\frac{W}{t}}$〔W〕
力 F の向きに物体が速さ v で動くときは　$\boldsymbol{P=Fv}$

ちょっと一言　$P=Fv$ は 1 s 間に v〔m〕動くことから当然の関係。v が変化しているときには，瞬間の仕事率を表す。$\vec{F}$ と $\vec{v}$ の向きが一致しないときは，仕事と同様，成分を用いる。

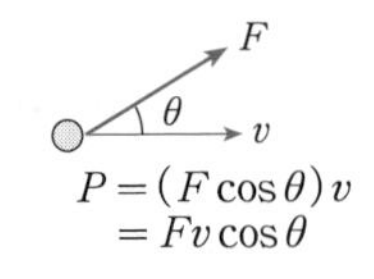

$P=(F\cos\theta)v$
$=Fv\cos\theta$

◆ 位置エネルギー

重力のする仕事　重力のする仕事ははじめの位置と終わりの位置だけで決まり，**途中の経路にはよらない**。しかも水平方向への移動では仕事が0なので，重力の仕事は高さの差だけで決まることになる。

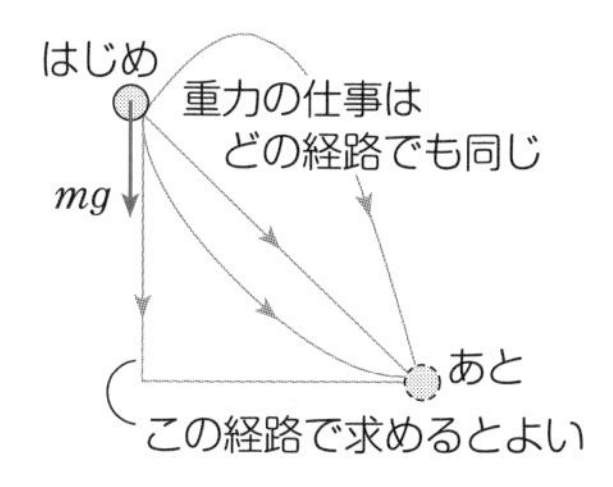

仕事が経路によらないというのは，特別な力(保存力(ほぞんりょく))でしか成立しない。たとえば，タンスを引きずるときの手の力の仕事は経路が長くなるほど増えてしまう。保存力としては，重力のほかに，弾性力，万有引力，静電気力などがある。保存力の仕事ははじめの位置と終わりの位置だけで決まるから，位置エネルギーとして扱うことができる。さしあたって必要なものは，

重力の位置エネルギー　$U=mgh$　基準位置は任意　それより上にあるときは正，下にあるときは負となる

弾性エネルギー　$U=\frac{1}{2}kx^2$　基準位置はばねの自然長　xは，ばねの自然長からの伸びまたは縮み　kはばね定数

位置エネルギーは，物体がいる位置から基準位置までの物体の移動(次図の点線矢印)を考え，その際に保存力がする仕事で決める。

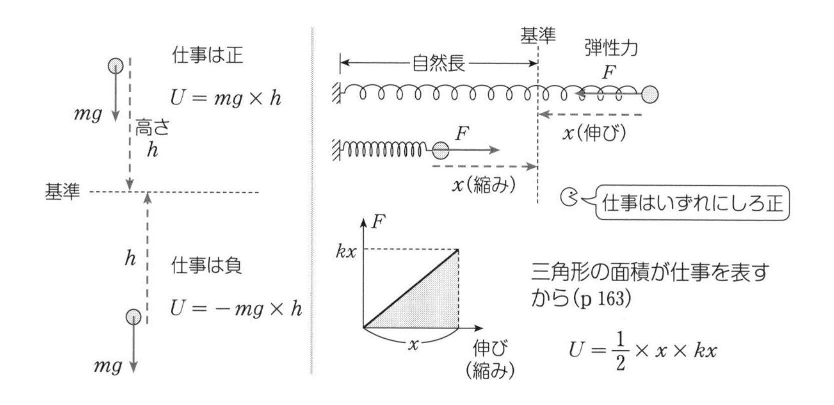

ちょっと一言　位置エネルギーは，基準位置にある物体に外力(手の力)を加えて，考えている位置まで静かに移動させる際の外力の仕事として決めてもよい。外力のした仕事分だけ位置エネルギーを蓄えたという見方である。

- 大きな物体や複数の物体の重力の位置エネルギーは，重心に全質量があるとして計算すればよい。

◆ 力学的エネルギー保存則

摩擦や空気の抵抗がない状態で，物体を自由に運動させると，力学的エネルギー保存則が成り立つ。力学的エネルギーとは，運動エネルギー $\frac{1}{2}mv^2$ と位置エネルギー U の和のことだ。

摩擦，抵抗なし ⇨ 力学的エネルギー保存則

$$\frac{1}{2}mv^2+U=\text{一定}$$

ちょっと一言　「衝突なし」も条件といえる。ただ，弾性衝突だけはよい。
位置エネルギー U は関連するものすべてをそろえる。たとえば，重力の他(ほか)にばねの力が働いていれば，$mgh+\frac{1}{2}kx^2$ とする。

厳密にいえば，**保存力以外の力が仕事をしないとき，力学的エネルギー保存則が成り立つ**。放物運動はその典型例だ。また，次の例では保存力でない張力や垂直抗力が働いているが，その仕事が 0 なので，力学的エネルギー保存則が成立する。

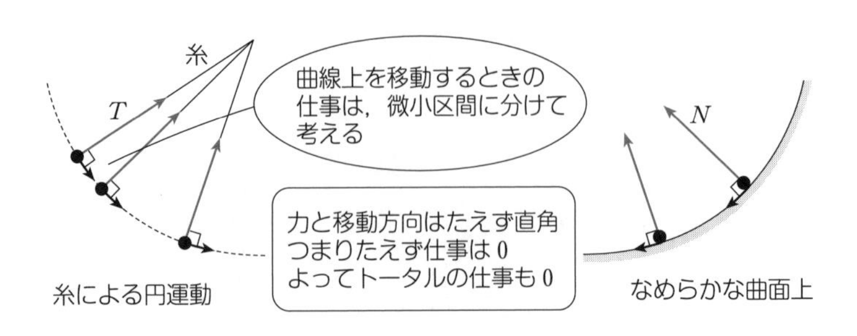

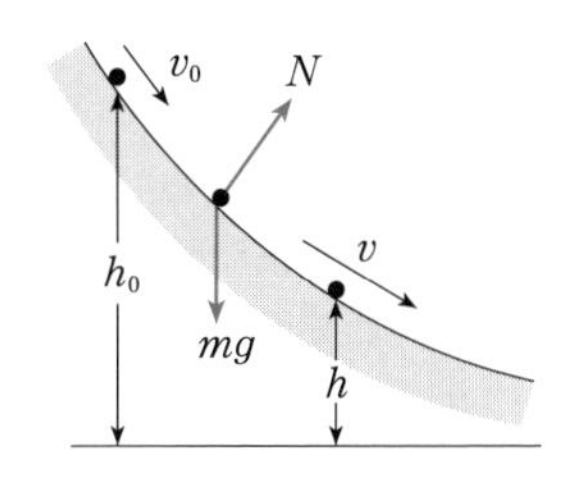

たとえば，右のように滑(なめ)らかな曲面上を物体が滑(すべ)りおりる場合について，「**仕事 ＝ 運動エネルギーの変化**」を適用してみると，重力の仕事は $mg(h_0-h)$，垂直抗力の仕事は 0 だから　$mg(h_0-h)+0=\frac{1}{2}mv^2-\frac{1}{2}mv_0{}^2$

$$\therefore\quad \frac{1}{2}mv^2+mgh=\frac{1}{2}mv_0{}^2+mgh_0\ (=\text{一定})$$

また，この例を通して，重力の仕事と重力の位置エネルギーは表裏一体のものであることをつかんでおくとよい。

ちょっと一言　このように力学的エネルギー保存則は「仕事 ＝ 運動エネルギーの変化」を進化させたもので今後は頻繁(ひんぱん)に用いていく。一方，仕事にまでさかのぼることはまれになる。

この保存則の威力は，上の曲面の例のように運動方程式では解けない問題まで扱えることである。

EX 1　滑らかな曲面上の点 A（高さ H）で P を放す。点 B（高さ h）を通るときの速さ v はいくらか。また，点 C で床に当たるときの速さ u はいくらか。

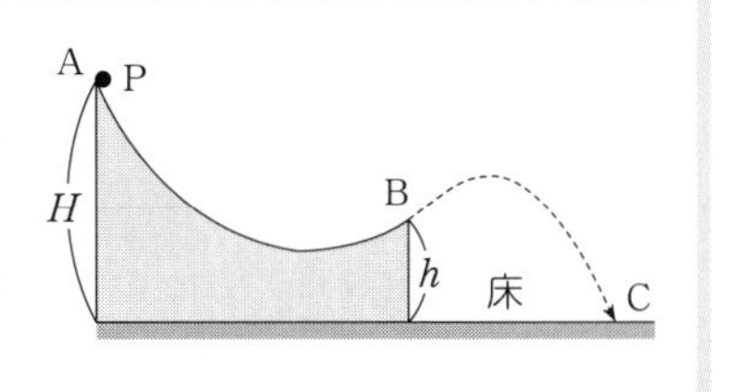

解　点 A と点 B ……　$mgH=\frac{1}{2}mv^2+mgh$　　$\therefore\quad v=\sqrt{2g(H-h)}$

点 B と点 C ……　$\frac{1}{2}mv^2+mgh=\frac{1}{2}mu^2$　　$\therefore\quad u=\sqrt{2gH}$

点 A と点 C に着目して　$mgH=\frac{1}{2}mu^2$ とするとはやい。

エネルギー保存則は，公式形に当てはめる段階を超え，**エネルギーの流れ（変換）をつかんで書き下せるように**したい。この例なら，はじめの位置エネルギー mgH が，点 B では運動エネルギーと位置エネルギーに分かれ，点 C ではすべて運動エネルギーに変わったという具合(ぐあい)にである。

Q&A

Q　力学的エネルギー保存則 の式はつくれますが，感覚的にはイマイチです。

A　エネルギーをお金にたとえてみよう。運動エネルギーはコイン，位置エネルギーはお札(さつ)だと思ったらいい。力学的エネルギーの保存は，一切お金を使わないが両替だけはするという奇特な人の話だ。はじめ千円札 2 枚だけで，コイン入れは空っぽだったとしよう（EX 1 では点 A の状態）。千円札 1 枚を 100 円玉 10 個に替えたり（点 B），札入れを空っぽにして 100 円玉 20 個にしたり（点 C）しているんだ。いろいろお金の形は変わるけど，財布の全額は変わっていないというわけだね。

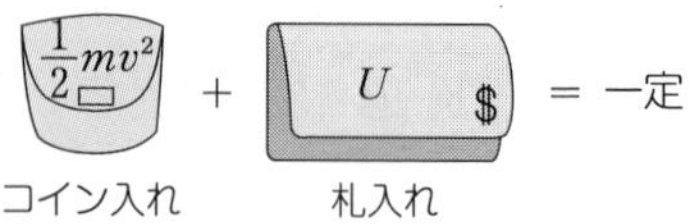

Q　じゃあ，全額を調べなくても，札入れから減った分だけコイン入れでは増えていることを確かめてもいいんじゃないですか。大きな金額の場合，その方が便利ですよ。………すると，点 B では $mg(H-h)$ が減った分で，これが $\frac{1}{2}mv^2$ に等しいとして解いてもいいんですね。

A　失われたエネルギー＝現れたエネルギー　というわけだね。**減った分＝増えた分**　と言いかえてもいいけど，とても優れた見方だよ。

EX 2　ばね定数 600 N/m の鉛直なばねに質量 2 kg のおもりをつけ，自然長の位置で 1 m/s の初速を与えた。ばねの最大の伸び l はいくらになるか。$g=10\ \mathrm{m/s^2}$ とする。

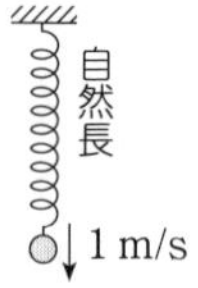

解　ばねが最も伸びたときには，物体の速度は 0 になる。

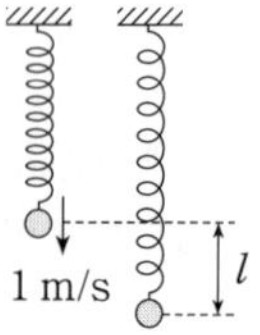

$$\frac{1}{2}mv^2+mgh+\frac{1}{2}kx^2=一定\quad より$$

$$\frac{1}{2}\times2\times1^2+2\times10\,l+0=0+0+\frac{1}{2}\times600\,l^2$$

$$300l^2-20l-1=0$$

2 次方程式の解の公式，および $l>0$ より　$l=$ **0.1 m**

53　長さ r の軽い棒の端に質量 m の小球Pを取り付け，他端を中心にして鉛直面内でなめらかに回転できるようにした。最下点でいくらより大きい速さを与えれば一回転するか。

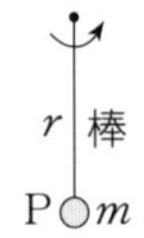

54　長さ l の糸に小球Pを取り付け，他端Oを指で止める。糸を水平にしてPを放すと，Pは最下点Aを通り，60°の位置Bまで達したとき，O端の糸を放す。A，Bでの速さとPが達する最高点の高さ（Aの位置からの高さ）h を求めよ。

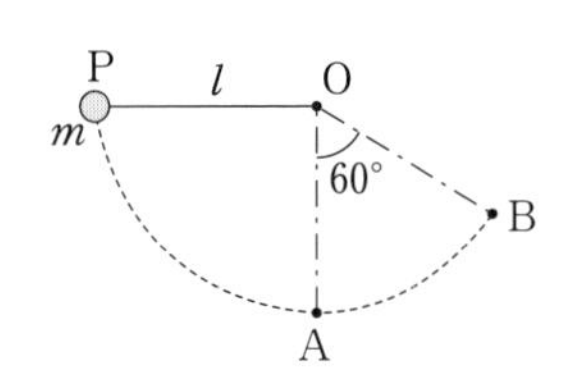

55　滑らかな水平面上で，ばね定数 k のばねに結ばれた質量 m の小球Pを自然長の位置Oから l だけ引いてAで放す。Oでの速さ v_1，OAの中点での速さ v_2，およびばねの縮みの最大値 x_m を求めよ。

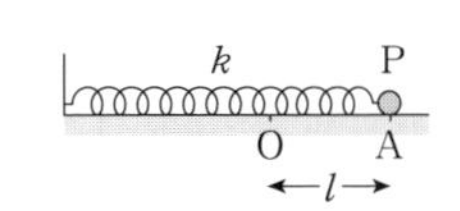

56＊　ばね定数 k のばねに質量 M の板を取り付け，板に質量 m の小球Pを接触させ，ばねを l だけ縮ませてから放す。Pは自然長で板から離れ，水平面から曲面へと上がっていく。Pが達する最高点の高さ h を求めよ。摩擦はない。

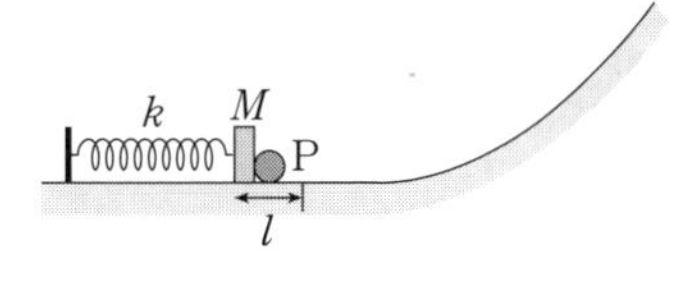

57＊　前問で，ばねの最大の伸び x はいくらか。板は水平面上を動くとする。

物体系の力学的エネルギー保存則　複数の物体が力を及ぼし合いながら運動するときには，1つの物体だけでは力学的エネルギー保存則が成り立たない。物体系全体について立式する必要がある。

EX　質量 m，M の物体P，Qが糸で結ばれ，滑車を介してPは滑らかな机の上で支えられている。Pを放し，距離 l だけすべらせたときの速さ v はいくらか。

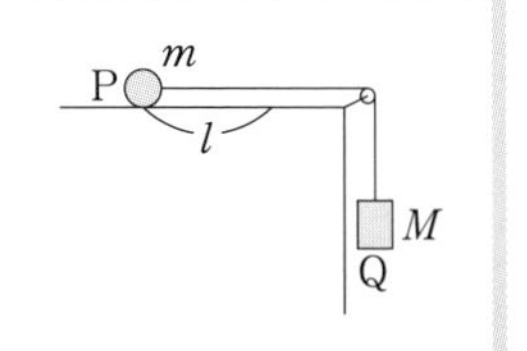

解 「失われた分＝現れた分」の見方をすると，Qが失った位置エネルギー Mgl が，Pと Qの運動エネルギーになる。P，Qの速さはたえず等しいから

$$Mgl=\frac{1}{2}mv^2+\frac{1}{2}Mv^2 \qquad \therefore \quad v=\sqrt{\frac{2Mgl}{m+M}}$$

ちょっと一言　Pだけを見ると，張力 T により $+Tl$ の仕事をされ，一方Qは $-Tl$ の仕事をされるから，全体でみれば，張力の仕事は0となり，考えなくてよいわけだ。
なお，運動方程式でも解けるがエネルギー保存則の方が早い。

58　糸で結ばれたP，Qを定滑車にかけ，静かに放す。Qが h だけ下がったときの速さ v を求めよ。$m<M$ とする。

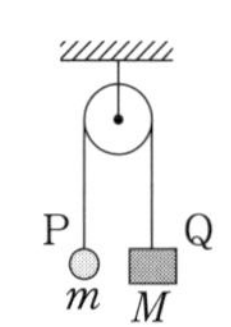

59＊　前問で，Pに下向きに v_0 の初速度を与える(Qは上向きに v_0 で動き出す)と，Pははじめの位置よりどれだけ下がるか。

◆ 一般的なエネルギー保存則

保存力以外の力が仕事をすると，その分だけ力学的エネルギーが変わってしまう。

保存力以外の力の仕事 ＝ 力学的エネルギーの変化

とくに，保存力のもとで物体に外力(がいりょく)(手の力)を加え，静かに移動させるときの外力のする仕事は

外力の仕事 ＝ 位置エネルギーの変化

60　静止している質量 m の物体を高さ h の位置Aまで静かに持ち上げた。手のした仕事 W_1 はいくらか。また，スピードをつけて持ち上げ，Aに達したときの速さが v だった場合の仕事 W_2 はどうか。

61＊　ばね定数 k のばねに質量 m のおもりPを取り付け，天井からつるしてある。静止しているPを h だけ静かに引き下げた。手のした仕事はいくらか。

摩擦熱　動摩擦係数 μ の水平面上で質量 m の物体が距離 l だけ滑（すべ）ったとすると，その間に動摩擦力のした仕事は $-\mu mgl$ である。つまり μmgl だけ力学的エネルギーが減少する。そのかわり同じ量の摩擦熱が発生している。そこで力学的エネルギーのほかに熱エネルギーも含めておくと，エネルギーは保存される。

摩擦熱 = 動摩擦力×滑った距離

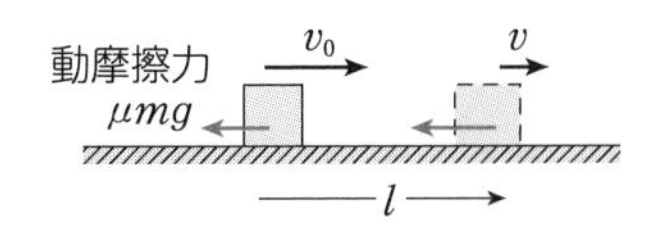

はじめの速さを v_0，距離 l だけ滑った後の速さを v とすると，

$$\frac{1}{2}m{v_0}^2=\frac{1}{2}mv^2+\underbrace{\mu mgl}_{\text{摩擦熱}}$$

$$\left(\begin{array}{l}\text{前述の形式なら}\\ \underbrace{-\mu mgl}_{\text{動摩擦力の仕事}}=\frac{1}{2}mv^2-\frac{1}{2}m{v_0}^2\end{array}\right)$$

はじめの運動エネルギーの一部が摩擦熱に変わったという感覚だ。

関連するエネルギーをすべて取り入れるとエネルギー保存則はいつも成立している。

ちょっと一言　μmgl は摩擦熱に等しいとしたが，実際には，接触面の変形や滑るときの音のエネルギーになる部分もある。しかし，これらはふつう無視できる量である。

Q&A

Q　仕事とエネルギーの関係がゴチャゴチャになっているので，少し整理したいんですが…。まず，重力の位置エネルギー mgh を用いれば，重力の仕事は考えなくていいんですね。

A　その通り。2つは紙の表と裏の関係にある。両方を同時に見ることができないように，2つを同時に用いてはいけないんだ。紙の表面（おもてめん）が mgh で，基本的にはこちらを使いたいね。

Q　ばねだと，弾性エネルギー $\frac{1}{2}kx^2$ が紙の表で，弾性力の仕事が裏ということですね。

A　そう。同じように摩擦熱が表で，動摩擦力の仕事が裏なんだ。仕事は裏面のもの。自由に考えていいなら，「いつも表面(おもてめん)で，いつもエネルギーで」ということだね。

以下，物体 P(質量 m)や物体 Q が滑る面の動摩擦係数は μ とする。

62　水平面上で，P を初速 v_0 で滑らせた。P が止まるまでに進む距離 L を求めよ。

63　傾角 θ の斜面上で，P を放した。距離 l だけ滑り降りたときの P の速さ v を求めよ。

64* 傾角 θ の斜面上で，P に初速 v_0 を上向きに与えた。P が最高点に達するまでに滑る距離 l を求めよ。

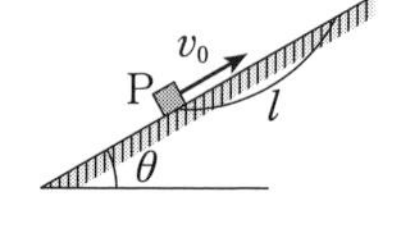

65* P と質量 M の物体 Q を糸で結び，滑車を介して傾角 30° の斜面に Q を置いて静かに放した。Q が距離 l だけ滑り降りたときの速さ v を求めよ。

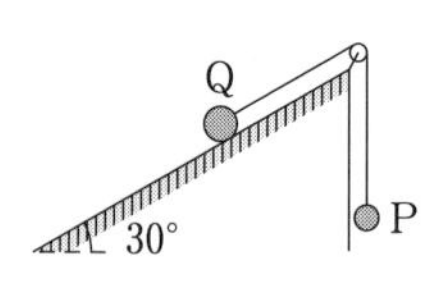

66**　水平面上で，P にばねを取り付け，ばねを自然長から a だけ縮ませてから P を放した。ばねの伸びの最大値 l を求めよ。ばね定数は k とする。

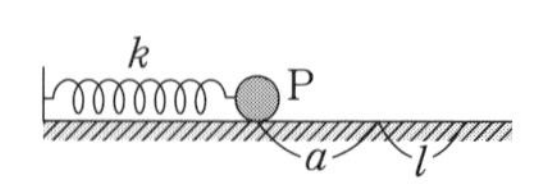

VI 運動量 —物理—

◆ 力積と運動量

運動量 $m\vec{v}$ は質量と速度の積で，いわば運動の「勢い」を表す量だ。同じ速度でもトラックと人とでは勢いが違うというわけだ。運動量を変えるためには力 $\vec{F}$ と時間 Δt が必要となる。

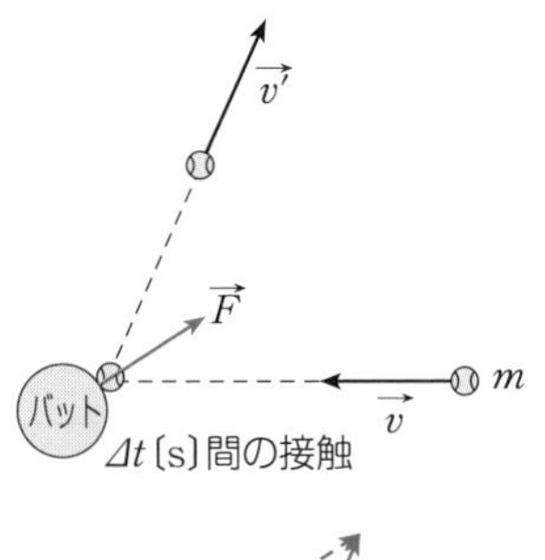

力積 ＝ 運動量の変化

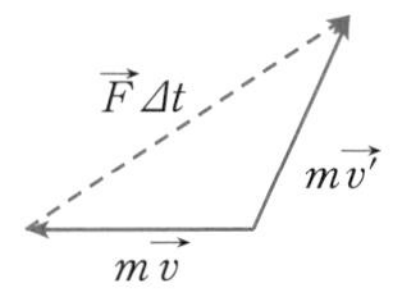

式にすれば　$\vec{F}\Delta t = m\vec{v'} - m\vec{v}$

注目物体が受けた力積	注目物体の運動量変化
〔N･s〕	〔kg･m/s〕

これは運動方程式から導かれる1つの定理※。まず，ベクトルの関係であることをしっかり押さえておこう。力積(りきせき) $\vec{F}\Delta t$ は力 $\vec{F}$ の向き，運動量 $m\vec{v}$ は速度 $\vec{v}$ の向きをもったベクトルだ。

※　$m\vec{a} = \vec{F}$ に，$\vec{a}$ の定義 $\vec{a} = \dfrac{\Delta\vec{v}}{\Delta t} = \dfrac{\vec{v'} - \vec{v}}{\Delta t}$ を代入して整理すれば導ける。なお，力積は〔N･s〕，運動量は〔kg･m/s〕で扱うが，両者は同じ単位。〔N〕＝〔kg･m/s^2〕(忘れたら $F = ma$ から確認)だからだ。

Miss 上の図で，バットが受けた力積は？……　$m\vec{v'} - m\vec{v}$ と答えてしまってはダメ。バットが受けた力は作用･反作用の法則より $\vec{F}$ とは逆向きの $-\vec{F}$ のはずだ。だから，－(ボールが受けた力積)として求めることになる。上で，"注目物体"と修飾語をつけたのはこのためだ。

ちょっと一言　時間 Δt の間に力の大きさが変化している場合は，力の平均値 $\overline{F}$ を用いればよい。つまり Δt は微小時間と限る必要はないということ。

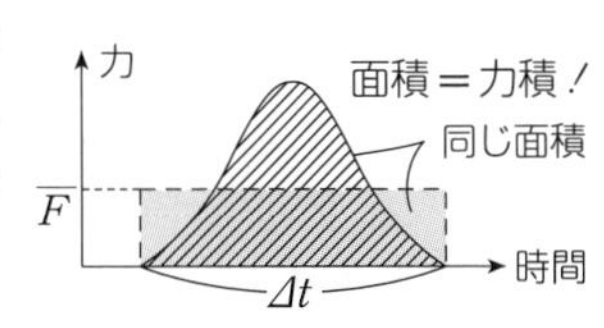

67　質量 m の小球Pが速さ u で滑らかな面に垂直に衝突した。面から受けた力積の大きさはいくらか。反発係数を e とする。

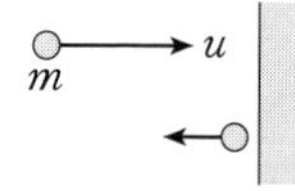

68　Pが速さ u で角 θ の方向から衝突する場合はどうか。

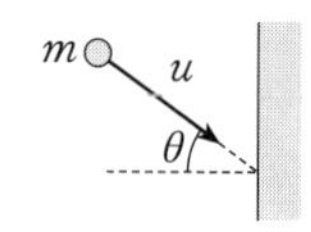

69　静止していた 1200 kg の車が 10 秒間で一様に加速し，60 km/h の速さになるにはいくらの推進力が必要か。

70　図のような時間的に変化する力が静止していた質量 3 kg の小球Pに働いた。Pの速さはいくらになるか。

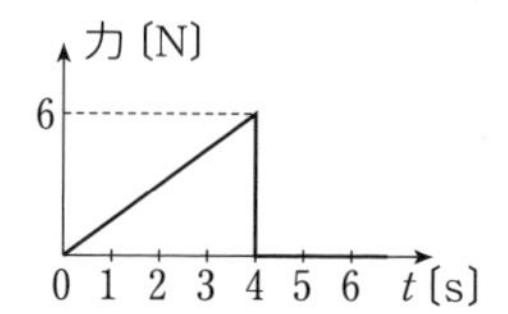

◆ 運動量保存則

運動量の和 ＝ 一定　（$m_1\vec{v_1}+m_2\vec{v_2}+\cdots=$ 一定）

エネルギー保存則と肩を並べる重要な法則である。ただ，こちらは**ベクトルの関係式**だ。適用条件から入ろう。

物体系に働く外力（の和）＝0 ⇨ 運動量保存則

運動量保存則は物体系に着目する。物体系とはいくつかの物体をグループとしてまとめて見ることだ。グループ内の物体間で生じている力を内力（ないりょく），グループ外の物体からかかってくる力を外力（がいりょく）と区別する。外力がないか，あったとしても和が 0（ゼロ）ならよい。……というのが一般論だが，普遍（ふへん）的な表現というものはとかく分かりにくい。具体例に入ろう。

A m_1 $\vec{v_1}$　B m_2 $\vec{v_2}$

衝突時に働く力は内力

$-\vec{F}$　$\vec{F}$

Δt 秒間の衝突

$\vec{v_1}'$　$\vec{v_2}'$

図1

分裂時の力も内力

$-\vec{F}$　$\vec{F}$

図2

図1は衝突のケースで，衝突時AはBを$\vec{F}$の力で押すが，作用･反作用の法則によってBからも$-\vec{F}$で押し返される。これらが内力だ。分裂が起こるケースも，何らかの原因で(たとえば爆発とかばね仕掛(じか)けとか)内部で力が発生して飛び散る。この2つが代表例だ。

衝突 or 分裂 ⇨ 運動量保存則

ちょっと一言　運動量保存則は，「力積＝運動量の変化」の関係から導かれる。

Aについて　$-\vec{F}\Delta t = m_1\vec{v_1'} - m_1\vec{v_1}$　……①

Bについて　$\vec{F}\Delta t = m_2\vec{v_2'} - m_2\vec{v_2}$　……②

①＋②とし，移項して整理すると，$m_1\vec{v_1} + m_2\vec{v_2} = m_1\vec{v_1'} + m_2\vec{v_2'}$
内力の力積は作用・反作用のため消えてしまうのがミソだ。

High　だから，成立条件は厳密にいえば，外力の力積が0となることである。たとえば，空中での衝突の場合，重力という外力があるが，衝突が瞬間的($\Delta t=0$)なら，重力の力積$mg\Delta t$が0となり，衝突の直前・直後では運動量保存則が成り立つ。

Q&A

Q　運動量mvと運動エネルギー$\frac{1}{2}mv^2$，何が違うんですか。2つともvが大きいほど大きいとなっていて，差異がピンときません。

A　役割りと言うか，活躍する場面が違うんだよ。人で言えば，身長と体重の違い。どちらも体の大きい人ほど大きいよね…ふつうは。でも，エレベーターのドアの高さは身長を考えて決めているし，定員は体重を考えて決めているでしょ。

Q　エネルギーはお金にたとえていましたね。運動量も何かにたとえてもらえれば…。

A　運動量は向きをもつベクトル量だから，いいたとえがないんだ。運動量を難しく感じるのも無理はないね。結局，運動量保存則が成り立ついろいろなケースに出会って，やっと「分かる」もの。多くの例(問題)を通して，大切さを実感していってほしいね。

以下，滑らかな水平面上での現象とする。

71　2 kg の球 P と 10 kg の球 Q が図のように衝突した。衝突後の Q の速度 v を求めよ。

72*　静止している質量 M の木片に質量 m の弾丸が速さ v_0 で突き刺さった。木片の速さ v を求めよ。また，系から失われた力学的エネルギー E を求めよ。

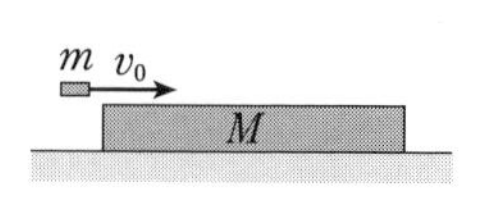

73*　質量 M の粗い板が置かれている。質量 m の物体が速さ v_0 で飛んできて，板上をすべり，やがて板に対して止まった。最後の全体の速さ v はいくらか。

Miss　摩擦があると運動量保存則が使えないと思う人が多い。でも物体と板の間の摩擦は内力だ。

74　静止していた物体が，質量 m と M の 2 つに分裂した。両者の速さの比 v/V と運動エネルギーの比をそれぞれ，m，M で表せ。

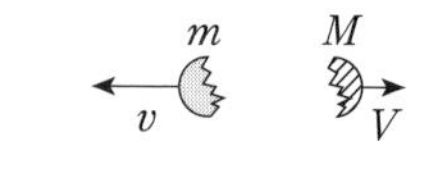

知っておくとトク　静止からの分裂 ⇨ 速さは（運動エネルギーも）質量の逆比

75*　速さ V_0 で進む質量 M のロケットから質量 m のガスを後方に噴射したところ，ロケットから見てガスは u の速さで遠ざかった。噴射後のロケット（質量 $M-m$）の速さ V はいくらか。

運動量保存則はベクトルの関係だから，直線上に限らず，平面上で起こる衝突・分裂に対しても成り立つ（証明は前ページちょっと一言と同じ）。そのような場合には x，y 方向それぞれの成分について式を立てる。ときには，運動量のベクトル図を描いて考えてもよい。

High　物体系に働く外力の和が 0 とならなくても，ある方向での成分和が 0 となるときは，その方向の運動量成分について保存則が成立する。

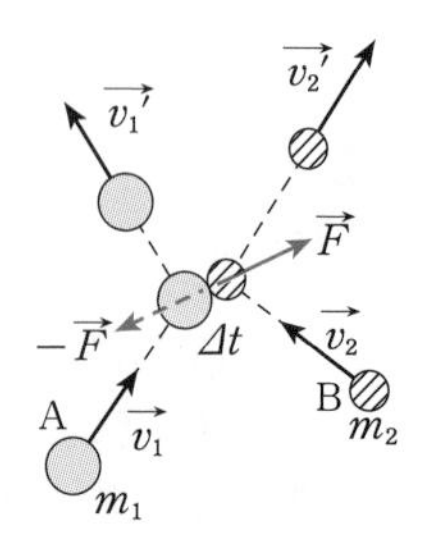

滑らかな水平面上

右図の場合，床が滑らかだと，Pが滑り降りると同時にQも動くが，水平方向は外力がないので，運動量は水平方向のみ保存する。鉛直方向は重力があるのでダメ。

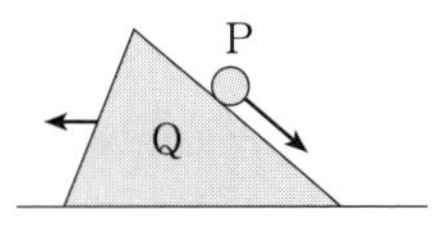

EX　滑らかな水平面上で，質量 m のPを図のように質量 M のQに速さ v_0 でぶつけたら，Qは x 軸に沿って速さ V で動き出し，Pは60°方向に速さ v ではね飛んだ。

(1)　x，y 方向の運動量保存則を表せ。

(2)　v，V を v_0，m，M で表せ。

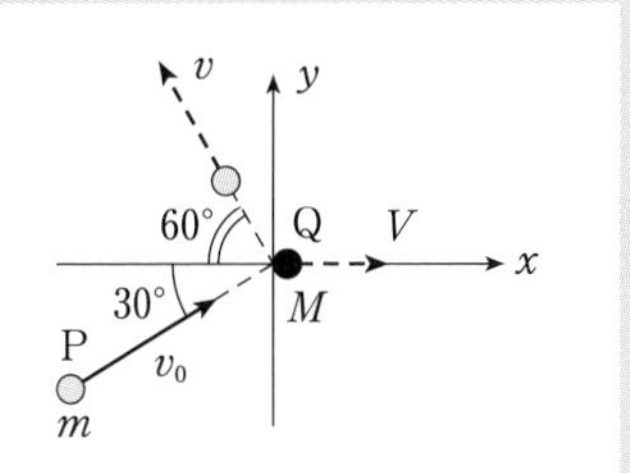

解　(1)　運動量を成分に分けて考える。衝突後のPの x 成分だけが負だから

x 方向…　$mv_0\cos 30° = -mv\cos 60° + MV$

または　$\frac{\sqrt{3}}{2}mv_0 = -\frac{1}{2}mv + MV$　……①

y 方向…　$mv_0\sin 30° = mv\sin 60°$　　または　$\frac{1}{2}mv_0 = \frac{\sqrt{3}}{2}mv$　……②

(2)　②より　$v = \frac{v_0}{\sqrt{3}}$　　①に代入して　$V = \frac{2m}{\sqrt{3}M}v_0$

(別解)　ベクトルの図で解くこともできる。

赤色の直角三角形に注目すれば

$mv = mv_0\tan 30°$

$MV\cos 30° = mv_0$

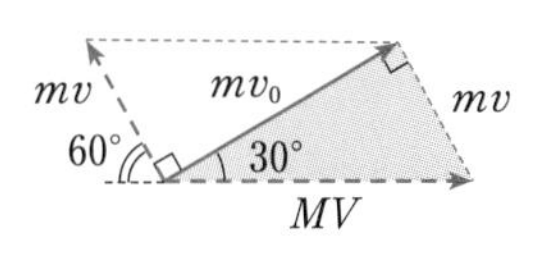

76　滑らかな水平面上を直角方向に進む2つの物体が図のようにぶつかり一体となった。その後の速さ v はいくらか。

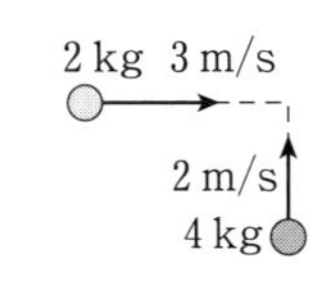

衝突後の速度を求める

1　運動量保存則の式をつくる
2　反発係数の式をつくる
（1・2 連立で解く）
3　衝突後の状況は答えの符号で判断する

解説

直線上の衝突では反発係数(はね返り係数) $e(0 \leqq e \leqq 1)$ の式が成り立つ。いろいろな書き方があり，自分なりの覚え方をしていればよい。本書では次の形式でいこう。

衝突後の速度差 ＝ $-e\times$ (前の速度差)

注意すべきは，速度の差であって，速さの差ではないという点だ。つまり，正·負を考えて代入しなければならない(差をとるときの物体の順番は両辺で合わせる)。そこで衝突後の **"速度" を未知数とする**。上式の左辺は素直に書けるし，運動量保存則そのものが速さでなく，速度の式だからだ。速度はもちろん地面に対する速度。**1**，**2** を連立させて解けば，答えの速度の符号が運動の向きを教えてくれる。

EX1　静止している質量 M の Q に質量 m の P が速さ v_0 で衝突した。その後の P，Q の速度 v_P，v_Q (右向きを正)を求めよ。また，P がはね返る条件を求めよ。反発係数を e とする。

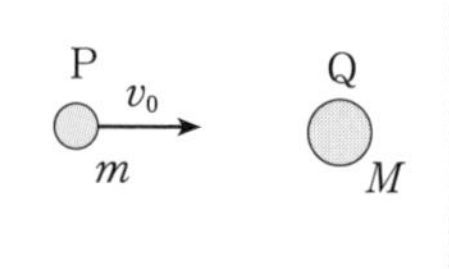

解　運動量保存則より　$mv_P+Mv_Q=mv_0$　……①

e の式より　$v_P-v_Q=-e(v_0-0)$　……②

①$+M\times$②　と v_Q を消去し

$(m+M)v_P=(m-eM)v_0$

$$v_P=\boldsymbol{\frac{m-eM}{m+M}v_0}\quad\cdots\cdots③$$

衝突後
v_P　v_Q

図示するときは，分かりやすく正としておく

①$-m\times$②　より　$(m+M)v_Q=(1+e)mv_0$

$$v_Q=\boldsymbol{\frac{(1+e)m}{m+M}v_0}\quad\cdots\cdots④$$

P がはね返るためには，$v_P<0$ となればよい。よって　$\boldsymbol{m<eM}$

一方，v_Q は無条件に正だから，Q は右へ動く――当たり前だね。

ちょっと一言　運動量保存則を"後＝前"のように書いておくと，このように辺々で速く計算できる。ちょっとしたテクニック。

こんな問題では P が受けた力積がよく問われる。「力積＝運動量の変化」より mv_P-mv_0 として求めてもよいが，作用·反作用を利用し，Q の運動量変化 Mv_Q-0 にマイナスをつけた方が簡単だ。

Miss エネルギー保存則を用いる人がいる。**衝突時には，熱や音が発生したり，物体の変形にエネルギーが使われてしまう**。車同士の衝突を思い出してほしい。車がつぶれてしまうね。車をつぶす時には力を加えて押し縮める，つまり仕事がなされるんだ。

全運動エネルギーが保存されるのは，$0 \leqq e \leqq 1$ のうち，わずかに $e=1$ の(完全)弾性衝突のケースだけだ。このときでさえ，運動エネルギーを用いると2次式となって扱いにくい。$e=1$ の式で処理するのが賢明。

EX 2　水平面上で，質量 M の箱Qの中に，質量 m の小球Pを入れ，Pだけに初速 v_0 を右向きに与えた。Pが箱の右側に衝突してから左側に衝突するまでの時間 t はいくらか。摩擦はなく，Pと箱の反発係数を e，箱の内のりを l とする。

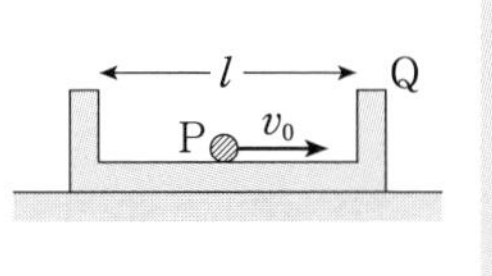

解　摩擦がないので箱は衝突が起こるまで動かない。EX 1とまったく同じ状況なのだ。Pが乗っているからといって，箱の運動量を $(m+M)v_Q$ などとしていないだろうね！

そこでEX 1の答えを借用しよう。衝突後は両者とも動いてしまうからやっかいだ。箱の動きを封じ込めよう。つまり，相対速度で考える。箱に対するPの速度 u は $u=v_P-v_Q$　③，④を代入して　$u=-ev_0$　マイナスは左への運動を表している。したがって　$t=\frac{l}{|u|}=\boldsymbol{\frac{l}{ev_0}}$

High 実は u を求めるのに③，④は必要ないんだ。②を見てほしい。ほら，v_P-v_Q は $-ev_0$ となっているじゃないか！　反発係数の式は衝突前後の相対速度の関係を表している(だから右辺にマイナスが付く)――記憶にとどめたいことだね。では，Pが次に右側に当たるまでの時間は？……

左に当たった後の相対速度 $=-e(v_P-v_Q)=e^2v_0$　$\therefore$　$\frac{l}{e^2v_0}$

77　図のように2球P，Qが衝突した。反発係数は0.5である。P，Qの衝突後の速度を求めよ。

P 4 m/s　2 m/s Q
2 kg　3 kg

78　速度 v_1 で動く質量 m のPが，v_2 で動く質量 M のQに弾性衝突した。衝突後の速度 v_1'，v_2' を求めよ。

P v_1　Q v_2
m　M

知っておくとトク　**等質量の弾性衝突では，速度が入れ替わる。**

78の答えが出たら，$M=m$ としてみると分かる。たとえば，Qがはじめ静止していると，衝突してきたPが止まり，Qが v_1 で動き出すことになる。

79*　なめらかな床上に，質量 M の板が，ばね定数 k のばねで結ばれて置かれている。質量 $m(<M/2)$ の物体が速さ v_0 で板に当たるとき，ばねの縮みの最大値はいくらか。衝突は瞬間的とする。

(1)　$e=0$　(2)　$e=\dfrac{1}{2}$　の場合について求めよ。

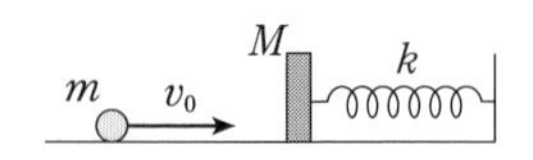

◆　保存則の威力

力学的エネルギー保存則，運動量保存則とも運動方程式に立脚（りっきゃく）している。しかし，保存則は運動方程式を超えた力を秘めている。たとえば，滑らかな曲面をすべり降りたときの物体の速さや，衝突の問題では運動方程式を用いても事実上解けない。ただ，保存則には適用条件があることは常に意識しておかねばならない。

> 摩擦，抵抗なし（保存力以外の力 の仕事＝0）⇨ 力学的エネルギー保存則
> 衝突・分裂（物体系について 外力＝0）⇨ 運動量保存則

力学的エネルギー保存則は仕事を，運動量保存則は力を条件にしているという違いがある。両者はまったく独立な法則であるが，両立することもあり，連立的に解くタイプは概して難問となる。が，パターンを心得ていれば，取扱いはむしろ一本調子だ。猛犬を手なずけて忠犬としてしまおう。

EX　滑らかな水平面上に質量 M の球Qがばね定数 k のばねを付けられた状態で置かれている。左から質量 m の球Pが速度 v_0 で進んできた。

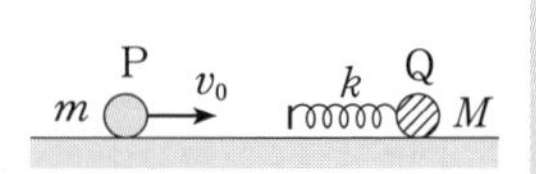

(1)　ばねが最も縮んだときのPの速度 v を求めよ。

(2)　ばねの縮みの最大値 l を求めよ。

(3)　やがてPはばねから離れた。Pの速度 u を求めよ。

解 (1)　Pがばねを押し縮めると同時に，Qはばねに押されて動き出す。ばねが最も縮んだときとは，Qから見て接近してくるPが一瞬静止したときでもある。
つまり，相対速度が0となるときだ。したがって，このときQの速度もvである。

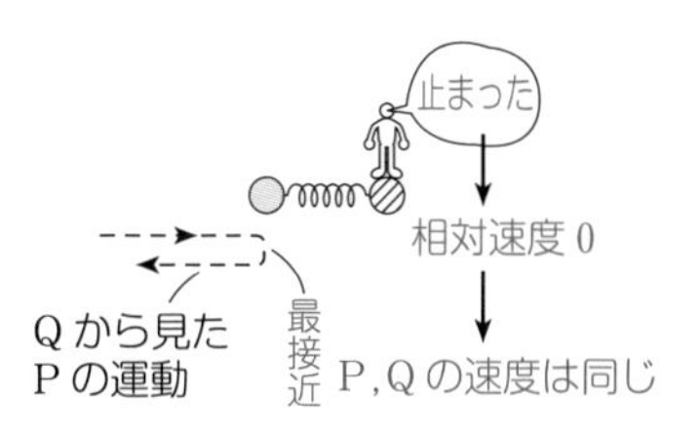

運動量保存則より　$mv_0=mv+Mv$　　$\therefore\ v=\dfrac{\boldsymbol{m}}{\boldsymbol{m+M}}\boldsymbol{v_0}$

2物体が動いているとき，“最も……”は相対速度に着目

(2)　力学的エネルギー保存則より

$$\frac{1}{2}mv_0{}^2=\frac{1}{2}mv^2+\frac{1}{2}Mv^2+\frac{1}{2}kl^2 \qquad \therefore\ l=\boldsymbol{v_0}\sqrt{\frac{\boldsymbol{mM}}{\boldsymbol{k(m+M)}}}$$

ちょっと一言　ここでQ上の人に保存則まで用いさせてはいけない。保存則や運動方程式は静止系(あるいは慣性系)で用いるべきもの。
ただし，次章で扱う慣性力の効果まで考慮すれば，加速度系で用いることもできる。

(3)　Qの速度をUとすると
運動量保存則より　　$mv_0=mu+MU$　……①
ばねは自然長に戻っているから，力学的エネルギー保存則より

$$\frac{1}{2}mv_0{}^2=\frac{1}{2}mu^2+\frac{1}{2}MU^2 \qquad \cdots\cdots②$$

Uを消去して整理すると　　$(m+M)u^2-2mv_0u+(m-M)v_0{}^2=0$

2次方程式の解の公式より　　$u=\dfrac{m\pm M}{m+M}v_0$

$u=v_0$とすると，①より$U=0$となって不適(ばねに押されたQは右へ動いているはず)

$$\therefore\ u=\frac{\boldsymbol{m-M}}{\boldsymbol{m+M}}\boldsymbol{v_0}$$

High　(3)はP，Qがばねを介して緩(ゆる)やかな衝突をした後と見てもよい。エネルギーを失わない弾性衝突だから，$e=1$の式　$u-U=-(v_0-0)$を②の代わりに用いるとずっと速く解ける。

以下，滑らかな水平床面上でのこととする。

80 ** 質量 M の Q にばね定数 k のばねを取り付け，質量 m の P をばねに押し当てて，自然長から l 縮んだ状態にし，手をはなす。ばねから離れた後の P の速さを求めよ。

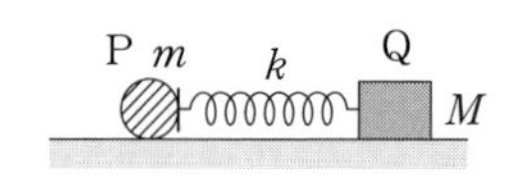

81 ** 曲面をもつ質量 M の台が水平面上で静止している。曲面上の点 A に質量 m の小球 P を置いて静かに放すとき，P が最下点 B を通るときの速さを求めよ。点 A と B の高さの差を h とし，摩擦はないとする。

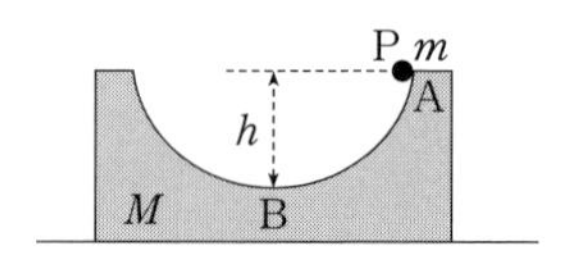

82 ** 滑らかな水平面と曲面をもつ質量 M の台が静止している。質量 m の小球 P が速さ v_0 で台に飛び乗ってきた。P が台上最も高い位置にきたときの台の速さ V を求めよ。また，P が上がった高さ h を求めよ。

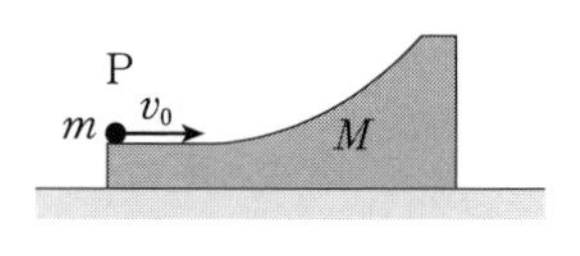

83 ** 前問で P が最高点に達した後，台を滑り降り，台から離れたときの P の速さと台の速さを求めよ。

※ 次のページから始まる 2 つの **High** は，とりわけ高度な内容であり，「名問の森」へ進む段階で学べばよい。

High 運動量保存則と重心の動き

EX で，P と Q の重心 G の運動を調べてみる。それぞれの x 座標を x_P，x_Q，x_G とすると $x_\mathrm{G}=\dfrac{mx_\mathrm{P}+Mx_\mathrm{Q}}{m+M}$

座標 x と速度 v の間には $v=\dfrac{dx}{dt}$ の関係があるから（p 164），

重心の速度 v_G は

$$v_\mathrm{G}=\frac{dx_\mathrm{G}}{dt}=\frac{m\dfrac{dx_\mathrm{P}}{dt}+M\dfrac{dx_\mathrm{Q}}{dt}}{m+M}=\frac{mv_\mathrm{P}+Mv_\mathrm{Q}}{m+M} \quad \cdots\text{(A)}$$

$mv_\mathrm{P}+Mv_\mathrm{Q}$ は運動量保存則より一定だから，v_G は一定となる。つまり，重心 G は等速度で動く。

以上は p 46 に記した重心の運動方程式で理解してもよい。

$(m+M)\vec{a}_\mathrm{G}=\vec{F}_{外力}$ であり，$\vec{F}_{外力}=\vec{0}$ より $\vec{a}_\mathrm{G}=\vec{0}$

したがって，重心 G は等速度運動をする。

「$\vec{F}_{外力}=\vec{0}$ → **運動量保存** → 重心速度一定」は 3 つ以上の物体系でも成り立つし，直線上の運動に限らない。

重心と共に動く観測者を重心系というが，重心系では全運動量が 0 となる※。 等速度で動く重心系は慣性系であり，物理法則がそのまま適用できる。

滑らかな水平面上で 2 つの物体 P，Q が衝突する場合も重心 G は等速度で動いている。直線上の衝突に限らず，p 61 の EX のように，斜めに飛び散る衝突でもよい。

重心系で見ると，全運動量が 0 なので 2 つは逆方向から来て衝突し，逆方向に飛び去って行くことになる。P，Q の質量を m，M とし，見えている速さを u，U とすると， $mu=MU$ であり，速さの比は質量の逆比になっている。

※ 重心系での速度は $u_\mathrm{P}=v_\mathrm{P}-v_\mathrm{G}$， $u_\mathrm{Q}=v_\mathrm{Q}-v_\mathrm{G}$

重心系での全運動量は

$$mu_\mathrm{P}+Mu_\mathrm{Q}=mv_\mathrm{P}+Mv_\mathrm{Q}-(m+M)v_\mathrm{G}=0 \quad (\because\ 式\text{(A)})$$

静止系での全運動量 $mv_\mathrm{P}+Mv_\mathrm{Q}$ は重心の運動量 $(m+M)v_\mathrm{G}$ で表せるともいえる。ただし，全運動エネルギーに対しては，$\dfrac{1}{2}(m+M)v_\mathrm{G}{}^2+$（重心系での全運動エネルギー）とすべきことが知られている（ホームページ「物理のエッセンスの広場」の中の「Q&A 名問の森」を参照）。

High 静止状態から動き出すと重心は不動

外力が働かないとき，運動量が保存する。そして，前ページで学んだように，重心Gは等速度 v_G で動く。特に，はじめ全体が静止しているときには，$v_G=0$ となり，重心位置は不動となる。

問題80はそんな例であり，重心Gは静止している。PとQは反対方向に動き，速さを v，V とすると，運動量保存則から　$mv=MV$ である。速さは変化するが，$v/V=M/m$ と変形してみれば，速さの比は一定で，質量の逆比に等しいことが分かる。さらに，$v\Delta t/V\Delta t=M/m$ としてみれば，微小時間 Δt の間の移動距離の比が一定で，それは移動距離 x，X に反映し，$x/X=M/m$ となることもうなずけよう。なお，重心GはPQ間を質量の逆比に分ける点である。

81では水平方向の外力がなく，運動量は水平方向で保存し，重心Gは水平方向では動かない（鉛直方向では動く）。Pが最下点に来ると，まさにそこが全体の重心の水平位置なので，図のような関係になっている。

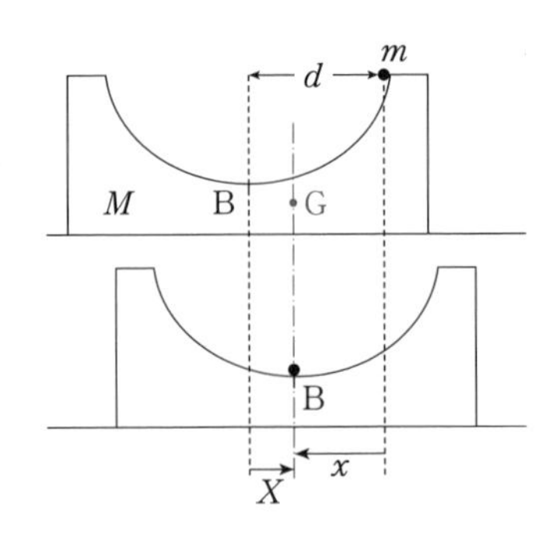

水平方向に着目すれば，はじめのPとBの間隔 d が $x+X$ に等しいことにも目を向けたい。
$x/X=M/m$ と組み合わせれば，x と X は，d を質量の逆比で分配すればよいことまで分かる。

VII　いろいろな運動　―物理―

◆　慣性力

運動しているエレベーターや電車の中で見た現象――いよいよ慣性力(かんせいりょく)の登場だ。

加速度運動をする観測者が見た物体の力学

1　観測者が乗る乗り物の加速度 $\vec{\alpha}$ を調べる。

2　$\vec{\alpha}$ と逆向きに慣性力 $m\alpha$ を取り入れて，力を図示する。

3　物体が静止して見えれば，力のつり合い式／運動して見えれば，運動方程式　を立てる。

解説

本来，運動方程式は静止している人にとって成り立つものである。加速度運動している人も同じように運動方程式を立てられるようにしたのが慣性力の考え方だ。

乗り物が動いているとき，その上で起こる現象には ―― 慣性力 ―― この感覚を身につけたい。

EX1　加速度 α で上昇中のエレベーター内に質量 m のおもりが糸でつるされている。糸の張力 T はいくらか。

解　エレベーター内の人(α で上昇中)を考える。この人から見れば，おもりは静止している。そこで重力と張力のほかに，下向きに慣性力を取り入れて図示し，力のつり合い式をつくると，

$$T = mg + m\alpha = \boldsymbol{m(g+\alpha)}$$

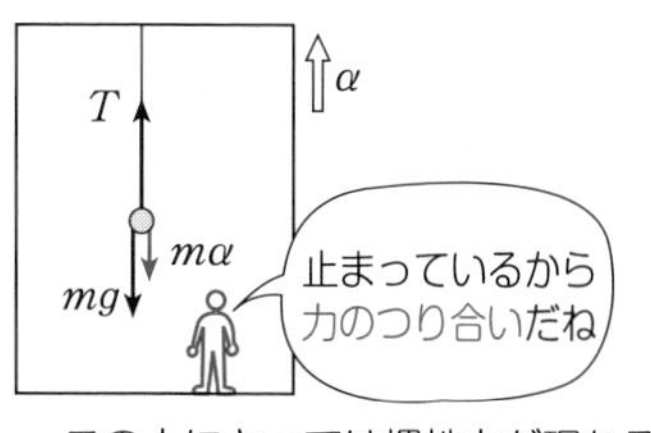

この人にとっては慣性力が現れる

EX 2　前問で，エレベーターの床からおもりまでの高さを h とする。糸を切ると，おもりが床に達するまでの時間 t はいくらか。

解　エレベーター内の人は，見たままに運動方程式を立てればよい。この人が見た加速度を a とすると，

$$ma = mg + m\alpha \quad \therefore \quad a = g + \alpha$$

（mg：重力　$m\alpha$：慣性力）

等加速度運動だから　$h = \frac{1}{2}at^2$

$$\therefore \quad t = \sqrt{\frac{2h}{g+\alpha}}$$

慣性力を入れれば，乗物（土台）の動きは封じ込められる

この例のように慣性力は力のつり合いに限らず，運動方程式でも使えるのだ。これを地面に静止した人が見て解こうとすると——上昇中に糸を切られたおもりは投げ上げ運動に入る。それにエレベーターの床が追いついていく——というわけで大変やっかいなことになる。それをおもりが動いているだけにしたのが慣性力の威力（いりょく）というわけだ。

High　エレベーター内の人にとっては，重力と慣性力を合わせて考えると，いつも $mg + m\alpha = m(g+\alpha)$ の一定の力が下向きにかかっていることになる。まるで重力のようだというわけで，$m(g+\alpha)$ を**見かけの重力**，$g+\alpha$ を**見かけの重力加速度**と呼んでいる。上の例は「$g+\alpha$ での自由落下」ということになる。では，エレベーター内で物を放り投げたらどう見える？——もちろん，答えは $g+\alpha$ での放物運動で，軌跡は放物線だ。

84*　電車が水平右向きに加速度 α で進んでいる。電車内につるされた質量 m の振り子が θ だけ傾いている。糸の張力 T と $\tan\theta$ を求め，m，g，α で表せ。糸を切ると，車内で見ておもりはどのように動くか。軌跡を描け。

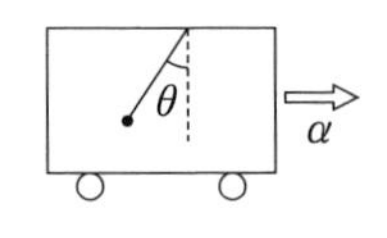

85　箱の中に質量 m のおもりが置かれ，箱が下向きに α の加速度で動いている。おもりが箱から受ける垂直抗力 N はいくらか。

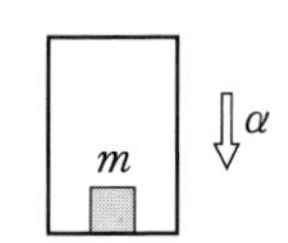

86* 箱の中に小物体Pが側面Bに接して置かれている。箱を加速度αで右へ動かすと，Pは滑って側面Aに当たった。AB間の内のりをlとすると，PがAに当たるまでの時間tはいくらか。Pと箱の動摩擦係数をμとする。

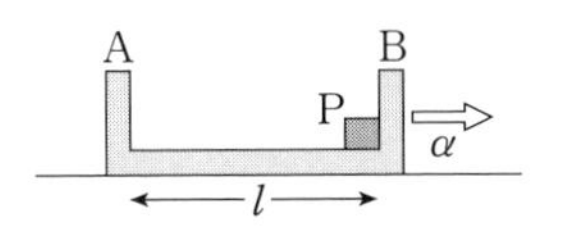

87* 滑らかな傾角30°の三角柱の最下点に質量mの小物体Pが置かれている。三角柱を左に加速度αで動かすとき，Pが斜面を上るのは，αがいくらより大きいときか。また，垂直抗力Nと，lの距離を上るのに要する時間tを求めよ。

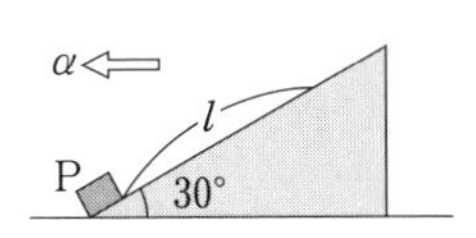

Q&A

Q　慣性力は見かけの力などと呼ばれ，どうもうさん臭（くさ）い存在ですね。根拠について教えて下さい。

A　質量mの物体に力$\vec{F}$が働いている。静止している人Aが見た加速度は$\vec{a}$だったとしよう。Aが立てる運動方程式は？

Q　$m\vec{a}=\vec{F}$　……①　でしょ。

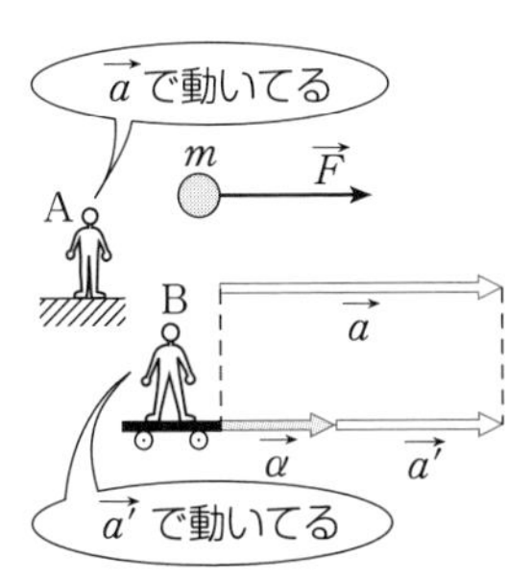

A　そうだね。じゃあ，このとき加速度運動している人Bが見た物体の加速度は$\vec{a'}$だったとしよう。Bの立てる運動方程式は？

Q　$m\vec{a'}=\vec{F}$ ……アレッ！　①と両立するわけないぞ……？？

A　Bには運動方程式を立てる資格がないからなんだ。正しい式①から出発しよう。Bの加速度を$\vec{\alpha}$とすると，$\vec{a}=\vec{\alpha}+\vec{a'}$だから，①は$m(\vec{\alpha}+\vec{a'})=\vec{F}$となる。ここでチョイと小細工をして，

$$m\vec{a}'=\vec{F}+(-m\vec{\alpha})$$

見たままの加速度（相対加速度）　実在の力の合力　慣性力

この式は，Bも見たままの$\vec{a'}$を使って運動方程式を立ててもいいよ，ただし，$-m\vec{\alpha}$という補正項をつけ加えなさいと言っているわけだ。右辺は力の集まる

場所だから，この $-m\vec{\alpha}$ を「力」として扱ってしまおうというのが，慣性力の考え方だ。マイナスが $\vec{\alpha}$ と逆向きの力であることを表している。

以上は静止して見える場合（$\vec{a'}=\vec{0}$ で力のつり合い）も含めての話だよ。ああ，それから $\vec{a}$ と $\vec{\alpha}$ の向きは一致している必要はないからね。

Q　慣性力の生まれは数学的な補正項ですか。…でも，それを力と見なした所が「物理」ですね。そのお陰で複雑な現象が霧が晴れるように分かりやすくなっています。

A　加速中の電車の中で，コップの水を置くと水面は傾いてしまう。見かけの重力方向と垂直に，つまり“水平”になるんだ。これなんかも補正項の段階では解決し切れないね。

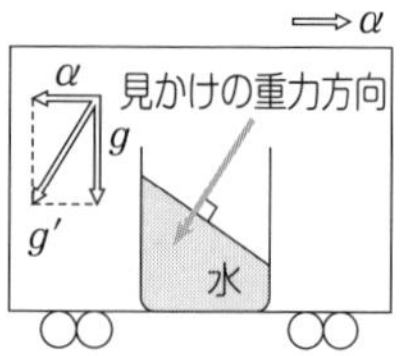

また，慣性力をきちんと取り入れれば，保存則だって用いられるんだよ。もちろん，重力の位置エネルギーは $mg'h$ の形でね。

High　重力の下での重心系

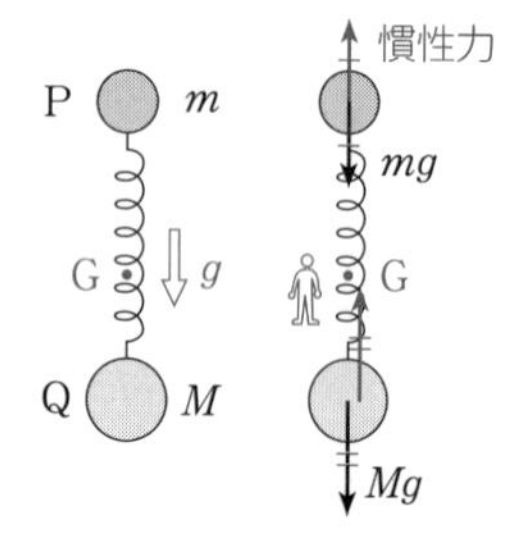

質量 m のPと質量 M のQをばねで結び，鉛直方向で振動している状態で落下させる。外力は重力だけだから，p 46 でふれたように，重心Gは重力加速度 g で動く。

このとき，Gと共に動く観測者（重心系）を考えると，Pには上向きに mg の慣性力が働き，重力 mg を打ち消す。同様に，Bにも Mg の慣性力が働いて，全体は一種の無重力状態になる。つまり，PとQはばねの弾性力だけを受けて振動しているように見える。

以上は，p 46 の図で棒がGの回りに等速で回転することにもつながる。

◆ 等速円運動

等速円運動は速さは一定だが，加速度のある運動だ。それは速度(ベクトル)の向きが絶えず変わっていくことによる。加速度の向きは円の中心を向く(このため**向心加速度**とよばれる)。角速度を ω とすると，

速度　$v=r\omega$　……円の接線方向

加速度　$a=r\omega^2=\dfrac{v^2}{r}$　…円の中心を向く

周期　$T=\dfrac{2\pi}{\omega}$

v　ω　a　r
1 s 間の回転角
単位は〔rad/s〕

“加速度のあるところには力あり”が運動方程式 $m\vec{a}=\vec{F}$ の精神だ。つまり，向心加速度をもたせるには，中心を向く力が物体に絶えず働いていることが円運動にとって不可欠なのであり，この力を**向心力**とよんでいる。

円運動ではどんな力が向心力として働いているかが大切だ。図1は滑らかな水平面上を糸で結ばれて回る物体の円運動で，糸の張力 S が向心力の役目をはたしている。

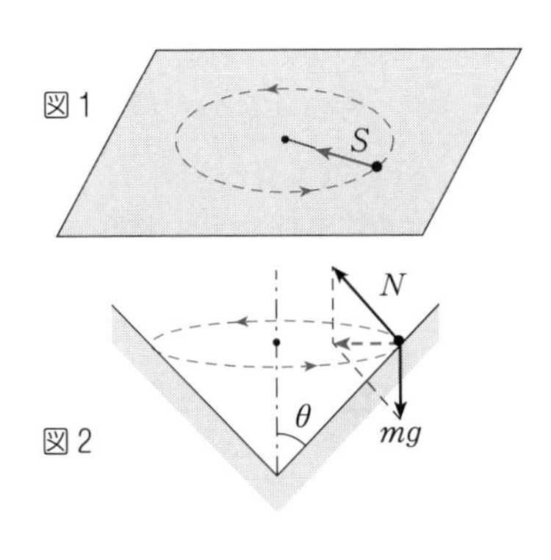

運動方程式は　$m\cdot r\omega^2=S$

図2は滑らかな円すい面上での円運動で，重力 mg と垂直抗力 N の合力(点線矢印)が向心力として働いている。

ちょっと一言　向心力というのは，新たな力の登場ではなく，物体に働く力の合力が円の中心を向くという性質を表しているにすぎない。

88　図2で，円運動の半径を r，速さを v として，鉛直方向での力のつり合い式，水平面内での運動方程式をそれぞれ書き，N と v を，m，g，r，θ で表せ。

遠心力　以上は，静止している観測者が見た運動の話をしてきた。ところで，物体と共に回転する観測者(円の中心で ω の角速度で自転していると思ってもよいし，物体に張り付いて回っているると思ってもよい)にとっては，物体は静止しているように見える。遠心力(えんしんりょく)が働いているためだ。遠心力は回転する観測者(回転系)にとって現れる見かけの力で，慣性力の一種だ。

遠心力　$mr\omega^2 = m\dfrac{v^2}{r}$ ……円の中心から遠ざかる向き

図1の場合なら，張力 S と遠心力の力のつり合いで静止していることになる。すなわち，
$S = mr\omega^2$　　静止している人(静止系)がつくった運動方程式と一致する。

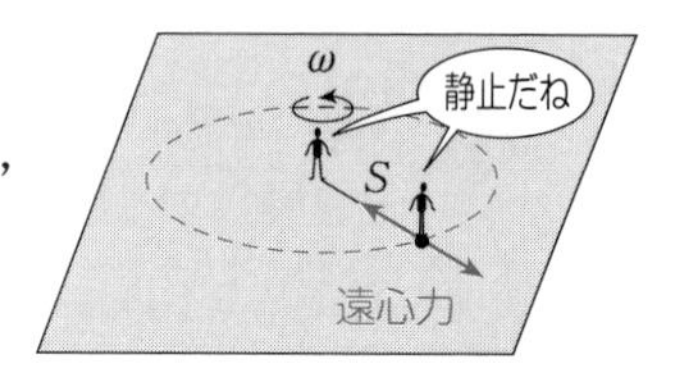

ちょっと一言　このようにどちらの立場でも解けるが，遠心力はぜひ身につけたい。運動方程式より，力のつり合い式の方がつくりやすいし，遠心力は意外と身近な力でもある。遊園地に行けば遠心力が実感できる乗り物ばかりだ。回転するティーカップに乗れば，自分自身が物体かつ観測者だ。遠心力でカップに押しつけられる。

遠心力で等速円運動を解く

1　遠心力 $mr\omega^2$ または $m\dfrac{v^2}{r}$ を考えて力の図示をする。

2　力のつり合い式から ω または v を求める。

3　周期は　$T = \dfrac{2\pi}{\omega}$　または　$T = \dfrac{2\pi r}{v}$

89　88 を遠心力を用いて解け。さらに周期を求めよ。

90　粗いターンテーブルの上に質量 m の P が置かれている。中心から P までの距離は r，静止摩擦係数は μ とする。ターンテーブルの角速度 ω をゆっくり増していくとき，P が滑りださないための ω の最大値 ω_0 を求めよ。

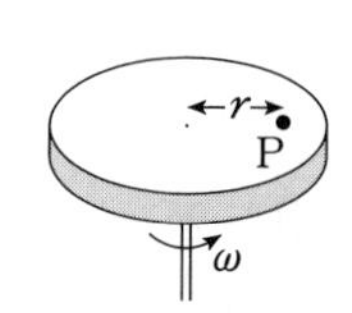

91　長さ l の糸に質量 m のPが結ばれ，水平面内で円運動をしている(円すい振り子)。糸は鉛直線に対して角 θ 傾いている。糸の張力 S，Pの速さ v，周期 T を求めよ。

92**　滑らかな半球面上(半径 R)で，質量 m のPが水平に円運動をしている。Pの底からの高さは h である。面の垂直抗力 N，Pの速さ v，周期 T を求めよ。

93*　滑らかな水平床上を長さ l の糸に結ばれて角速度 ω で円運動する質量 m の小球Pがある。糸の端は高さ h の点Oに固定されている。糸の張力 S と床からの垂直抗力 N を求めよ。ω がある値 ω_0 をこえるとPは床から離れる。ω_0 を求めよ。

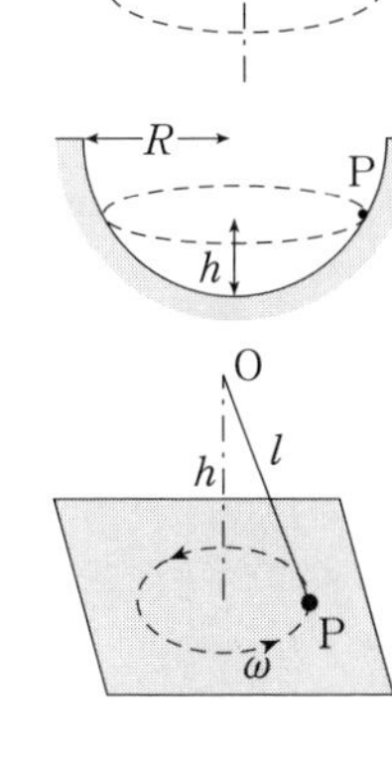

面から離れる ⇨ 垂直抗力＝0

◆ 鉛直面内の円運動

糸におもりを付けて鉛直面内で回したり，円筒面を滑り動く小球の運動などは円運動であっても，等速ではない(上へ上がるほど位置エネルギーに食われてスピードが遅くなる)だけに扱いが難しい。

1　力学的エネルギー保存則

2　遠心力を考えて，半径方向で力のつり合い式をつくる。

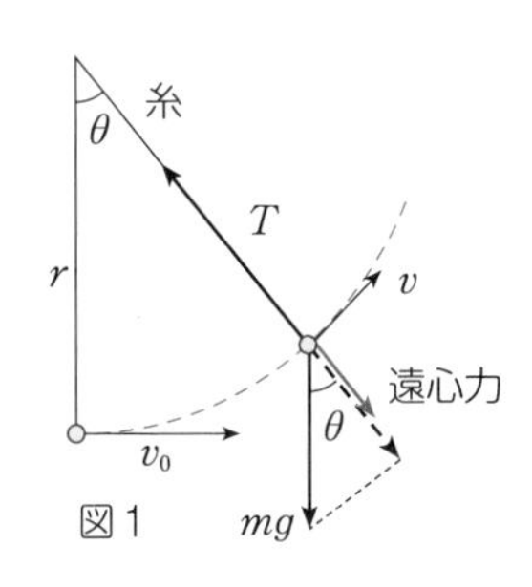

図1

解説

図1のように長さ r の糸で結ばれたおもりを最下点から初速 v_0 で回す。角 θ をなしたときの速さを v，糸の張力を T とすると，**1** より

$$\frac{1}{2}mv_0{}^2=\frac{1}{2}mv^2+mgr(1-\cos\theta) \qquad \cdots\cdots①$$

遠心力を考えると，半径方向では力のつり合いが成り立つ。重力を分解して，**2**より

$$T = mg\cos\theta + m\frac{v^2}{r} \qquad \cdots\cdots\cdots ②$$

①から v が，それを②に代入すれば T が分かる。

Miss 絶対に水平方向や鉛直方向でつり合い式をつくってはダメ。半径方向だけができる。ここが等速円運動と大きく違う点で，等速円運動なら遠心力を入れれば力は完全につり合い，任意の方向でつり合い式ができる。

遠心力を考えない(静止系で解く)なら，運動方程式をつくる。

$$m\frac{v^2}{r} = T - mg\cos\theta$$

向心加速度　向心力

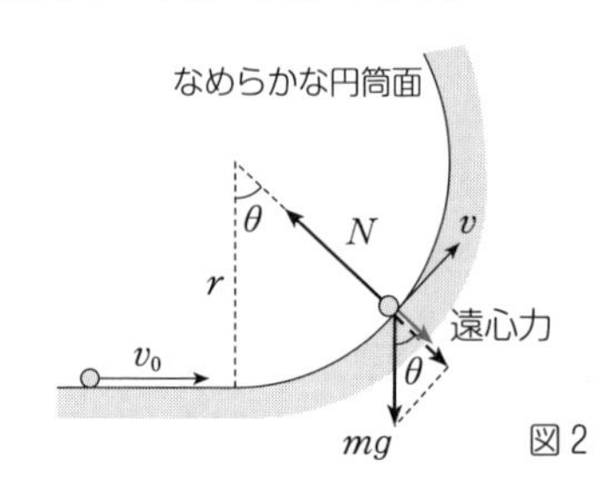

図2

図2のような円筒面上のケースでは，垂直抗力 N が図1の T と同じ役割をはたす。上の T を N に代えればよい。

ちょっと一言　上昇時，重力を分解したときの接線方向成分は，ブレーキの役目をしてスピードを落とす(力からの理解)。

接線方向では，運動方程式 $ma = -mg\sin\theta$ から a が分かるが，等加速度ではなく，あまり役に立たない。

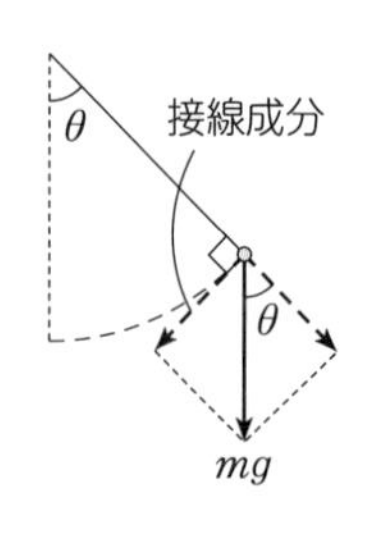

High 外力を加えていたり，円筒面に摩擦があると，**1**は使えないが，**2**はやはり成立する。

また，傾角 α の斜面上での円運動の場合は，mg を $mg\sin\alpha$ に置き換えればよい。

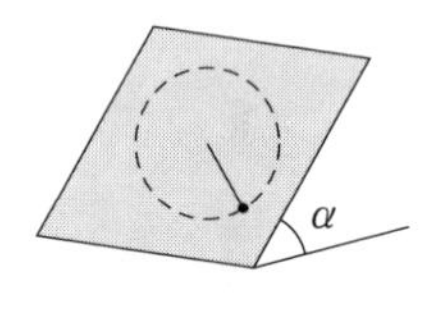

EX　長さ r の糸に質量 m のおもりPを付け，水平にして放し，円運動させる。

(1)　最下点Aでの糸の張力 T_A はいくらか。

(2)　点Bでの張力 T_B はいくらか。

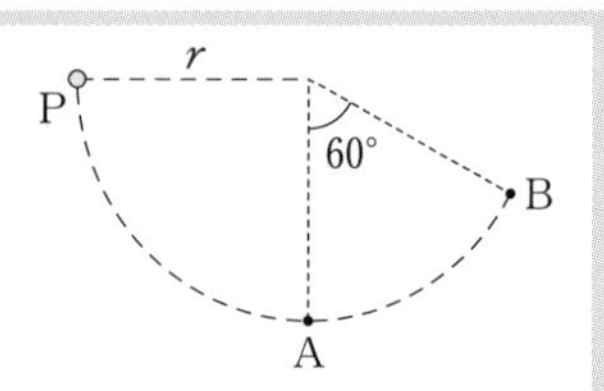

解 (1) **Miss**　$T_A = mg$　これは水平運動の話，今は円運動！

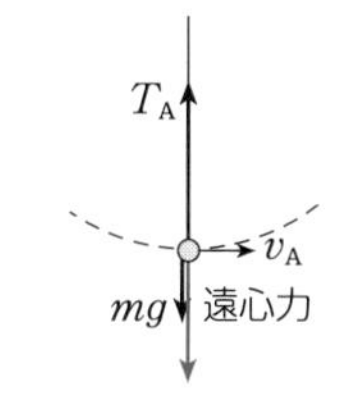

A での速さを v_A とすると

$$mgr = \frac{1}{2}mv_A{}^2 \quad より \quad v_A = \sqrt{2gr}$$

$$T_A = mg + m\frac{v_A{}^2}{r} = mg + 2mg = \mathbf{3mg}$$

(2) $mgr = \frac{1}{2}mv_B{}^2 + mg\cdot\frac{r}{2}$　より　$v_B = \sqrt{gr}$

$$T_B = mg\cos 60° + m\frac{v_B{}^2}{r} = \frac{1}{2}mg + mg = \mathbf{\frac{3}{2}mg}$$

1 回転の条件　　鉛直面内の円運動では 1 回転できるかどうかが問題となる。

1 回転の条件：最高点で　遠心力 ≧ 重力

EX　長さ r の糸に P を付け，最下点で初速 v_0 を与えて回すとき，P が 1 回転するための v_0 の条件を求めよ。

解 **Miss**　ギリギリの状況は最高点で速さ 0 と考える人が多く，$\frac{mv_0{}^2}{2} > mg\cdot 2r$ とエネルギーを考えて条件式をつくる。バケツに水を入れてブン回したことがあるだろう。最高点では速さが必要だったはずだ。それは重力で水が落ちるのを遠心力で支えるためなんだ。

ギリギリの通過
$T = 0\,(N = 0)$

最高点で必要な速さを v_1 とすると　$m\frac{v_1{}^2}{r} = mg$

v_1 より速ければ，遠心力が重力よりまさり，差の分だけ糸をピンと張って張力が発生してくる。力学的エネルギー保存則より

$$\frac{1}{2}mv_0{}^2 = \frac{1}{2}mv_1{}^2 + mg\cdot 2r$$

不等式の条件は，ギリギリ状況を考え，等式から入るとよい。

これらの式より　　$v_0 = \sqrt{5gr}$

これはギリギリの 1 回転なので，一般に　$\boldsymbol{v_0 \geqq \sqrt{5gr}}$

(別解)　p 75 の①，②より　$T = \frac{mv_0{}^2}{r} + mg(3\cos\theta - 2)$　θ によらず $T \geqq 0$ となる（糸が張っている）ことが条件だが，T は $\theta = \pi$（最高点）で最小値 $T_1 = \frac{mv_0{}^2}{r} - 5mg$　となる。　　$T_1 \geqq 0$　より　$v_0 \geqq \sqrt{5gr}$

Q&A

Q　はじめの解法では最高点だけで調べていますね。その前後で円軌道からはずれない保証はあるのですか。

A　最高点の前だと速さは v_1 より速く，したがって遠心力はより大きい。一方，重力の半径方向の成分は小さくなっている。つまり，糸はいやでもピンと張るわけだ。最高点の後でも同じことだね。

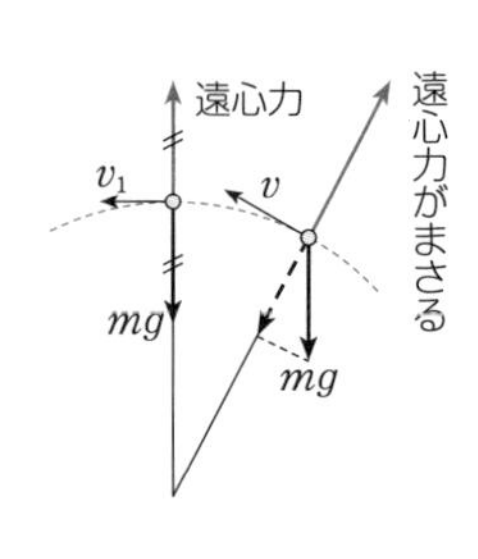

糸でなく棒で支えられていると，円軌道からはずれる心配がなくなり，今度はエネルギー保存だけで条件が決まる。よって $v_0>2\sqrt{gr}$ で1回転できる（問題53）。問題が**糸的か棒的かははっきり区別**しなければならない。

円軌道から はずれるのは

A　糸がゆるむ ⇨ 張力＝0

B　面から離れる ⇨ 垂直抗力＝0

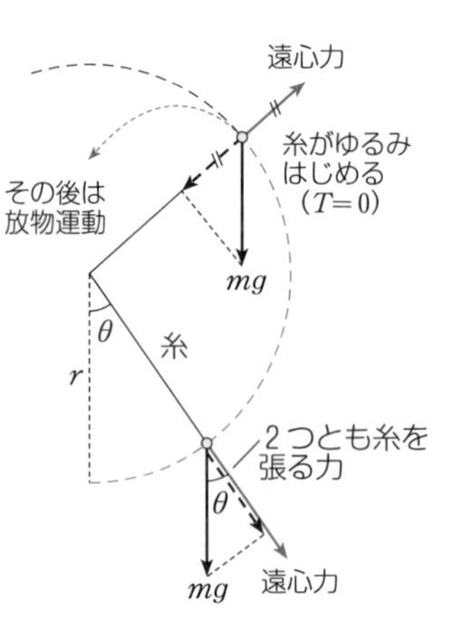

解説

円軌道からはずれる心配があるのは，θ が 90° を超えてからである。$\theta\leqq90^\circ$ では，遠心力も重力の成分も半径方向外向きで糸を張ったり，物体を面に押しつけたりしているから円軌道をはずれることはない。90° を超えると，重力が引きはがし役に変身する。円軌道を離れる瞬間には張力や垂直抗力が0となる（速さは0ではない！）ので，重力の半径方向成分と遠心力だけで力のつり合い式をつくればよい。

なお，上の定石は円運動に限らず，糸がゆるんだり，面から離れる（浮く）現象一般に使える。

EX　$\theta=120^\circ$ で糸がゆるんだ。最下点で与えた速さ v_0 はいくらか。

解　張力が0だから，遠心力と重力の半径方向成分のつり合いより

$$m\frac{v^2}{r}=mg\sin 30^\circ \qquad \therefore\ v^2=\frac{gr}{2}$$

力学的エネルギー保存則より

$$\frac{1}{2}m{v_0}^2=\frac{1}{2}mv^2+mg(r+r\sin 30^\circ)$$

$$=\frac{1}{2}m\frac{gr}{2}+\frac{3}{2}mgr \qquad \therefore\ v_0=\sqrt{\frac{7}{2}gr}$$

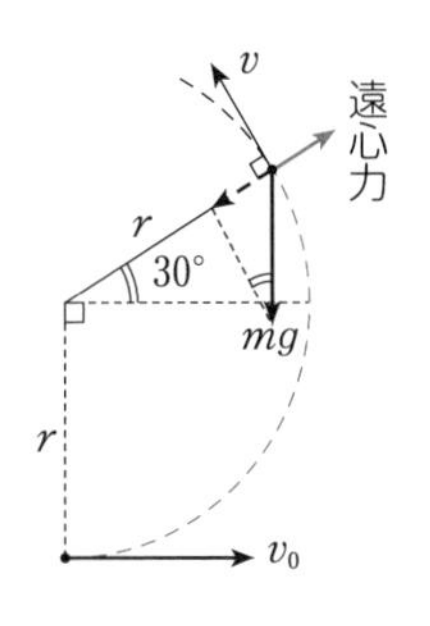

ちょっと一言　糸がゆるんだり，面から離れた後の運動は？
重力だけを受けるから放物運動となる。その初速度は上の図で v であり，向きは円の接線方向(上のケースでは水平から60°)となる。

94　滑らかな曲面とそれに続く半径 r の半円筒面がある。高さ $h(>r)$ の位置で質量 m の小球Pを放す。Pが点Aで円筒面に入った直後受ける垂直抗力 N_A，および点Bで受ける垂直抗力 N_B を求めよ。また，点Cから飛び出すためには h はいくら以上であればよいか。

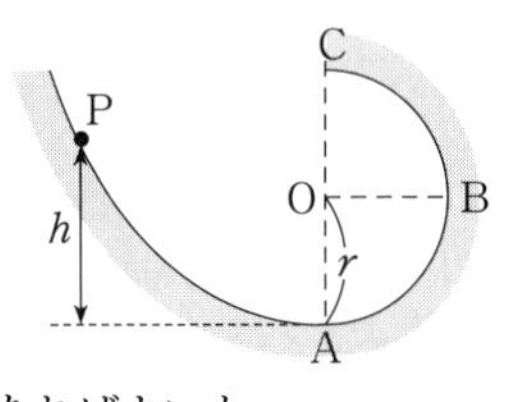

95*　前問において，$h=2r$ の位置で放すとき，Pが円筒面から離れるのはどの位置か。水平線OBからの角度 θ の正弦 $\sin\theta$ の値で答えよ。

96**　半径 r の滑らかな半球面上の最高点から質量 m の小球Pが静かにすべり始めた。図の角 θ の位置まできたときの速さ v と垂直抗力 N を求めよ。また，Pが球面から離れるときの高さ h を求めよ。

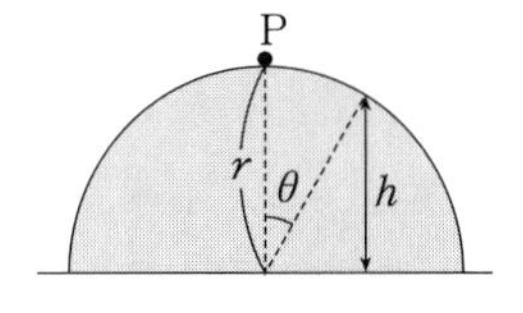

◆ 単振動の特徴

単振動は等速円運動の正射影にあたる運動だ。右の図なら半径 A，角速度 ω で等速円運動する○に上から下に平行光線を当て，x 軸上にできた影●の運動である。もちろん，物体が影と同じ運動をしているとしての話だ。

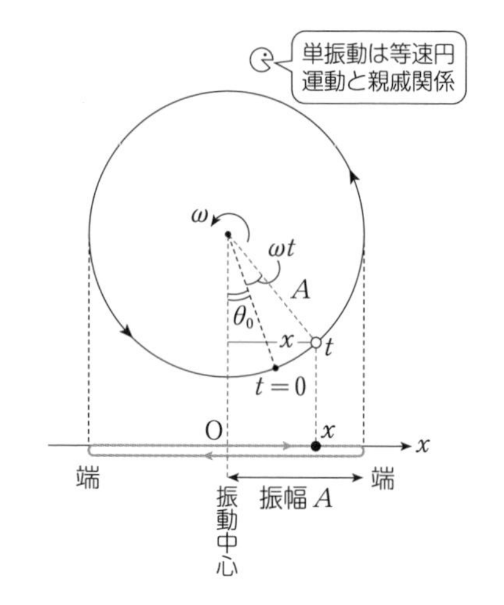

時刻 t での物体の位置 x は

$$x = A\sin(\omega t + \theta_0)$$

単振動では，A を振幅（しんぷく），ω を角振動数（かくしんどうすう）といい，θ_0 は $t=0$ での位置を示す角度で初期位相（いそう）とよぶ。円運動の1回転は単振動の1振動に対応し，周期は円運動の公式を引き継ぐ。

$$T = \frac{2\pi}{\omega} \qquad \text{振動数} \quad f = \frac{1}{T}$$

単振動の速度 v，加速度 a も等速円運動の速度ベクトル，加速度ベクトルの正射影となっている。等速円運動では速さ $A\omega$，加速度 $A\omega^2$ は一定だが，単振動では時間変化する。

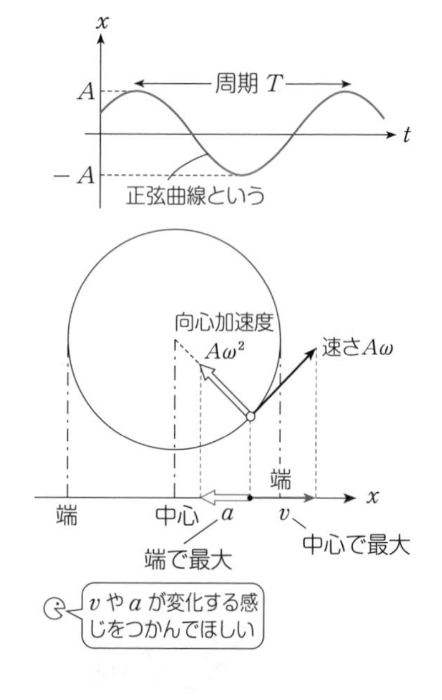

速度　　振動中心で最大

$$v_{\max} = A\omega$$

両端で　　$v = 0$

加速度　両端で最大

$$a_{\max} = A\omega^2$$

振動中心で　　$a = 0$

また，加速度と位置座標の間には　$a = -\omega^2 x$　の関係がある。

ちょっと一言　x，v，a は時間と共に sin，cos 的に変化する。(詳(くわ)しくは p 164)
単振動では，等加速度運動の公式はいっさい用いてはならない。

◆ 単振動の物理

単振動は加速度をもつ運動だから，運動方程式からして当然，物体に力が働いていないと起こらない。 $a=-\omega^2x$ から $F=ma=-m\omega^2x$ この F は合力だ。定数 $m\omega^2$ を K とおくと

単振動 $\Longleftrightarrow$ $F=-Kx$ （K は正の定数）

この力の性質は，変位に比例する復元力(ふくげんりょく)だ。$x=0$ のとき，合力 $F=0$ だから**振動中心 ($x=0$) は力のつり合い位置**である。また，周期は

$$K=m\omega^2 \quad より \quad \omega=\sqrt{\frac{K}{m}} \qquad 周期 \quad T=\frac{2\pi}{\omega}=2\pi\sqrt{\frac{m}{K}}$$

なお，振動中心と端を結ぶ時間は $T/4$ である(円運動では 90° 回転になっているから)。

合力 F に対して位置エネルギーを考えることができ，

単振動の位置エネルギー
(合力の位置エネルギー)　$U=\frac{1}{2}Kx^2$　（x は振動中心からの距離）

エネルギー保存則は　$\frac{1}{2}mv^2+\frac{1}{2}Kx^2=$ 一定

ちょっと一言　参考書でもこの位置エネルギーを取り上げているのは驚くほど少ないが，知っているとたいへん便利だ。導き方は，K をばね定数 k に置き換えてみれば，合力 F はばねの力と同じ形をしているので，弾性エネルギーとの類推(るいすい)(analogy)(アナロジー)で明らかと言ってよい。

Q&A

Q　なぜ振動が起こるのか ── 力と運動の関係が目に見える形になりませんか。

A　$F=-Kx$ のマイナスが重要なんだ。$x>0$ の位置にあると $F<0$ つまり負の向きの力を受け，$x<0$ の位置では $F>0$ で正の向きの力を受ける。結局，

力はいつも中心Oを向いていることになる(復元力)。その大きさはOからの距離に比例する。

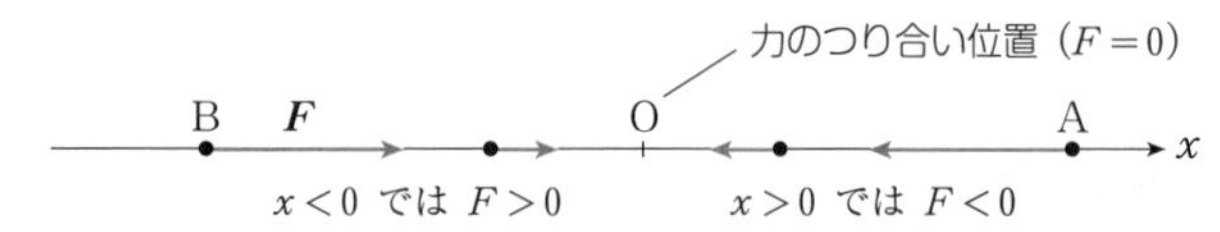

Aで放すとOに向かう力で動き出し，加速され続けるのでOでは最大の速さとなり，Oを過ぎると力が逆向きに働くため減速される。やがてBで一瞬止まり，Oに向かう力を受けて動き出すが，今度はBO間で加速，OA間で減速されてAで止まり，再び……という具合に振動が続く。復元力こそ振動を起こす要因なんだ。単振動にならなくても，**復元力なら力のつり合い位置で速さが最大**になる。一般に，力の向きが逆転する運動ならそうなるよ。

High 中心Oと端の中点をMとしよう。中心と端を結ぶ時間は $T/4$ だが，OM間を結ぶ時間は？……

距離が半分だから $T/8$ ……などとやったら大間違い。単振動は等速ではないからだ。円運動に戻るとよい。図より30°回転に対応するから

$\frac{30°}{360°}T=\frac{1}{12}T$ となる。

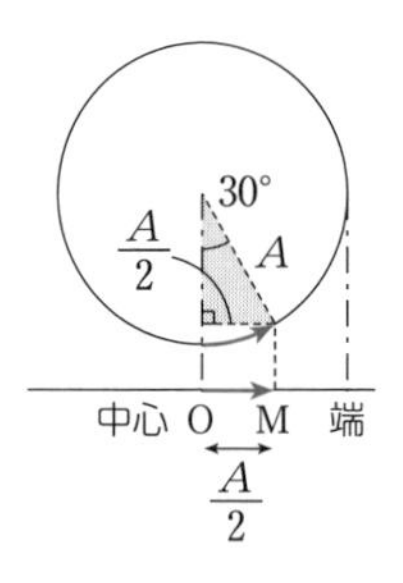

単振動の証明，周期の求め方

1 力のつり合い位置を調べる。そこを原点として x 軸をとる。

2 物体が座標 x にあるとき受ける力の合力 F を求め，
$F=-Kx$ となることを確かめる。(K は正の定数)

3 周期は　$T=2\pi\sqrt{\frac{m}{K}}$

解説

単振動するかどうか分からないときは，**2**が目標だ。合力が $F=-Kx$ の形になれば単振動が起こる証明だ。すると，周期はいきなり $T=2\pi\sqrt{m/K}$ としてよい。

2の代わりに，加速度　$\boldsymbol{a}=-$(**定数**)$\times\boldsymbol{x}$　を示してもよい。定数$=\omega^2$ であり，ω から T が分かる。

High 力のつり合い位置を x 軸の原点にする必要は必ずしもない。その場合，合力 F は $F=-Kx+C$ と定数 C が加わる。$F=-K(x-C/K)=-KX$ と x から X へ変数変換してみると，これは $X=0(x=C/K)$ を振動中心とする単振動である。周期はやはり $T=2\pi\sqrt{m/K}$。　$F=-Kx+C$ も単振動なのだ。

ばね振り子　滑らかな水平面上で，ばね定数 k のばねに結ばれた質量 m の物体 P の運動を考える。ばねが自然長となる位置(力のつり合い位置)を原点 O として x 軸をとると，P が座標 x の位置で受ける力 F は向きを含めて

$F=-kx$　(x の正・負によらない！)

と表される。これはまさに $K=k$ のケースで，P が単振動をすることが分かる。周期も決まる。

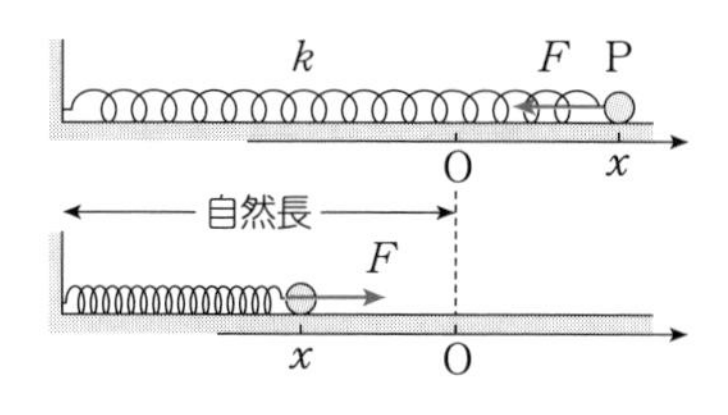

下の図は x が負だから $-kx$ は正で，右向きの力をちゃんと表している。式とは便利なものだ。

ばね振り子の周期　$$T=2\pi\sqrt{\frac{m}{k}}$$

ちょっと一言　前ページの $T=2\pi\sqrt{\frac{m}{K}}$ の方が本家本元(ほんけほんもと)だが，それを意識している人は本当に少ない。

x が正･負の両方の値をとるときは，一般に正の場合で考えた方が分かりやすい。そうして得られた式は x が負の場合にも大抵(たいてい)成りたつものである。**まず，分かりやすいケースで考える――それが鉄則。**

EX 1　ばね定数 k のばねに質量 m の P がつるされて静止している。この位置 O から P を下へ引っ張って放すと，P は振動をはじめた。O を原点として下向きに x 軸をとる。

(1)　O でのばねの伸び l はいくらか。

(2)　P が位置 x にきたとき受ける力の合力 F を求めよ。

(3)　(2)の結果より P の周期を求めよ。

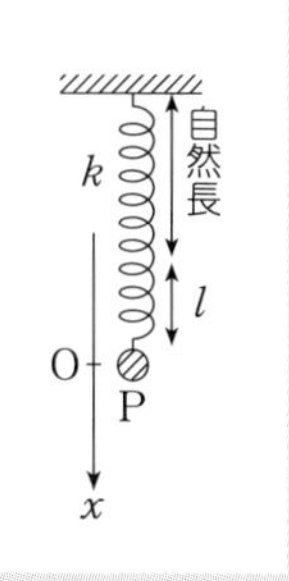

解 (1)　$kl=mg$　…①　より　$l=\dfrac{\boldsymbol{mg}}{\boldsymbol{k}}$

(2)　**Miss**　ばねの力は kx というわけで

$F=mg-kx$　非常に多い答えだ。

ばねの力は自然長からの伸び，縮みで決まる！

いまの場合，ばねの伸びは $l+x$

$$F=mg-k(l+x)=\boldsymbol{-kx} \qquad \cdots\cdots②$$

①を用いたことに注意。つり合い位置からずれた状態を扱うとき，いつもつり合い式が陰(かげ)になって活躍してくれる。

(3)　②こそ単振動を保証している。　$K=k$ のケースで　$\boldsymbol{T=2\pi\sqrt{\dfrac{m}{k}}}$

知っておくとトク　**ばね振り子の周期は**床から立てても，滑らかな斜面上に置いても**変わらない**。

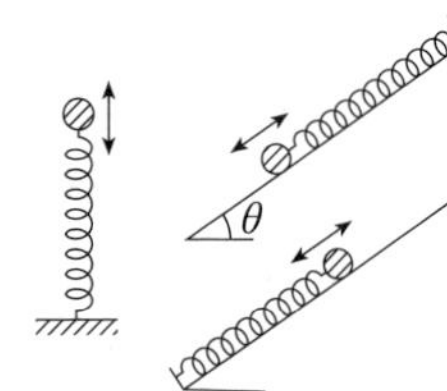

斜面の場合なら

①が　$kl=mg\sin\theta$

②が　$F=mg\sin\theta-k(l+x)=-kx$

要するに，つり合い位置から x だけずれたとき，ばねの力のみが kx だけ変わる。それが合力（復元力）として働くことによる。

EX 2　前問で，ばねの自然長を l_0，P を放した点を A $(x=d)$ とし，放した時を $t=0$ とする。次の量を求めよ。O での伸び l を用いてよい。

(1)　O に戻るまでの時間

(2)　ばねの長さの最小値

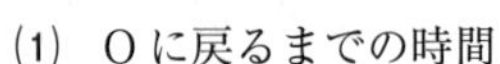

(3)　最大の速さ　　(4)　時刻 t での P の座標 x

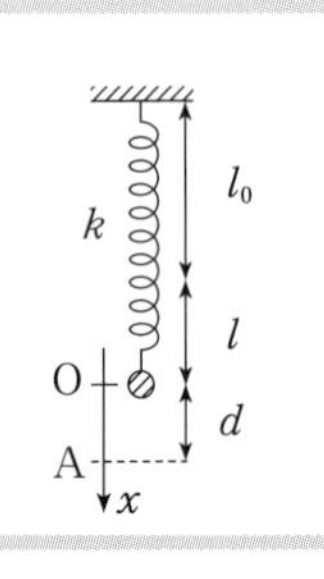

解 (1)　放したときの P の速度は 0，つまり A は単振動の端となる。一方，O は力のつり合い位置だから振動中心である。端と中心を結ぶ時間は $T/4$

$$\frac{T}{4}=\frac{\boldsymbol{\pi}}{\boldsymbol{2}}\sqrt{\frac{\boldsymbol{m}}{\boldsymbol{k}}}$$

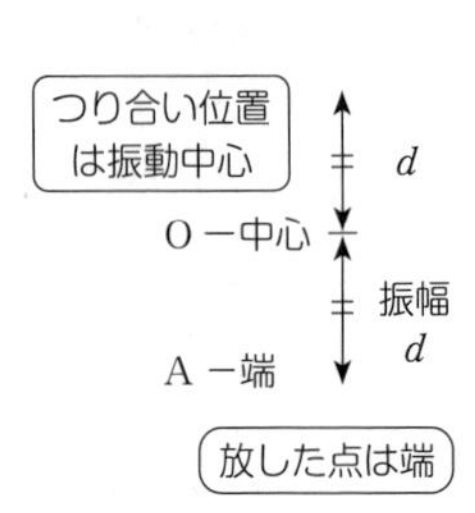

(2)　端 A と中心 O の距離 d は振幅である。よって P は O より上に d まで上がれる。それがばねが最小の長さになるときで　$\boldsymbol{l_0+l-d}$

振幅が分かったということは運動の範囲が分かったことでもある。その点が意外に見落とされている。

(3)　最大の速さは振動中心で，　$v_{\max}=A\omega=d\omega=d\frac{2\pi}{T}=\boldsymbol{d}\sqrt{\frac{\boldsymbol{k}}{\boldsymbol{m}}}$

このように，**力のつり合い位置から中心が分かり，放した位置が端になって振幅が分かる。すると，運動の範囲，最大の速さが決まってくる**――この呼吸をつかんでおくこと。

(4)　x と t の関係をグラフにするのが先決。右のように曲線は cos（コサイン）型と読み取れて

$$x=d\cos\omega t=\boldsymbol{d}\cos\sqrt{\frac{\boldsymbol{k}}{\boldsymbol{m}}}\,\boldsymbol{t}$$

「型」が決まれば，三角関数の中身は ωt。sin にこだわると初期位相にわずらわされる。

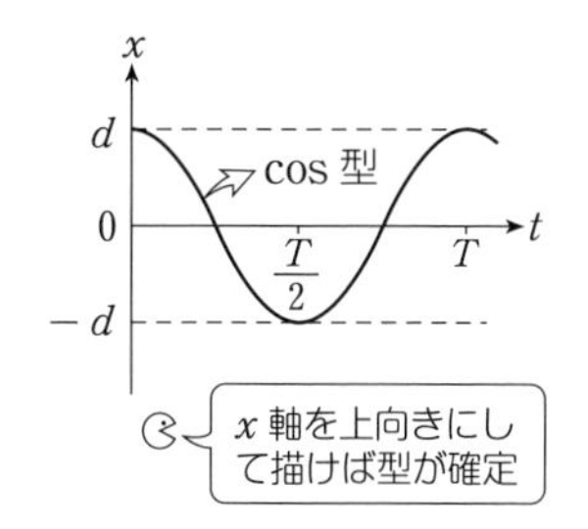

ちょっと一言　**Ex 2** で P の加速度が 0 になる位置は？　とか，加速度が上向きで最大になる位置は？　と尋ねられたら……

p 80 の知識を利用してもよいが，$m\vec{a}=\vec{F}$ より **“加速度のことは力に聞け”** というわけで，力(合力)が 0 になる位置――それは力のつり合い位置で点 O。また，復元力が上向きで最大となるのは点 A と即答できる。

97　**Ex** で P を自然長位置で放したとすると，ばねの最大の長さはいくらになるか。それまでにかかる時間はどれだけか。また，P の最大の速さはいくらか。l_0，k，m，g で答えよ。

98* 　質量 m のおもりをつり合い位置から d だけずらし放したときの，振動の周期と最大の速さをそれぞれ求めよ。k，$2k$ はばね定数。合成ばね定数を用いてよい。

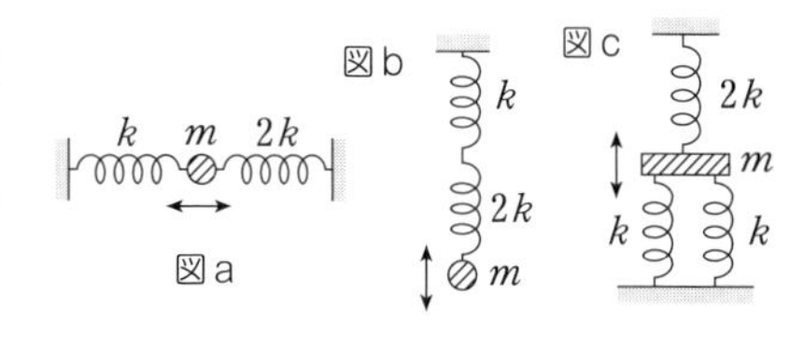

99**　滑らかな水平面上で，ばね定数 k のばねの両端に質量 m の等しい 2 球を取り付け，左右に引っぱって同時に放す。振動の周期を求めよ。

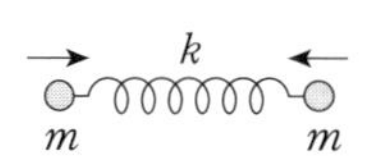

ばね振り子の力学的エネルギー保存則　2通りの立て方がある。

Ⅰ．位置エネルギーとして，mgh と弾性エネルギーを用いて，

$$\frac{1}{2}mv^2+mgh+\frac{1}{2}kx^2=一定$$　（x は自然長からの距離）

Ⅱ．$K=k$ での単振動だから，単振動の位置エネルギーを用いて，

$$\frac{1}{2}mv^2+\frac{1}{2}kx^2=一定$$　（x は振動中心からの距離）

Miss　Ⅱで mgh はどこへいった⁉……とあわてるようではダメ。
Ⅱの $\frac{1}{2}kx^2$ は重力とばねの力が協力してつくりあげた位置エネルギーなのだ。EX 1 の式②を見てほしい。合力 $F=-kx$ に対するものだ。$-kx$ には既に重力もばねの力も参加している。

ちょっと一言　Ⅰの方がスタンダードだが，Ⅱの方が速く解けることが多い。
Ⅰは 物理基礎 の範囲の知識で解いているのに対し，Ⅱは単振動と見抜(みぬ)いて解いている点が違う。両方とも身につけ，場合に応じて使い分けたい。

EX 3　EX 2 で，OA 間の中点での速さを2通りの方法で求め，m，k，d で表せ。

解　Ⅰ．A を重力の位置エネルギーの基準にとると

$$0+0+\frac{1}{2}k(l+d)^2=\frac{1}{2}mv^2+mg\frac{d}{2}+\frac{1}{2}k\left(l+\frac{d}{2}\right)^2$$

$$\frac{1}{2}kl^2+kld+\frac{1}{2}kd^2=\frac{1}{2}mv^2+mg\frac{d}{2}+\frac{1}{2}kl^2+\frac{1}{2}kld+\frac{1}{8}kd^2$$

点 O でのつり合い条件　$kl=mg$　を用いると

$$\frac{3}{8}kd^2=\frac{1}{2}mv^2 \quad \cdots\cdots ① \qquad \therefore \quad v=\frac{d}{2}\sqrt{\frac{3k}{m}}$$

Miss　点 A で $\frac{1}{2}kd^2$ とやったらアウト！　弾性エネルギーはばねの自然長からの伸び(縮み)で決まるから。

Ⅱ．O からの距離 d と $\frac{d}{2}$ を用いて　$0+\frac{1}{2}kd^2=\frac{1}{2}mv^2+\frac{1}{2}k\left(\frac{d}{2}\right)^2$ ⟶ ①へ

100　**Ex 2** で点Oでの速さを2つの方法で求め，m，k，d で表せ。

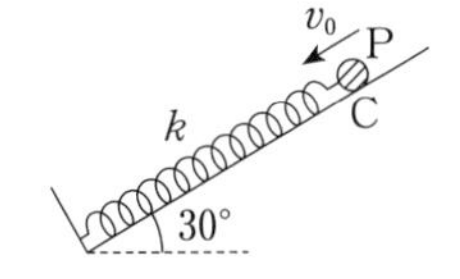

101 ** 　傾角30°の滑らかな斜面上で，ばね定数 k のばねに質量 m のPを結びつけ，自然長の位置Cで初速 v_0 を与える。単振動の振幅 A を求めよ。

High　摩擦のある場合のばね振り子

動摩擦係数 μ の水平面上で，自然長位置(原点O)からPを引っぱって点Aで放す。左へ進むPが位置 x にきたときの合力 F は

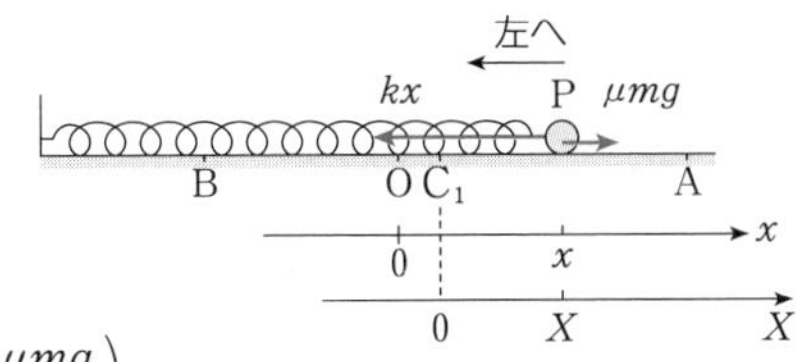

$$F = -kx + \mu mg = -k\left(x - \frac{\mu mg}{k}\right)$$

$X = x - \mu mg/k$ と座標変換してやれば，$F = -kX$ となり，$X = 0$ $(x = \mu mg/k)$ の点 C_1 を中心とした単振動であることが分かる。(p 83 **High** の一例)。振幅 C_1A より左端の点Bも定まる $(BC_1 = C_1A)$。AB間の時間は $T/2 = \pi\sqrt{m/k}$

ただし，戻りのときは動摩擦力の向きが変わる。合力 F は

$$F = -kx - \mu mg$$
$$= -k\left(x + \frac{\mu mg}{k}\right)$$

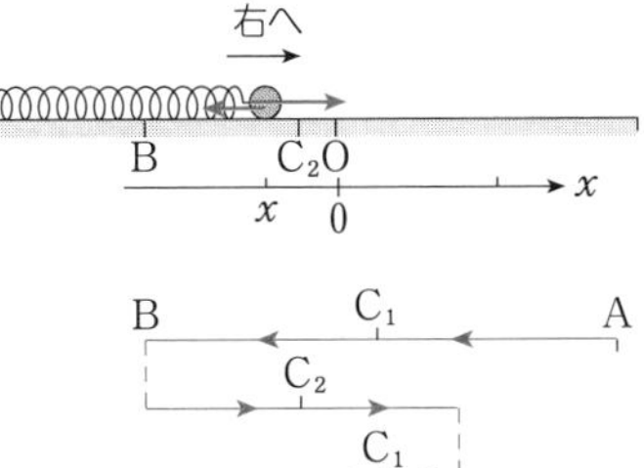

こんどは，$x = -\mu mg/k$ の点 C_2 が中心となる。このように行きと戻りで振動中心が変わるため振動は減衰していく。

Pが最後に止まる位置は……

Pが振動の端で一瞬静止したとき，その点での弾性力が最大摩擦力以下になるような位置である。

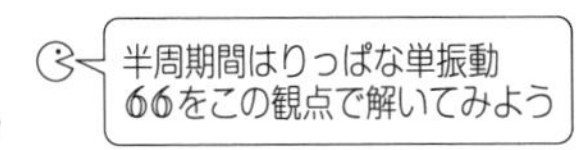

単振動はばね振り子に限らない。以下，そんな例を取り上げてみよう。

EX 4　長さ l，断面積 S の木を密度 ρ の水に浮かべたら，h の深さで静止した。そして少し押して放すと振動を始めた。水の抵抗はないとする。

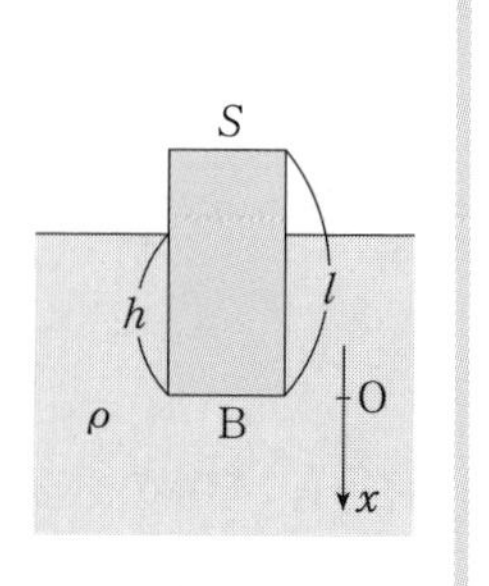

(1)　木の密度 ρ_1 を求めよ。

(2)　静止状態での木の底Bの位置を原点として下向きに x 軸をとる。振動中の底Bが位置 x に来たときの合力を求めよ。

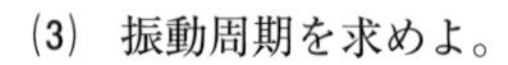

(3)　振動周期を求めよ。

解　浮力（ふりょく）f は液体の密度を ρ，液面下の体積を V とすると，$\boldsymbol{f=\rho Vg}$ と表される。

(1)　木の質量は $m=\rho_1 Sl$ と表せるから，重力と浮力のつり合いより

$$\rho_1 Slg=\rho Shg \qquad \therefore \quad \rho_1=\boldsymbol{\frac{h}{l}\rho}$$

(2)　水面下の体積は $S(h+x)$ だから，合力 F は

$$F=\rho_1 Slg-\rho S(h+x)g$$
$$=\rho_1 Slg-\rho Shg-\rho Sxg=\boldsymbol{-\rho Sgx}$$

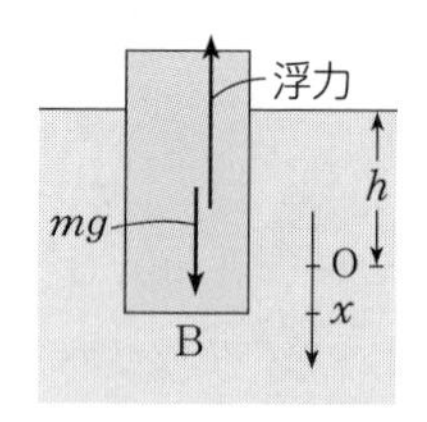

(3)　このように合力は比例定数 $K=\rho Sg$ をもつ復元力だから木は単振動をする。

$$\therefore \quad T=2\pi\sqrt{\frac{m}{K}}=2\pi\sqrt{\frac{\rho_1 Sl}{\rho Sg}}=\boldsymbol{2\pi\sqrt{\frac{h}{g}}}$$

102*　この **EX** で，はじめ底Bを $x=d$ まで押し込んで放したとする。最大の速さはいくらか。また，底Bが $x=d/2$ を通るときの速さはいくらか。

103**　滑らかに動く質量 M のピストンがついた容器の中に気体が入っている。容器の断面積を S，大気圧を P_0 とする。気体ははじめ圧力 P_0 で長さ L の部分を占めている。以下，気体の温度は一定とする。

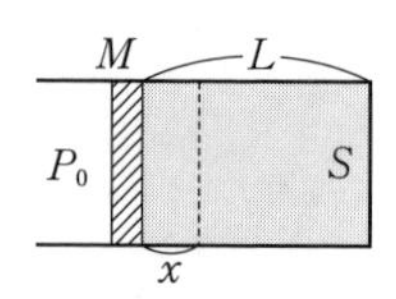

熱力学との融合問題だ

(1)　ピストンを x だけ押し込んだときの気体の圧力を求めよ。

(2)　ピストンを少し押し込んで放すと，ピストンは振動を始める。その周期を求めよ。$|x|\ll L$ なので，1に比べて $|x|/L$ は無視してよい。

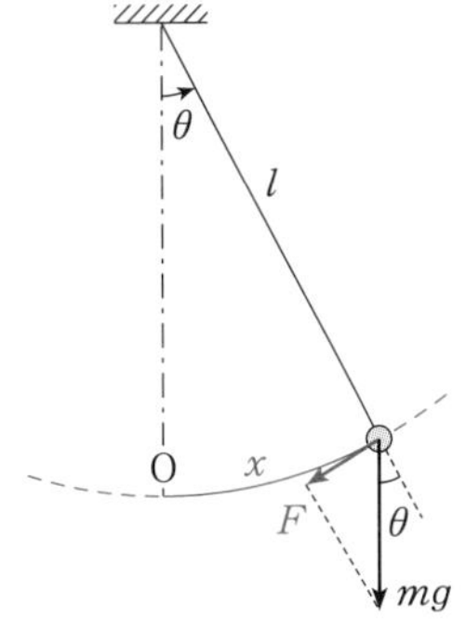

単振り子(たんふりこ)　長さ l の糸におもりを付けて振らせる。円弧に沿った運動を支配する力は，重力の接線方向成分 $mg\sin\theta$ であり，これが復元力 F となって振動する。最下点Oから円弧にそった変位を x とし，反時計回りを正とすると，$x=l\theta$　ここで θ〔rad〕が小さいときは $\sin\theta \fallingdotseq \theta$ と近似でき，

$$F=-mg\sin\theta \fallingdotseq -mg\theta=-\frac{mg}{l}x$$

したがって，運動は単振動である。

$K=\dfrac{mg}{l}$　より　周期は　$T=2\pi\sqrt{\dfrac{m}{K}}=2\pi\sqrt{\dfrac{m}{mg/l}}=2\pi\sqrt{\dfrac{l}{g}}$

ちょっと一言　θ が小さいという条件は忘れないこと。周期はおもりの質量や振幅に無関係で，振り子の等時性(とうじせい)とよばれている。

104* 半径 r の滑らかな円筒面上に小球Pが置かれている。最下点からPを少しずらして放すと，Pは振動を始める。その周期はいくらか。

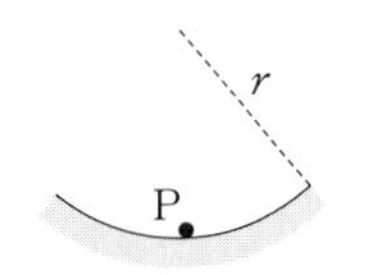

105* 傾角 θ の滑らかな斜面上で，糸の長さ l の単振り子を振らせる。その周期はいくらか。

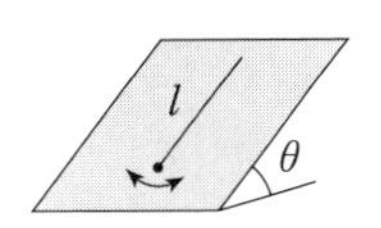

106* 上向きに加速度 α で上昇しているエレベーターがあり，長さ l の単振り子とばね定数 k のばね振り子がつるされて振動している。おもりの質量を m とすると，それぞれの周期はいくらか。

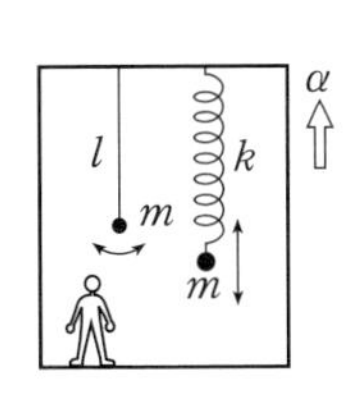

107** 加速度 α で水平に動く電車の中で，長さ l の単振り子を振らせたときの周期はいくらか。

◆ 万有引力の法則

2つの物体の間には，質量の積に比例し，距離の2乗に反比例する万有引力(ばんゆういんりょく)が働く。

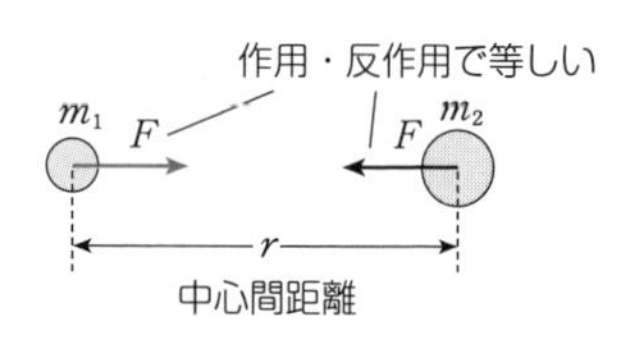

$$F = G\frac{m_1 m_2}{r^2} \quad (G：万有引力定数)$$

G は非常に小さな定数(10^{-11} 程度)なので，万有引力はふつうの物体間では無視できる。少なくとも1つが天体のときに問題となる力だ。まずは，重力 mg の本質に関する問題から入ろう。

EX 1　地球の質量を M，半径を R とする。地表での重力加速度 g を G，M，R で表せ。また，地表から高さ h の点での重力加速度 g' を g，R，h で表せ。自転の影響は無視する。

解　重力 mg は物体が地球から受ける万有引力にほかならない。中心間距離は R だから

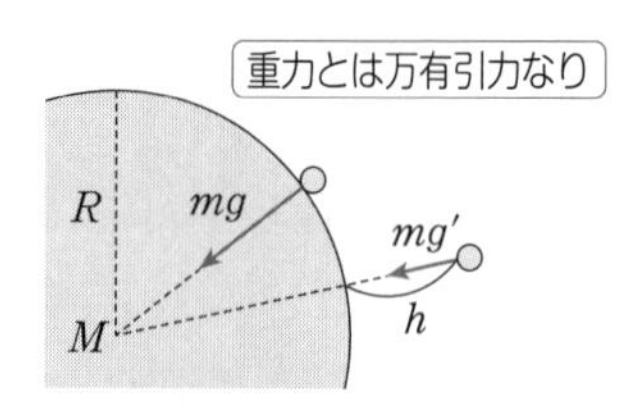

$$mg = G\frac{Mm}{R^2} \qquad \cdots\cdots①$$

$$\therefore \quad g = \boldsymbol{\frac{GM}{R^2}}$$

同様に

$$mg' = G\frac{Mm}{(R+h)^2} \quad \cdots\cdots② \qquad \frac{②}{①} \text{ より } \quad g' = \boldsymbol{\left(\frac{R}{R+h}\right)^2 g}$$

Miss　②の右辺を $G\frac{Mm}{h^2}$ としてはいけない。地球の中心からの距離を用いること。地球の全質量は中心一点に集まっていると思ってよい。

ちょっと一言　より細かく言えば，自転による遠心力が働き(我々は回転している観測者なのだ)，右の図からも分かるように mg は万有引力より少し小さくなる。重力加速度は赤道上で最小，極で最大となることも分かる。

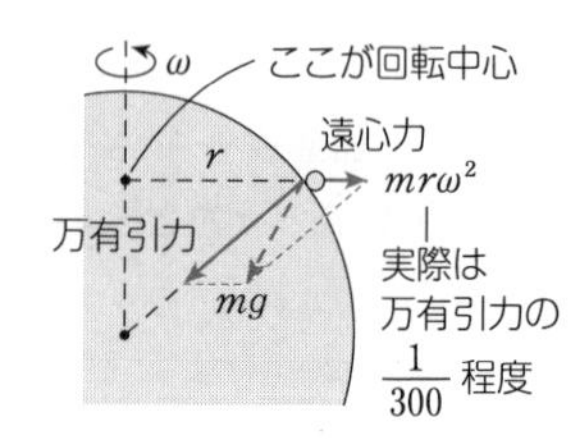

108　月の半径は地球の $\frac{1}{4}$，質量は $\frac{1}{80}$ である。月面での重力加速度 g_M は地球の g の何倍か。

EXのように重力や重力加速度は上空へいくほど小さくなっていく。地表近くは mg で一定としてよいから，位置エネルギーも mgh が使えたが，地表から遠く離れると(地面が平面と見なせなくなると)，万有引力の位置エネルギーを用いなければならない。地球中心からの距離を r として

$$\text{万有引力の位置エネルギー}\quad U = -\frac{GMm}{r}\quad(\text{無限遠を基準})$$

Q&A

Q　U は負？…ですか？

A　負となることへの違和感が強いようだね。しかし，重力の位置エネルギーだって負となることはあった！

要するに $U=0$ とする基準の取り方の問題なんだ。地表を基準に取れば万有引力の U も正とできるのに，天高く基準点を上げて(とうとう無限遠にして)しまったので，世の中すべて負の世界となったというわけ。無限遠を基準にした方が式が簡潔になることが大きな理由だよ(導出は p 165)。

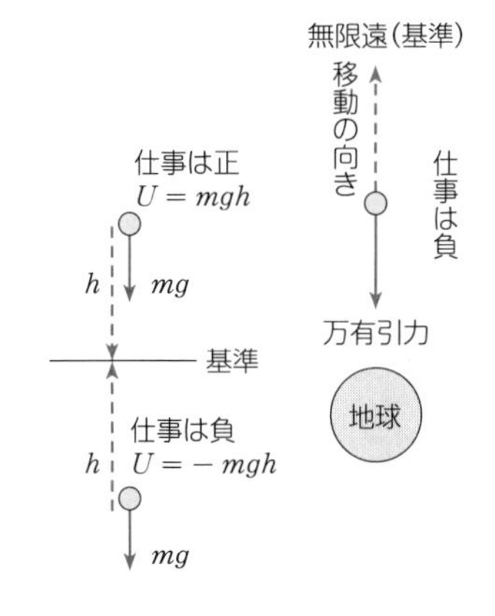

基準位置まで移動する間の力のする仕事が位置エネルギー

位置エネルギーは，力学的エネルギー保存則の両辺に現れるように，いつも2点間での差だけが問題となる。値そのものに意味があるわけではないんだ。

万有引力定数を G，地球の質量を M，半径を R，自転は無視して答えよ。

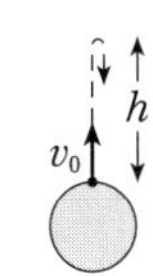

109　地表からロケットを真上に打ち上げたところ，高さ h まで達した。初速 v_0 はいくらか。

110* 地表からロケットを打ち上げ，無限遠点まで飛ばせたい。必要な最小の初速度(脱出速度，第2宇宙速度) u を求めよ。

無限遠への脱出 ⇨ 力学的エネルギー ≧ 0

111* 地表を万有引力の位置エネルギーの基準にすると，高さ h の点で質量 m の物体がもつ万有引力の位置エネルギーはどのように表されるか。2点間の位置エネルギーの差は変わらないことを利用せよ。また，$h \ll R$ の場合について近似式を用いて結果を簡略化せよ。

EX2　半径 r の等速円運動をして地球を回っている質量 m の人工衛星Pの速さ v と周期 T を求めよ。また，Pを加速して無限遠まで飛ばせるには，運動エネルギーをどれだけ増やしてやればよいか。

解　万有引力が向心力となっての円運動である。

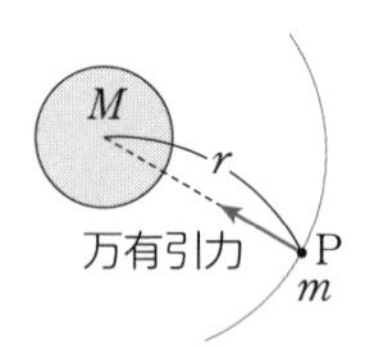

円運動の式は　$m\dfrac{v^2}{r}=G\dfrac{Mm}{r^2}$　……①

$\therefore \quad v=\sqrt{\dfrac{\boldsymbol{GM}}{\boldsymbol{r}}}$

遠心力と万有引力のつり合いと思ってもよい。

$T=\dfrac{2\pi r}{v}=\boldsymbol{2\pi r\sqrt{\dfrac{r}{GM}}}$　……②

なお，地表すれすれに回る人工衛星の速さ v_1 を第1宇宙速度とよんでいる。

$r=R$　より　$v_1=\sqrt{GM/R}$

Pの力学的エネルギー E は，①より $\dfrac{1}{2}mv^2=\dfrac{GMm}{2r}$ を用いると(これがコツ！)

$$E=\frac{1}{2}mv^2+\left(-\frac{GMm}{r}\right)=\frac{GMm}{2r}-\frac{GMm}{r}=-\frac{GMm}{2r}$$

無限遠に行くためには $E=0$ とする必要がある。与えるべき量は　$\boldsymbol{\dfrac{GMm}{2r}}$

112 赤道上空を地球の自転周期 T と同じ周期で回る人工衛星が静止衛星である。その回転半径 r を求め，G，M，T で表せ。

113* 前問で，r は地球半径 R の何倍か。有効数字1桁で答えよ。
$g=10\ \mathrm{m/s^2}$，地球半径 $R=6.4\times10^3\ \mathrm{km}$，$\pi \fallingdotseq 3$ とする。

◆ ケプラーの法則

第1法則は，太陽のまわりを回る惑星の**軌道は楕円**であり，太陽は楕円の焦点に位置しているという定性的なものである。

High 軌道は楕円(円を含む)のほかに，放物線か双曲線しかないことが知られている。彗星(すいせい)の軌道にはそのようなものもあり，1度太陽の近くを通ると無限の彼方(かなた)に去ってしまう。それらに対しても次の第2法則は成り立つ。

第2法則は一定時間に動径(太陽と惑星を結ぶ線分)が描く面積は軌道上どこでも等しいというもので，1ヵ月でも1週間でも1日でも時間さえそろえればよい。もっと短くして1s間に描く面積——面積速度という——が共通なのだ。そこで**面積速度一定の法則**とよばれている。

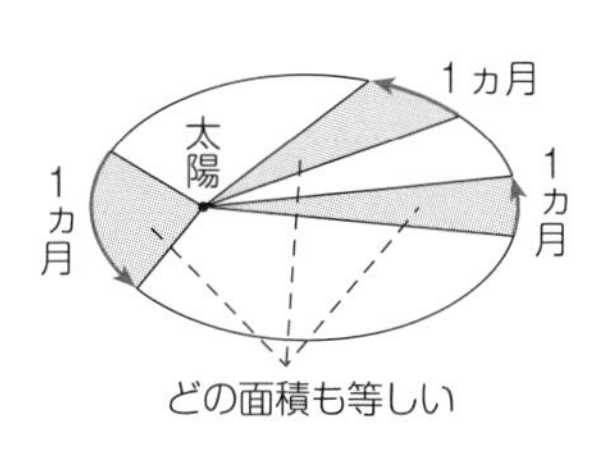

ちょっと一言　面積が等しくなることから，太陽に最も近づく点A(近日点(きんじつてん))では速さが最大，最も遠ざかる点B(遠日点(えんじつてん))では最小となることが分かる。また，微小時間 Δt の間にAで描く面積 ΔS は $\frac{1}{2}r_1v_1\Delta t$ であるから，Aでの面積速度は $\Delta S/\Delta t=\frac{1}{2}r_1v_1$

Bでも同様だから　$\frac{1}{2}r_1v_1=\frac{1}{2}r_2v_2$

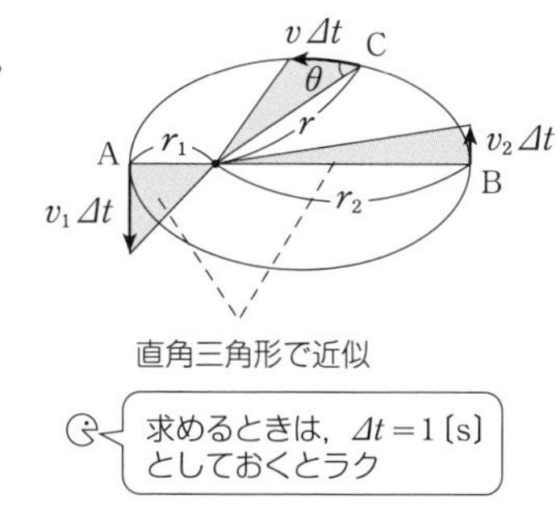

High 一般の位置Cになると，$\Delta S=\frac{1}{2}r(v\Delta t\sin\theta)$ より $\Delta S/\Delta t=\frac{1}{2}rv\sin\theta$

このように第2法則は1つの楕円軌道についての話なのだが，次の第3法則は別々の軌道間を結びつける。

楕円軌道の周期を T，半長軸(長軸の半分)を $a\left(=\frac{r_1+r_2}{2}\right)$ とすると

$$\textbf{第3法則}\qquad \frac{T^2}{a^3}=\text{一定}$$

使い方は$\left(\dfrac{T^2}{a^3}\right)_{地球}=\left(\dfrac{T^2}{a^3}\right)_{火星}=\cdots\cdots$のように各惑星のデータを入れていけばよい。彗星でもよい。太陽のまわりを回ることだけが条件。

ケプラーの法則は地球とそのまわりを回る人工衛星の間などでも成り立つ。

ちょっと一言　**Ex 2** の②の両辺を2乗して整理すると，$T^2/r^3=4\pi^2/GM=$一定となり，第3法則に該当する。実は，ニュートンは円軌道の場合に第3法則が得られるためには力はどのようであればよいかと考えて，①の右辺，GMm/r^2 という万有引力の法則を見い出した。

114　月の公転周期は約27日である。月までの距離は静止衛星の軌道半径の約何倍か。

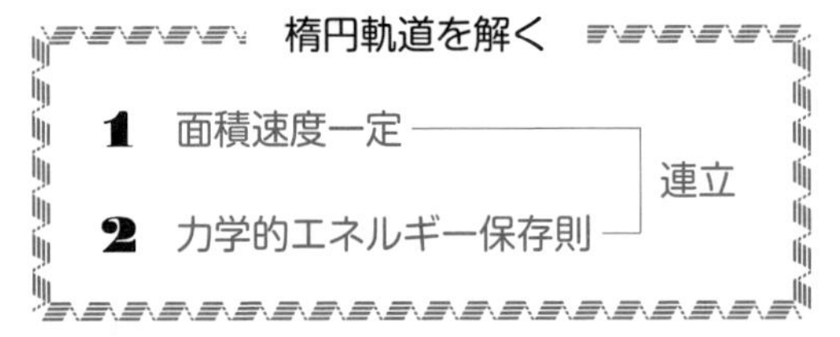

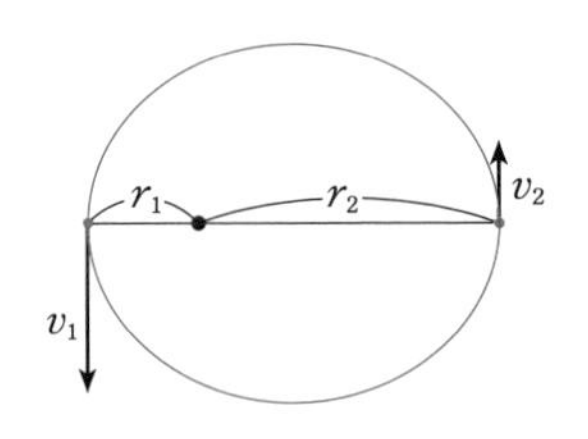

解説

図のような長軸上の2点がよく問われる。

軌道上で，v_1 が最大 v_2 が最小

1 より　　$\dfrac{1}{2}r_1v_1=\dfrac{1}{2}r_2v_2$

2 より　　$\dfrac{1}{2}mv_1{}^2-\dfrac{GMm}{r_1}=\dfrac{1}{2}mv_2{}^2-\dfrac{GMm}{r_2}$

r_1，v_1，r_2，v_2 のうち2つが与えられ，残りを連立で解くことになる。

一方，楕円軌道の周期は第3法則から求める。相手は周期の分かっている円軌道と結びつけることが多い。

115*　図のような楕円軌道を回る人工衛星がある。点Aでの速さを v とすると，点Bでの速さ u はいくらか。また，v を G，M，r で表せ。

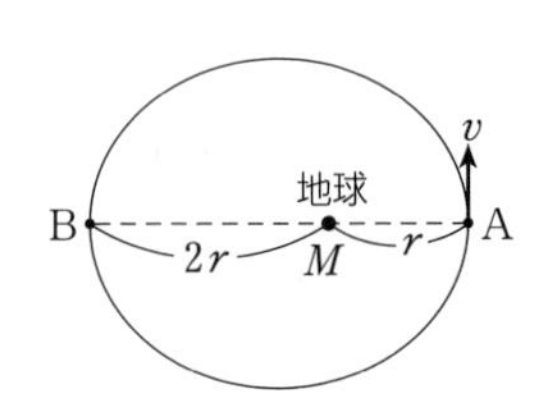

116**　前問の人工衛星の周期 T' を G，M，r で表せ。円運動の **Ex 2** の結果を利用せよ。

◆　力学の理論構成

力学を終わるにあたって，力学が運動の法則からどのように構成されているかをまとめておこう。

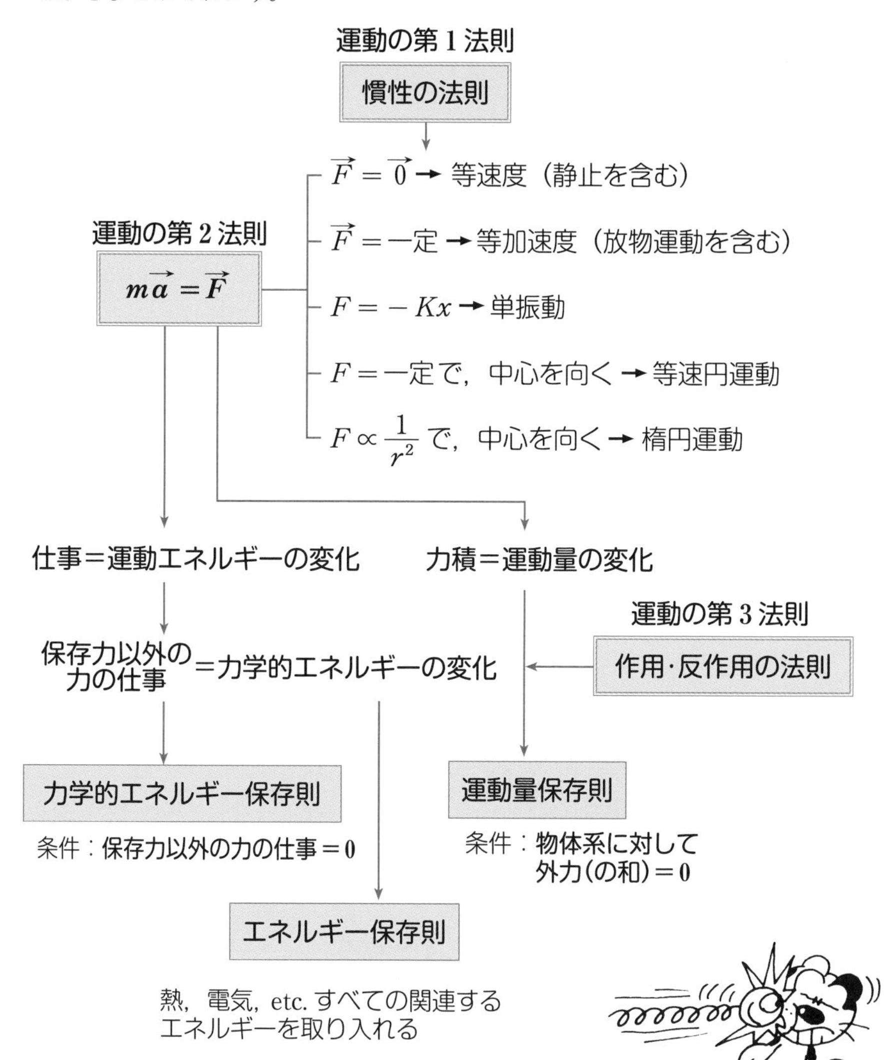

波　動

ここでの約束：

♣ 波が伝わるときの減衰(げんすい)は無視する。

※ 波動を定量的に扱うには，一部ですが，物理の単振動の知識が必要となることがあります。単振動を習っていない人は，p 80（と p 73）を先に読んでおくとよいでしょう。ただ，定性的な理解には，「単振動」を「振動」と読みかえていけばすみます。

Ⅰ　波の性質

◆ 波の性質

池に小石を投げる。波紋が広がっていく。しかし，水面に浮いている木の葉はゆらゆら揺れるだけで位置を変えない。――波で最も大切なことは，模様（波形）は一定の速さ v で平行移動していくが，波を伝える媒質の各点各点は振動しているだけだという認識である。v は媒質の物理的性質で決まる。

波形が正弦曲線となる波を正弦波といい，媒質の各点は単振動をする。

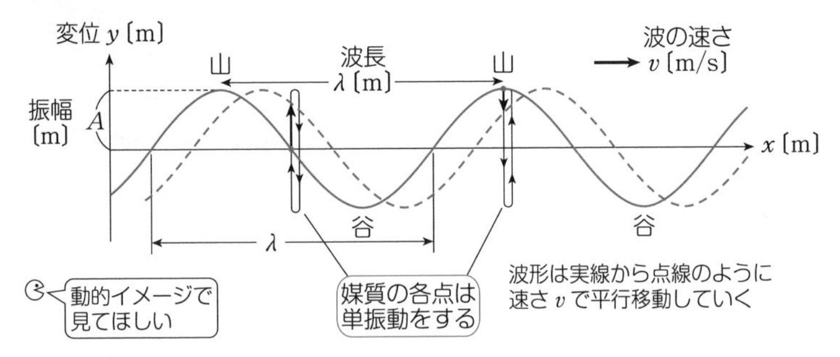

点線は少し時間がたったときの波形を示している。媒質が1回振動する**1周期 T の間に**（たとえば，山 → 谷 → 山と変わる間に）**波は1波長 λ 進む**。そこで波の速さ v は　$v=\dfrac{\lambda}{T}$　と表される。振動数 f〔Hz〕を用いると

$$v=f\lambda \qquad f=\frac{1}{T}$$

2つのグラフの違いに注意

A　横軸が座標 x なら波形グラフ ⇨ 波長 λ が分かる

B　横軸が時間 t なら単振動グラフ ⇨ 周期 T が分かる

解説

横軸が座標 x なら，いろいろな場所での波の変位が表されているのだから波形グラフだ。もちろん波長 λ が読み取れる。これはある瞬間の波の様子であり，目で見た通りのもの。**その後の様子は波形を平行移動**していけばよい。

横軸が時間 t のときは，ある位置での媒質の振動の様子を表している。力学で扱った単振動のグラフであって，波とは違う。周期 T が読み取れる。目で見たままではなくって，人為的に作ったグラフだ。

波は場所によって，また時間とともに変位が変わるので，グラフにしようとすると，時間を止めるか(波形グラフ)，場所を決めるか(単振動グラフ)しないと描けないんだ。

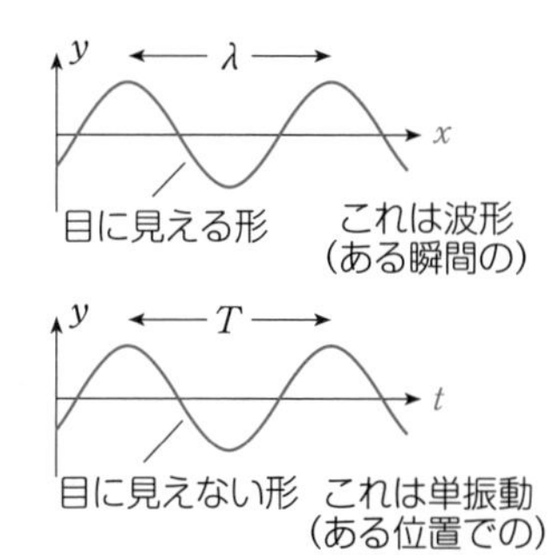

EX 1　実線は $t=0$ での波形を表している。この波は $+x$ 方向に進み，$t=0.2$ s に初めて点線のようになった。

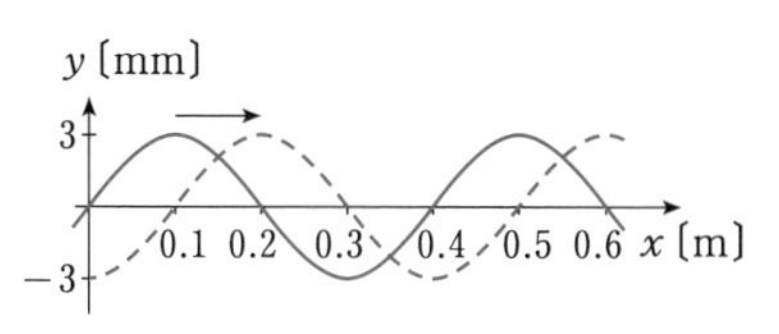

(1)　波の速さ v，振動数 f はいくらか。

(2)　$t=0$，$x=2.5$ m での変位はいくらか。

(3)　$t=0.6$ s での波形を描け。

解　(1)　波は 0.2 s 間に 0.1 m 進んでいるから　$v=\frac{0.1}{0.2}=\mathbf{0.5\ m/s}$

グラフより　$\lambda=0.4$ m　　$\therefore\ f=\frac{v}{\lambda}=\frac{0.5}{0.4}=\mathbf{1.25\ Hz}$

(2)　波長 λ ごとに同じことのくり返しとなっている点を利用する。

$x=2.5=2.4+0.1=6\lambda+0.1$

つまり $x=2.5$ の位置は $x=0.1$ の位置と同じ変位だから **3 mm**

(3)　波は $vt=0.5\times0.6=0.3$ m だけ進む。$t=0$ の波形を平行移動すればよい。

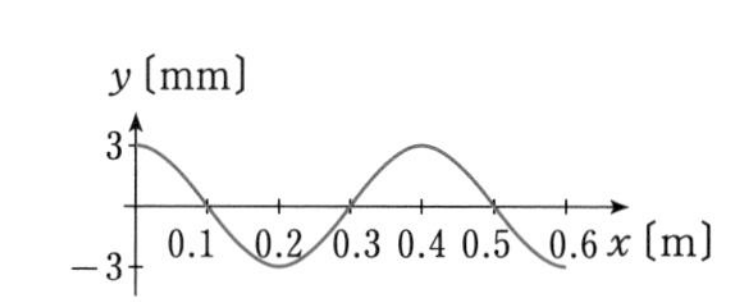

EX 2　$+x$ 方向に速さ $v=0.2$ m/s で進む波があり，図は原点 $x=0$ における媒質の変位の様子を表している。

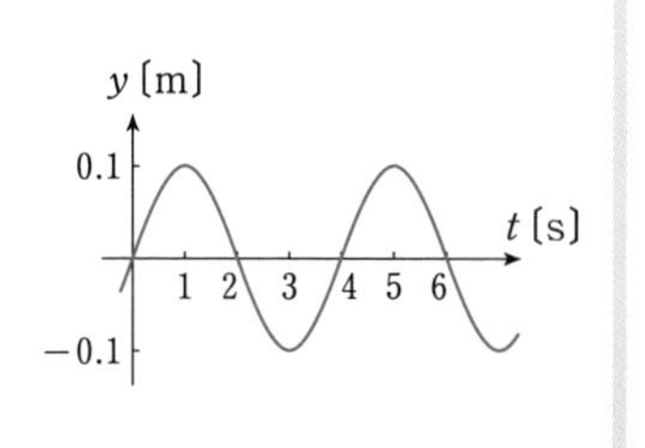

(1)　振動数 f，波長 λ はいくらか。

(2)　$t=35$ s での原点の変位はいくらか。

(3)　$t=0$ での波形を描け。

解　(1)　グラフより　$T=4\,\mathrm{s}$　　$f=\dfrac{1}{T}=\mathbf{0.25\,Hz}$

$\lambda=\dfrac{v}{f}=vT=0.2\times4=\mathbf{0.8\,m}$

(2)　**周期 T ごとに同じことがくり返されることを利用する。**

$t=35=32+3=8T+3$　　$t=35$ は $t=3$ の変位と同じだから　$\mathbf{-0.1\,m}$

波形グラフではないから平行移動してはいけない(念のため)。

(3)　$\lambda=0.8\,\mathrm{m}$ を活(い)かして描く。

Miss　図 a の実線のように描いていないかな？　少し時間がたったとき(点線)を考えてほしい。原点の変位が負になってしまう！　与えられたグラフによれば原点では正にならなければならない。この失敗を活かせば，正しい答えは図 b だ。

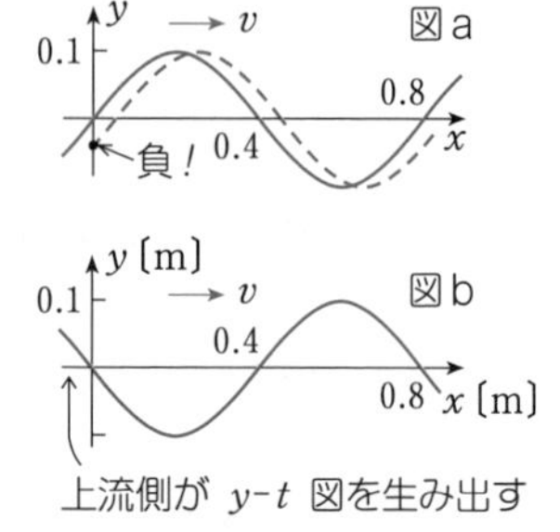

波形グラフでは，ある位置の媒質が今後たどる運命(変位)は波の上流側にすべて示されている。

ちょっと一言　　λ や T は同じ状態(**同位相**(どういそう)という)のくり返し単位だが，半波長 $\lambda/2$ の位置の違い，あるいは半周期 $T/2$ の時間の違いがあると，変位は y から $-y$ に変わる。これを**逆位相**といい，媒質の速度･加速度の向きも正反対になる。

1*　実線は $+x$ 方向に進む波の $t=0$ の波形を，点線は $t=5\,\mathrm{s}$ の波形を表している。この間に原点では 1 度谷になったという。振幅，波長，速さ，振動数を求めよ。また，$x=0.3\,\mathrm{m}$ の媒質の振動グラフを作れ。

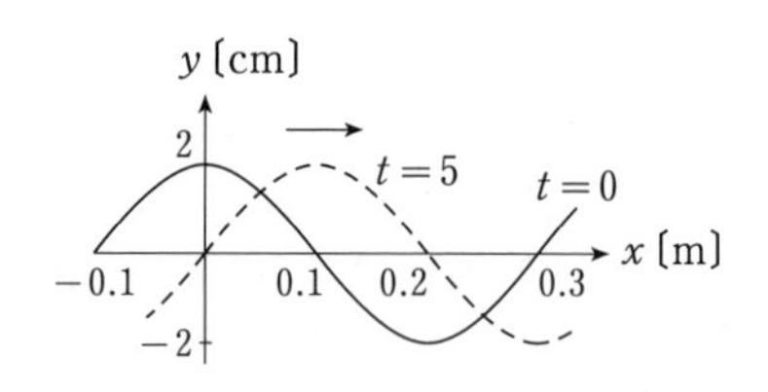

2　速さ $1\,\mathrm{m/s}$ で $-x$ 方向に進む波の $t=0$ での様子が描かれている。以下の変位を求めよ。

(1)　$x=15\,\mathrm{m}$，$t=0\,\mathrm{s}$　(2)　$x=3\,\mathrm{m}$，$t=1\,\mathrm{s}$

(3)*　$x=22\,\mathrm{m}$，$t=11\,\mathrm{s}$

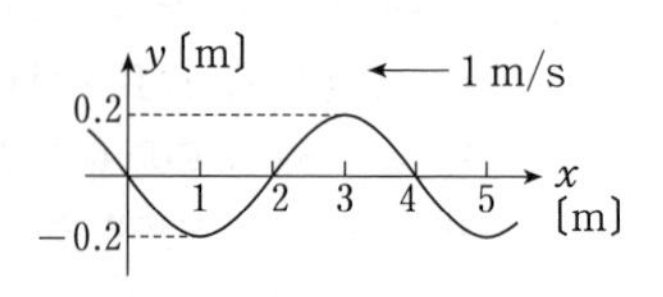

◆ 横波と縦波

横波　波の進行方向に対して垂直方向に媒質が振動するのが横波(よこなみ)である。弦を伝わる波はその代表例。

少し時間がたったときの波形(点線)を描いてみると，媒質の動きが分かる。媒質の速度の向きはこうして判断する。

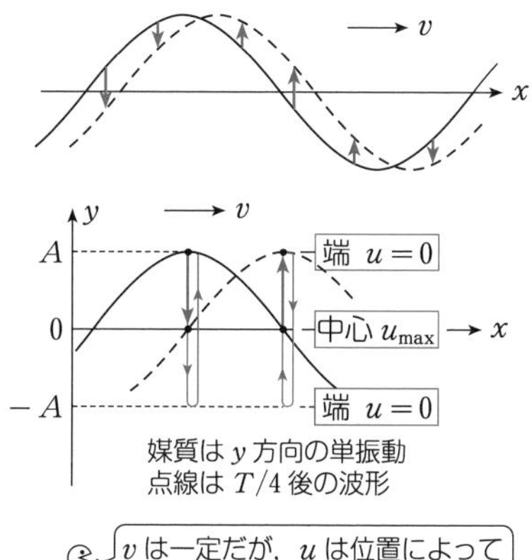

> 媒質の運動については単振動の知識をフルに活用しよう。

たとえば，山や谷の状態は単振動の端の位置だから媒質の速度 u は $u=0$，また $y=0$ は振動中心を通るときだから速さは最大で $u_{\max}=A\omega$，中心と端を結ぶ時間は $T/4$ などである。

縦波　波の進行方向に沿って媒質が振動するのが縦波(たてなみ)である。音波はその代表例。長いばねを机上に置いて，ばねの一方の端をゆすると振動が伝わっていく。縦波の一例だが，そのままでは大変見づらい。そこで媒質(ばね)の各点の変位を y 軸方向に描くと横波のように見やすくなる。このとき，$+x$ 方向への変位は $+y$ 方向への変位として，また $-x$ 方向への変位は $-y$ 方向へと符号を合わせる。

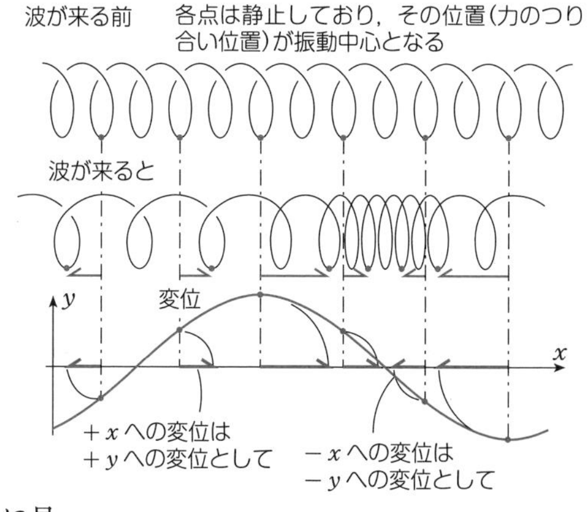

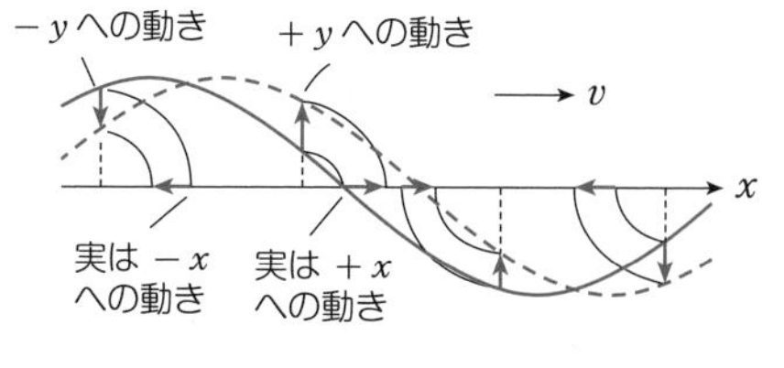

媒質の速度の向きは横波と同様に少し時間がたったときの波形(点線)を描いて考える。$+y$ 方向なら実際は $+x$ 方向と判断すればよい。要するに横波での判断の仕方と同じで，ただ実際は y 方向でなく，x 方向で起こっているということだけ意識すればよい。単振動の知識の活用の点も同じだ。

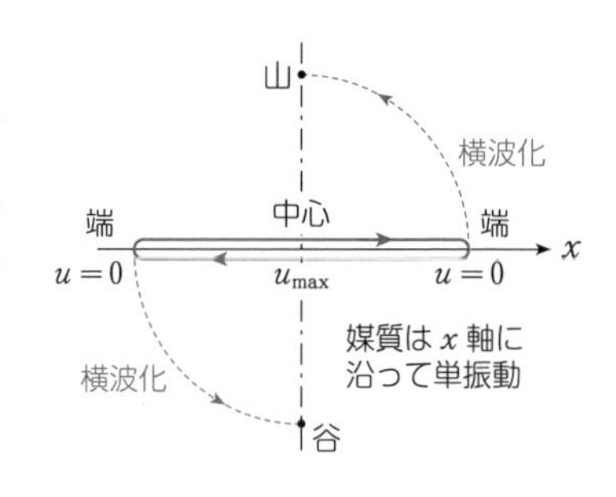

ちょっと一言　横波では，媒質内の1点が振動し始めるとすぐ隣の媒質を引きずって動くため振動が伝わっていく。縦波では隣の媒質を押し引き(圧縮・膨張)するため振動が伝わっていく。

上の u_{max} と波が伝わる速さ v とはまったく別物であることは意識してほしい。$u_{max}(=A\omega)$ は振幅 A などによるが，**v は媒質の物理的性質だけで決まっている。**

3　$+x$ 方向に進む波がある。図の瞬間において

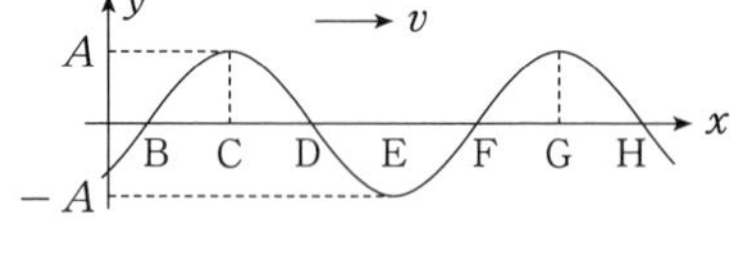

(1) 媒質の速度が0である位置をあげよ。

(2) 媒質の速度が負で最大になっている位置はどこか。

(3) 周期を T とすると，媒質の速さの最大値はいくらか(物理)。

4　図は $+x$ 方向に進む縦波を横波的に表している。このとき，B，F，H 各点の媒質の x 軸上での位置を示せ。また，媒質の速度が正になっている点はどこか。$-x$ 方向に最大の速さで動いている点はどこか。

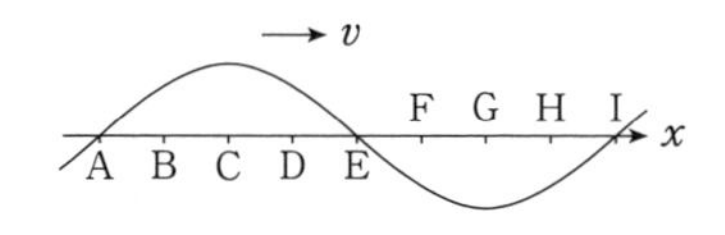

縦波の疎密　縦波は疎(そ)や密(みつ)の状態が交互に生じ伝わっていくので**疎密波**(そみつは)ともよばれる。横波化された波形から疎密の位置を見つけるには，p 101の

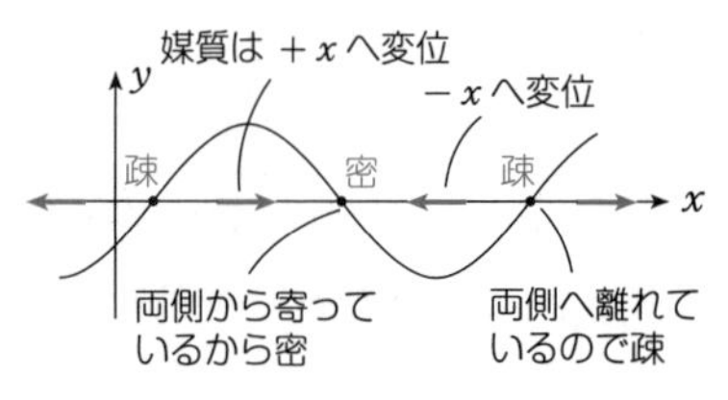

逆の作図をしてもよいが，**媒質の変位の向きを矢印で入れてみる**と簡単に分かる。

ちょっと一言　疎密の位置は波の伝わる向きには無関係に決まる。

5　$+x$ 方向に伝わる縦波を横波的に表している。

(1)　密の位置はどこか。

(2)　疎の位置はどこか。

(3)　D点は何秒後に密となるか。波の周期を T とする。

◆ 波の反射

波が反射するときには**自由端反射**と**固定端反射**がある。連続して反射が起こると分かりにくいので，まず図aのようなパルス波(孤立した波)が壁で反射される場合で考えよう。さらにパルス波の幅を0にして理想化すると(図a′)，反射の本質がつかみやすい。

壁で自由端反射されると，図bのようにそのままの変位で戻ってくる。このとき反射に際して位相はずれないという。位相すなわち三角関数の中身 θ が変わらなければ三角関数の値，つまり，変位 $y(=A\sin\theta)$ も変わらないからだ。

固定端反射されると，変位は＋－逆転し，$-y$ となって戻ってくる(図c)。このとき位相が π 変わったという。$-y=-A\sin\theta=A\sin(\theta+\pi)$ の関係があるからだ。

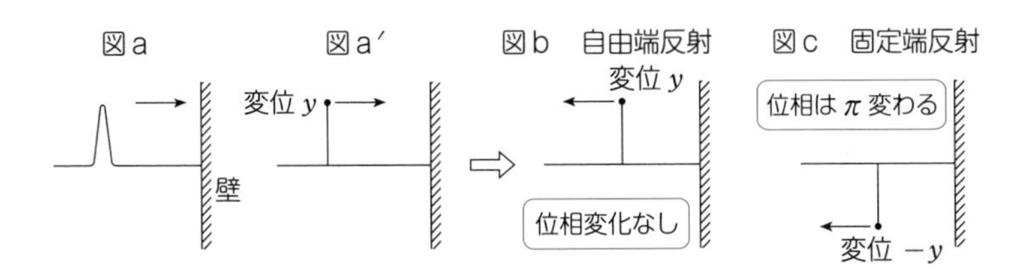

連続した波では以上のような反射が次から次へと起こっていく。

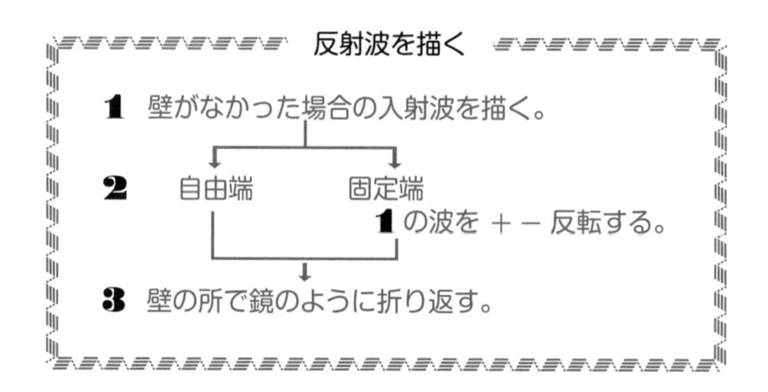

解説

論より証拠というわけで，実例で見た方がはやい。

自由端反射

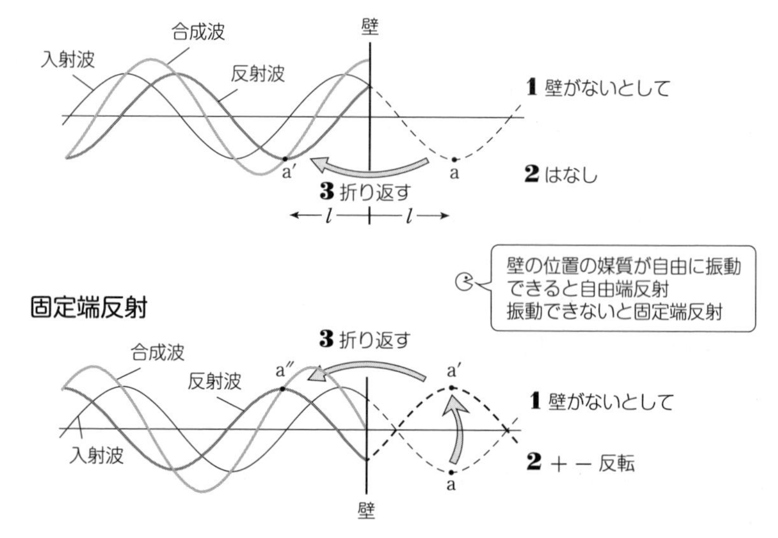

なぜこんな風にして描けるかというと，まず，自由端なら l の距離進むはずだった谷 a は同じ距離だけ反射されて元へ戻り a′ にいるというのが折り返す(壁の位置で対称にする)理由。固定端なら谷 a は反射のさい山 a′ に姿を変えられ(**2** での反転)，元へ戻っている(**3** の操作)ことによる。

入射波と反射波は重なり合って合成波(ごうせいは)をつくる。つまり媒質の各点の変位は，2つの波の変位の和に等しくなる(**重ね合わせの原理**(かさねあわせのげんり))。合成波こそ実現される波である。

6　速さ2 cm/s，波長8 cmの波が壁Rで自由端反射されている。図は$t=0$での入射波を示す。次の時刻での反射波と合成波を描け。

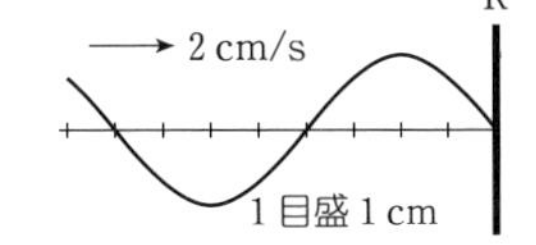

(1)　$t=0$ s　　(2)　$t=1$ s　　(3)　$t=2.5$ s

7　前問において，固定端反射の場合について描け。

8　幅4 cmの三角波が速さ1 cm/sで壁Rに向かっている。Rで自由端反射されるとき，次の時刻での合成波の波形を描け。

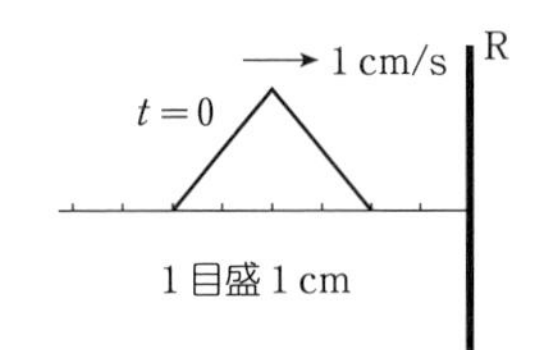

(1)　$t=4$ s　　(2)　$t=5$ s　　(3)　$t=8$ s

9　前問において，固定端反射の場合について描け。

◆ 波の式　―物理―　（単振動の知識が必要で，しかも難度の高い所だから習い始めの人はスキップしてよい）

(I)　波の式への準備……媒質の単振動の式

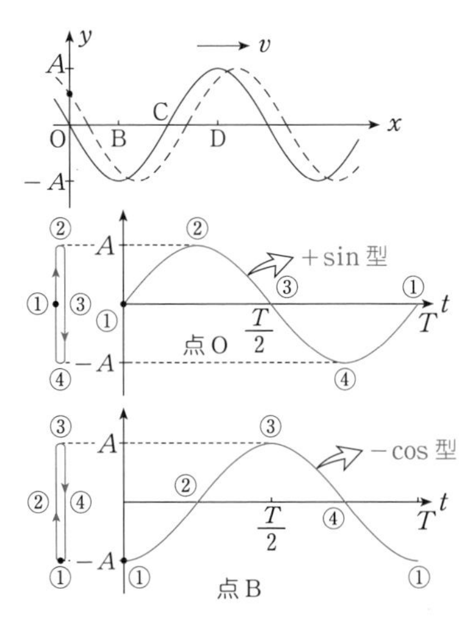

$+x$方向へ伝わる正弦波があり，$t=0$での波形が実線で示されている。原点Oでの単振動の様子を式にしてみよう。まず，少し時間がたったときの点線の波形から上に動くことを確かめ(上流側を見てもよい)，横軸に時間tをとってグラフ化する。

一見してこれは sin（サイン）のグラフだ。<u>型が決まれば，中身はωt</u>でいい。そこで

$$y_0 = A\sin\omega t = A\sin\frac{2\pi}{T}t$$

次に点Bでの式をつくってみる。同じようにして(慣れれば頭の中でできる作業)，こんどは $-$cos（コサイン）のグラフだ。

$$y_B = -A\cos\omega t = -A\cos\frac{2\pi}{T}t$$

10　点 C，D での単振動の式を T を用いて表せ。

（II）波の式をつくる

波の式をつくる

1　原点 O での媒質の単振動を表す式 $y_0(t)$ をつくる。

2　点 O から位置 x まで波が伝わってくる時間を考えて
$y_0(t)$ の t を $t \mp \dfrac{x}{v}$ に置き換える。（−は＋x方向への波 / ＋は−x方向への波）

解説

　波の式は，ある場所 (x) である時 (t) 何が起こっているか（変位 y）を表す。2 つの変数 x，t を含む関数だから難しい。

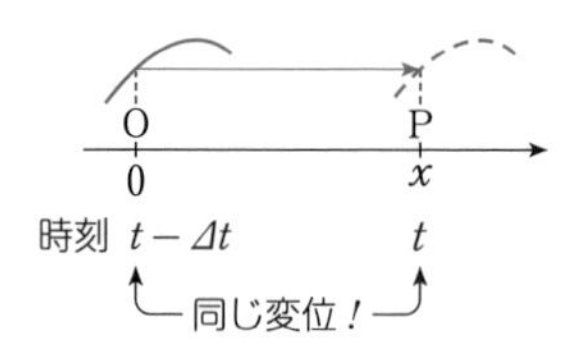

　$+x$ 方向に進む波の式をつくってみよう。位置座標が x である点 P を考える。しばらくの間 x は定数と思ってほしい（たとえば $x=2$〔m〕とか）。原点 O の変位が点 P まで伝わるのに要する時間は $\Delta t = \dfrac{x}{v}$（x が定数なら Δt も定数）。つまり，点 O で起こったことは Δt の一定時間を隔てて必ず点 P に現れる。

　逆に考えれば，点 P で時刻 t に起こること（波の変位 y_{P}）は点 O では時刻 $t-\Delta t$ に起こったことである。原点 O での媒質の変位が時間の関数として $y_0(t)$ で表されるとすると，

$$y_0(t-\Delta t) = y_{\mathrm{P}}(t)$$

└ 同じ変位 ┘

たとえば，前ページのように　$y_0(t) = A\sin\dfrac{2\pi}{T}t$　なら

$$y_{\mathrm{P}}(t) = y_0(t-\Delta t) = y_0\left(t-\frac{x}{v}\right) = A\sin\frac{2\pi}{T}\left(t-\frac{x}{v}\right)$$

　いままで x を定数扱いしてきたが，ここで自由にしてやろう。同時に P も自由な任意の点となり，もはや $y_{\mathrm{P}}(t)$ と書くこともないだろう。あえていえば $y(x,\ t)$ だが，難しく見えてしまうから単に y として，$v=f\lambda=\lambda/T$ を代入すれば

$$y = A\sin 2\pi\left(\frac{t}{T}-\frac{x}{\lambda}\right)$$

Miss　この式だけ覚えておけばすむと思う人がほとんどだ。$y_0(t)$ が特殊であったことを忘れては困る。たとえば，$t=0$ に原点 O に山があったとしたらもう違ってしまう。だから導き方が大切。

ちょっと一言　ここまで分かれば，$-x$ 方向に進む波も攻略は目前だ。点 P の座標 x は負だから，OP 間の距離は $-x$，よって点 O から P まで波が伝わる時間は $\Delta t=-x/v$

$\Delta t=\dfrac{-x}{v}$ 秒かかる
P　O
x　0
t　$t-\Delta t$
同じ変位

あとは前ページと同様に

$$y=y_0(t-\Delta t)=y_0\left(t-\frac{-x}{v}\right)=y_0\left(t+\frac{x}{v}\right)$$

知っておくとトク　sin の中身を位相という。位相は角度〔rad〕だから，t〔s〕や x〔m〕は生身（なまみ）のまま sin の中に入るわけにはいかない。必ず，$\boldsymbol{\dfrac{2\pi}{T}t}$ や $\boldsymbol{\dfrac{2\pi}{\lambda}x}$ のように係数を引き連れて現れる。$\dfrac{2\pi}{T}$ は ω や $2\pi f$ と表されることもある。

また，**t と x の間が − で結ばれると $+x$ 方向へ伝わる波，+ で結ばれると $-x$ 方向へ伝わる波**——知ってると選択肢問題では断然有利だ。

High　以上，原点 O を特別扱いしてきたが，原点である必然性は必ずしもないことに気づかなかっただろうか。ある点 A（座標 x_A）での振動の様子 $y_A(t)$ が分かれば，

$y_P(t)=y_A(t-\Delta t)$ として同じように求まる。ただし，距離が x でなく，$x-x_A$ であることには注意。

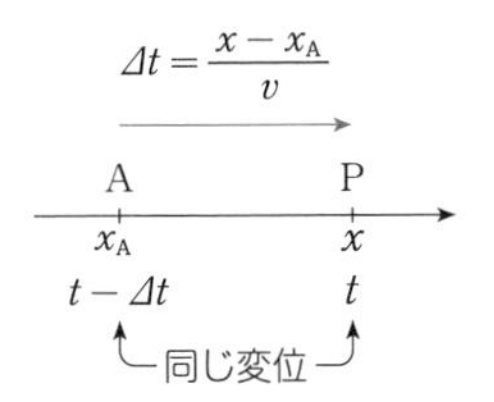

11*　波長 λ，振動数 f の正弦波があり，$t=0$ での波形は図のようになっている。矢印は波の進む向きを示している。これらの波の式を求めよ。

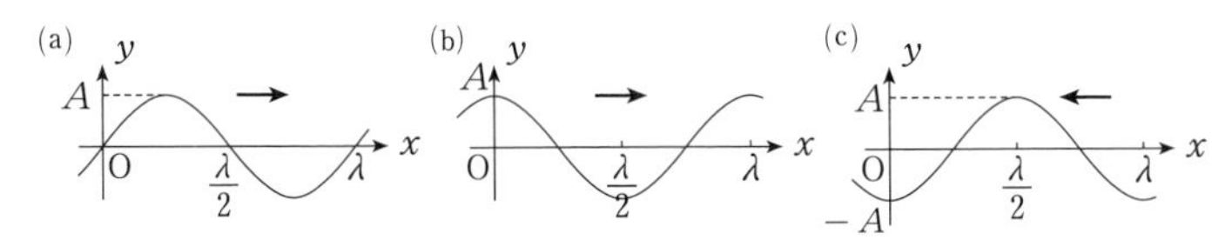

12*　A，B，C を正の定数として，$y=A\sin(Bt-Cx)$ で表される波がある。進む向き，振幅，波長，速さを求めよ。

II　定常波

◆　定常波

波形が同じ 2 つの波が逆向きに進んで重なり合っているときには，定常波(ていじょうは)（**定在波**(ていざいは)）**が生じる。** まずは，この状況設定をしっかり頭に入れてほしい。

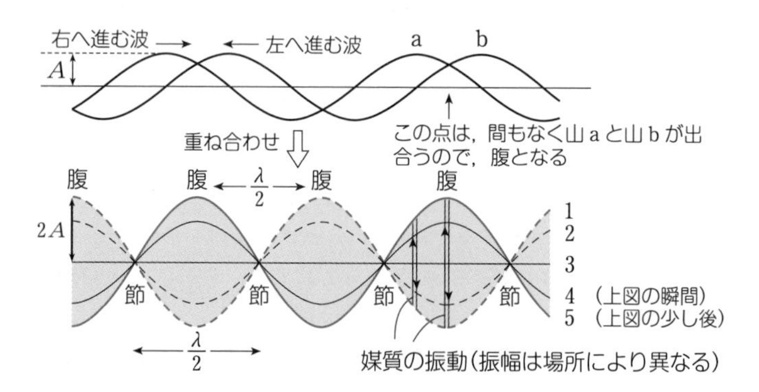

時間を追って見ると，合成波は 1→2→3→4→5→4→3→2→1 のように変化する。普通は 1 とその半周期後の 5 の両側を描いて定常波であることを示している。弦の場合なら残像でビーズ状に見えるからだ。ただ，すべての場所が $y=0$ となる 3 のような瞬間もある。

媒質が最も激しく振動する点（最も振幅の大きい点）を**腹**(はら)という。腹は山と山，あるいは谷と谷が出合う位置でもあり，**腹の振幅はもとの波の振幅の 2 倍**となる。一方，まったく振動しない点（振幅 0 の点）を**節**(ふし)という。腹と節は交互に並び，

> 腹と腹（あるいは節と節）の間隔は $\dfrac{\lambda}{2}$

定常波：腹や節の位置を探す

1　明らかな点を 1 箇所見つける。
　中点や，反射点（自由端は腹，固定端は節）に要注意

2　$\dfrac{\lambda}{2}$ ごとのイモヅル式で

解説

腹は強め合いの位置，節は弱め合いの位置といい表されることもある。1箇所見つければ，あとは，腹から腹まで(節から節まで) $\dfrac{\lambda}{2}$ の知識で追うだけだ。

2つの波源の場合……中点に着目

波源が同位相で振動しているなら中点は腹となる。両波源から同時に出た山と山は中点で出合い，強め合うからだ。波源が逆位相なら山と谷の出合いとなって弱め合い，中点は節となる。

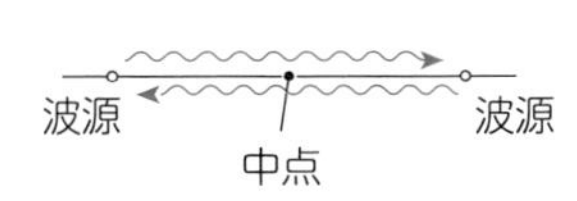

反射によって定常波となっている場合……反射点に着目

反射させると入射波と反射波という逆向きに進む2つの波が重なり，定常波をつくる。反射は定常波を生み出す最も素直な状況だ。

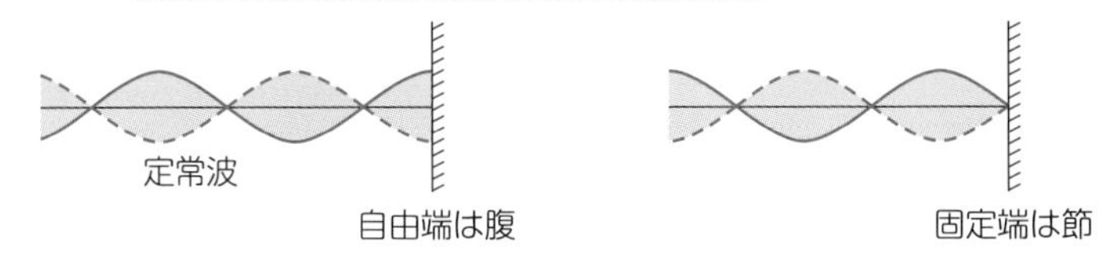

自由端が腹となる理由は，入射波の山が反射点にさしかかった時を考えてみるとよい。自由端だからこのとき反射波も山，つまり山と山の重なりとなる。一方，固定端なら入射波の変位を y とすれば，反射波の変位は $-y$，合わせれば絶えず0，つまり節となる。

13　11 cm 離れた2つの波源 A，B から波長 4 cm の波が同位相で送り出されている。AB 間にできる腹の数はいくつか。

14　前問で波源が逆位相の場合は腹がいくつできるか。

15　x 軸上を進む波長 8 cm の波が $x=20$ cm にある壁で自由端反射されている。$0 \leqq x \leqq 20$ cm の範囲にできる腹の数はいくつか。また，節の数はいくつか。

16　x 軸上を進む波長 6 cm の波が $x=10$ cm にある壁で固定端反射されている。$0 \leqq x \leqq 10$ cm の範囲にできる腹と節の数はそれぞれいくつか。

17*　実線は $+x$ 方向へ進む正弦波 y_1 を，点線は $-x$ 方向へ進む正弦波 y_2 を表している。定常波の節の位置を図の範囲で答えよ。また，$x=3$，1.5，1 での単振動の振幅を求めよ。

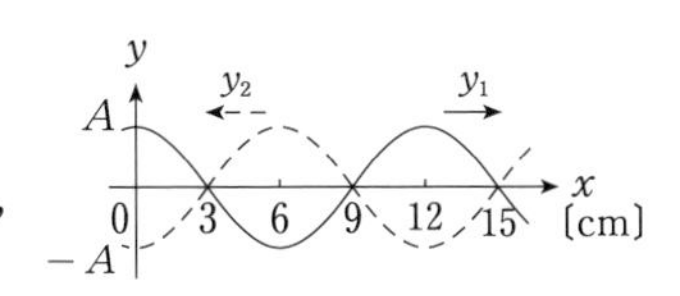

◆ 弦の振動

弦の振動を解く

1　両端が節となる定常波の波形を描く。

2　波長 λ と弦の長さの関係を調べる。

3　$v=f\lambda$ の v は $v=\sqrt{\dfrac{S}{\rho}}$，f は振動源の f と一致

解説

弦の両端は固定されているので，弦を伝わる波は固定端反射され，両端は節(ふし)となる。実は，端は固定されているため，合成波(実現される波)の変位が絶えず0となるような反射，つまり固定端反射しか起こり得ないというわけだ。固定端反射という名の由来(ゆらい)はここにある。

両端が節という条件を満たす定常波はいろいろ描ける。腹が1個の最も簡単な場合を**基本振動**とよぶ。その波長を λ_1，弦の長さを l とすると，節から節まで半波長だから，

$$l=\frac{\lambda_1}{2}$$

すると振動数は　　$f_1=\dfrac{v}{\lambda_1}=\dfrac{v}{2l}$

腹の数が n 個になると　　$l=\dfrac{\lambda_n}{2}\times n$

振動数は　　$f_n=\dfrac{v}{\lambda_n}=\dfrac{nv}{2l}=nf_1$

このように基本振動数の n 倍になるので，n 倍振動(数)とよぶ。

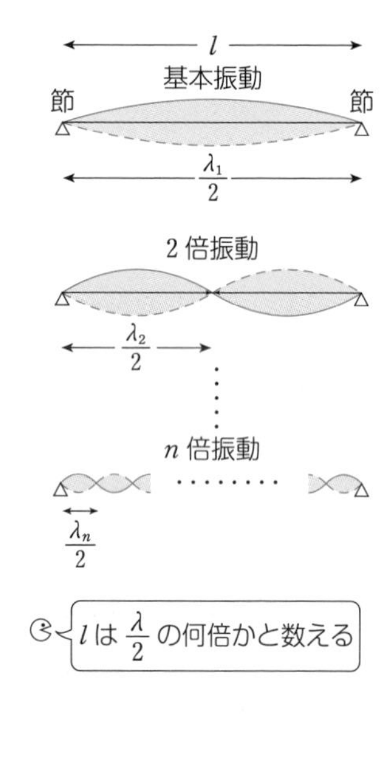

弦を伝わる横波の速さ v は弦の張力 S と線密度 ρ で決まり，$v=\sqrt{\dfrac{S}{\rho}}$ と表される。線密度は単位長さあたりの弦の質量で，単位 kg/m で見ると分かりやすい。

結局　$f_n=\dfrac{n}{2l}\sqrt{\dfrac{S}{\rho}}$ と公式化されているが，上のように考えていくことが大切。

ちょっと一言　基本振動，倍振動を含めて**固有振動**という。振動体は**固有振動数**に等しい周期的な力を受けると，たとえ力が微弱でも，物体は大きく振動する。このような現象を**共振**(きょうしん)といい，とくに音を伴うときを**共鳴**(きょうめい)という。音は基本音(おん)，倍音(おん)とよばれる。振動数が増すにつれて音は高くなる。

EX　100 Hz の音さに線密度 4.9×10^{-3} kg/m の弦をつけ，他端には滑車を介(かい)しておもり P をつり下げる。弦の水平部分は 60 cm で，重力加速度を 9.8 m/s² とする。

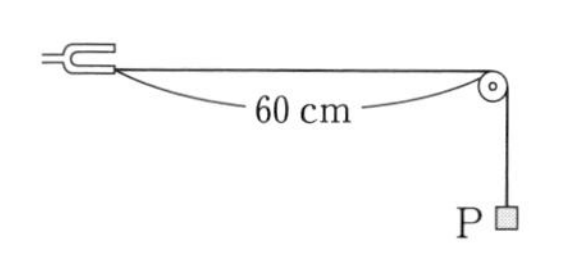

(1)　腹の数が4個の振動をさせるには P の質量をいくらにすればよいか。

(2)　前問の状態から，P の質量を徐々に増していくと，次に共振するときの P の質量はいくらか。

解　(1)　図より　$0.6=\dfrac{\lambda}{2}\times4$

$\therefore\ \lambda=0.3$ m

P は静止しているので，張力 $S=mg$

定常波ができているとき，つまり共振しているときは弦の波の振動数は音さの振動数に一致しているから

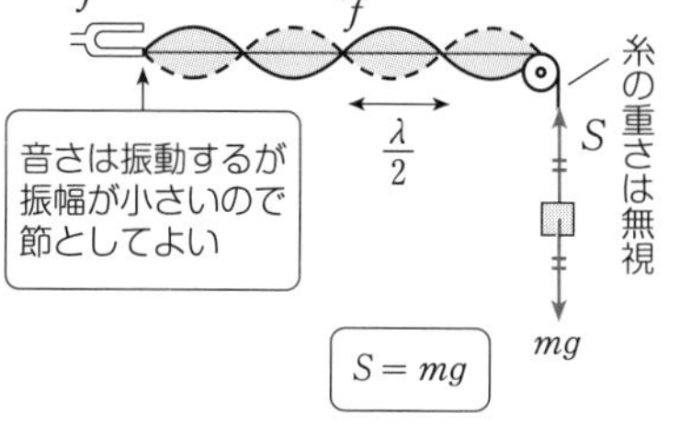

$$v=\sqrt{\frac{mg}{\rho}}=f\lambda \quad\cdots\cdots①$$

数値を代入して

$$\sqrt{\frac{m\times9.8}{4.9\times10^{-3}}}=100\times0.3 \qquad \therefore\ m=\mathbf{0.45\ kg}$$

(2)　m を増すと①の左辺が増す。右辺の f は一定だから λ が増す。すると腹の数が減るはずである。m を徐々に増していったのだから次に起こる共振は $n=3$ と決まる(この推論がポイント)。

$$0.6=\frac{\lambda'}{2}\times3 \qquad \therefore\ \lambda'=0.4=\frac{4}{3}\lambda$$

①の右辺を $\dfrac{4}{3}$ 倍にするためには，左辺の $\sqrt{\ }$ の中の m を $\left(\dfrac{4}{3}\right)^2$ 倍すればよいから

$$m'=\left(\frac{4}{3}\right)^2m=\frac{16}{9}\times0.45=\mathbf{0.8\ kg}$$

知っておくとトク　次の共振(共鳴) ⇨ 1つ違いの定常波

High 共振(共鳴)は振動数が一致したときというのが大原則だが，振動数 f の音さを縦にすると，弦の振動数は $f/2$ となる。まれな例だ。

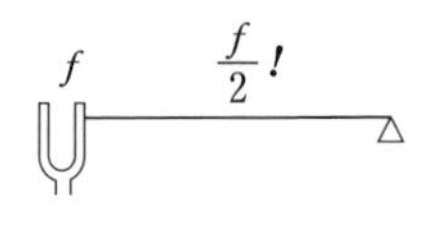

音さが開くと，弦がゆるみ，図aのようになる。音さが閉じると，弦をピンと張る(図b)。この間，弦は下向きに動いてきているので，次に音さが開いたとき，弦は下にふくらむ(図c)。a ⇄ b ⇄ cのようにくり返す。

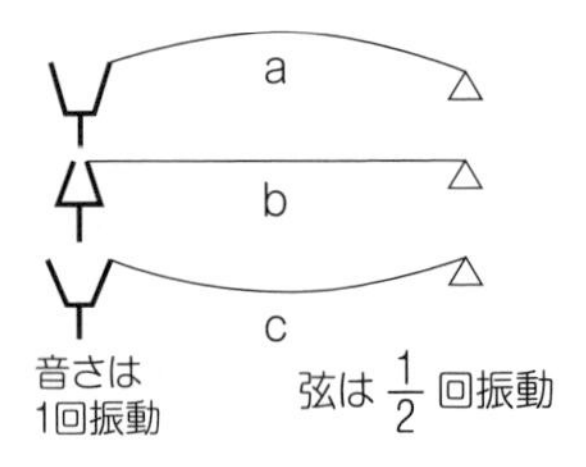

18*　図のような状態で，AB 間 l の部分に3個の腹が生じている。おもりの質量は M である。

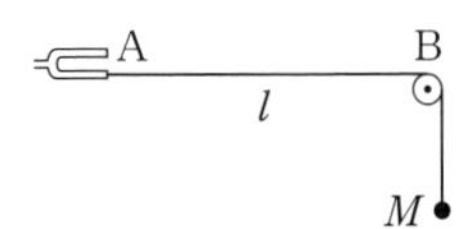

(1)　AB 間をいくらにすると5個の腹が生じるか。

(2)　AB 間は l のままで基本振動が起こるようにするにはおもりの質量をいくらにすればよいか。

(3)　l, M はそのままで，音さを取り替え，振動数を低くしていく。次に共振するときの振動数ははじめの何倍か。

◆ 気柱の共鳴

気柱の共鳴を解く

1　口が腹，底が節となる定常波を描く。

2　波長 λ と管の長さの関係を調べる。

3　$V=f\lambda$ の V(音速)は一定，f は音源の振動数と一致

解説

入射波と反射波の重なりで定常波ができる。音波は縦波だから，空気は図の場合←•→のように振動している。ところが，管の固い底に接している部分の空気は振動しようにも動けない。そこで底での変位は常に0，つまり**底**

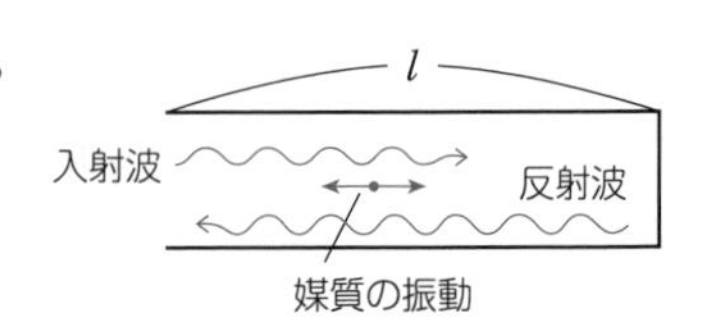

は節となる。反射はもちろん固定端反射だ。一方，管の口の空気は自由に動けるので**口は腹**となる。

音速 V は温度を変えると変わる。t〔℃〕での音速〔m/s〕は次のように表される。　$V=331.5+0.6t$　温度とともに音速が増すことは知っておきたい。

閉管（へいかん）　管の長さ l は $\frac{1}{4}\lambda$ の何倍かと数えるとよい。

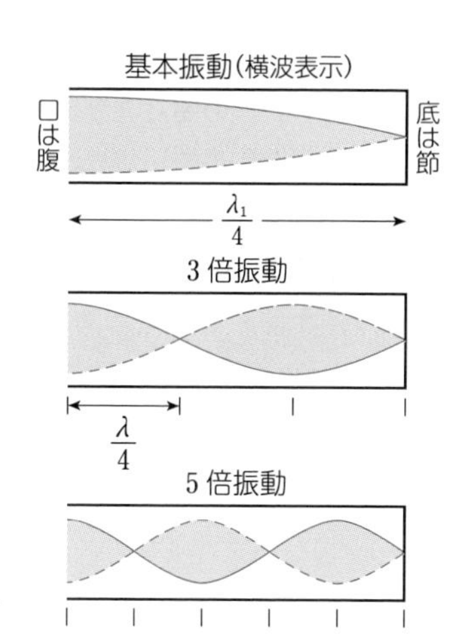

基本振動では　$l=\frac{\lambda_1}{4}$

$$\therefore\quad f_1=\frac{V}{\lambda_1}=\frac{V}{4l}\quad \cdots\cdots①$$

次の倍振動は $\frac{\lambda}{4}$ が3個入っているから

$$l=\frac{\lambda}{4}\times3\quad\therefore\quad f=\frac{V}{\lambda}=\frac{3V}{4l}=3f_1\ \cdots\cdots②$$

これは3倍振動である。以下，$\lambda/4$ が5個，7個……と続くから，②の3を5，7……と置き換えればよく，結局，奇数倍の倍振動だけが生じることが分かる。

開管（かいかん）　この場合は管の長さ l が $\frac{1}{2}\lambda$ の何倍かを数えるとよい。

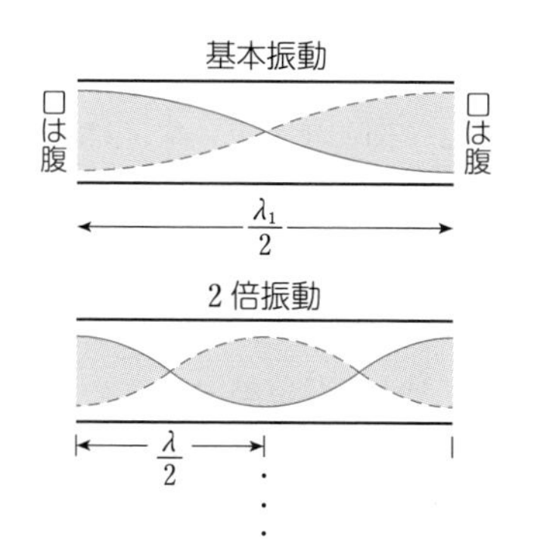

基本振動では　$l=\frac{\lambda_1}{2}$　$\therefore$　$f_1=\frac{V}{\lambda_1}=\frac{V}{2l}$

次の倍振動は　$l=\frac{\lambda}{2}\times2$

$$\therefore\quad f=\frac{V}{\lambda}=\frac{2V}{2l}=2f_1$$

つまり2倍振動であり，以下，$\lambda/2$ が3個，4個……と続き，整数倍の倍振動が現れる。

開口端補正　実際には，腹は管の口より少し外側にできる。そのはみ出した長さを開口端補正（かいこうたん）とよぶ。開管の場合は両側にはみ出す。とくに断りがない限り，開口端補正は倍振動を通じて一定としてよい。

知っておくとトク　まとめると，弦も開管も整数倍の倍振動となるから，「閉管だけが奇数倍の倍振動」と覚えておくとよい。

EX　細長い管の中にピストンが入れてある。音さを管口Aの近くで鳴らしながらピストンをAから右に引いていくと，はじめAから9.5 cmの位置Bで，次に29.5 cmの位置Cで共鳴した。音速を342 m/sとする。

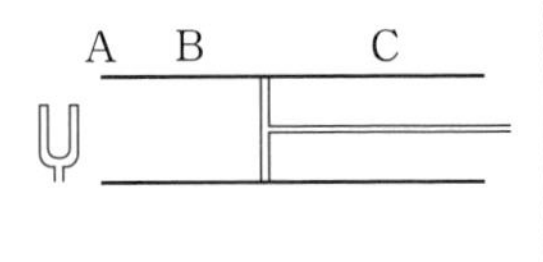

(1)　音波の波長λは何mか。　(2)　音さの振動数fは何Hzか。

(3)　開口端補正Δlは何cmか。(4)　空気の密度変化が最大の所はどこか。

解　閉管だが，管の長さが変わっていく。一方，波長λは一定である(f, Vが一定だから)。前ページの解説とは少し異なる状況だ。

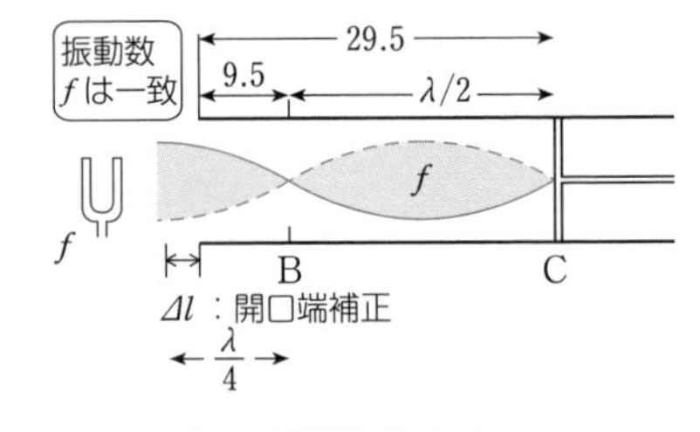

(1)　位置Cでの定常波は図のようになり

$$BC=\frac{\lambda}{2}=29.5-9.5=20$$

$$\therefore\quad \lambda=40\ \text{cm}=\mathbf{0.4\ m}$$

(2)　音波と音さの振動数は一致するので

$$f=\frac{V}{\lambda}=\frac{342}{0.4}=\mathbf{855\ Hz}$$

(3)　図より　$\Delta l=\frac{\lambda}{4}-9.5=10-9.5=\mathbf{0.5\ cm}$

このように開口端補正があるため実験では必ず2度共鳴させる。その後はピストンを$\frac{1}{2}\lambda$引くごとに共鳴が起こっていく。

(4)　**密度変化最大(圧力変化最大)は節の位置**だから，位置**BとC**。

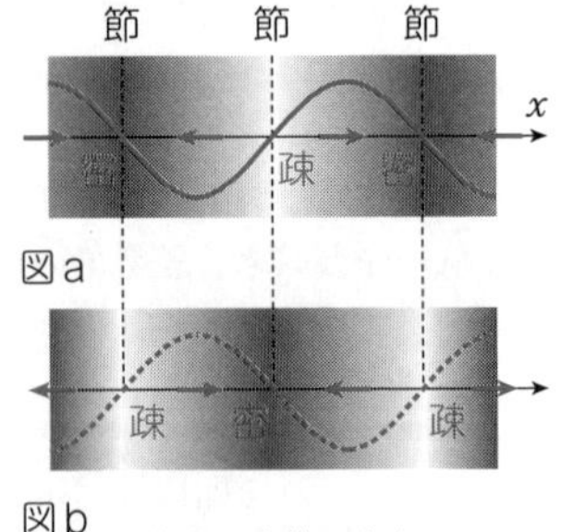

定常波の波形は半周期ごとに図a，bのように入れ替わる。節の位置では密になったり疎になったり密度や圧力が大きく変わる。これに対し腹の位置では，変位は大きいものの，密度変化や圧力変化はないことも知っておくとよい。

19　**EX**で，ピストンをCの位置に固定し，音さを振動数のより低いものと取り替える。管と共鳴する音さの振動数はいくらか。

以下の問では開口端補正は無視できるものとする。

20　長さ 15 cm の閉管の前に置かれたスピーカーの振動数を 0 から徐々に上げていくと，2 度共鳴が起こった。このときの振動数はいくらか。また，次に共鳴するときの振動数はいくらか。音速は 340 m/s とする。

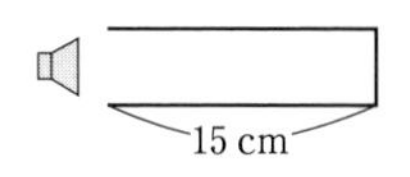

21*　張力 S で張られた長さ l，線密度 ρ の弦の中央をはじいて基本振動を起こさせる。これに共鳴する閉管のうち長さ L が最小のものを求めよ。音速を V とする。

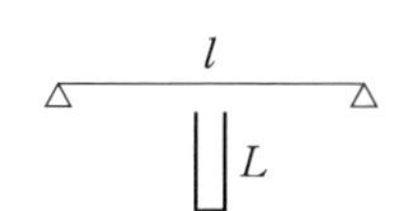

22*　長さ l が自由に変えられる開管と音さがある。はじめ $l=15$ cm で共鳴していた。管の長さを長くしていくと，$l=20$ cm で次の共鳴が起こった。音さの振動数はいくらか。また，$l=15$ cm のときの定常波を描け。
音速を 340 m/s とする。

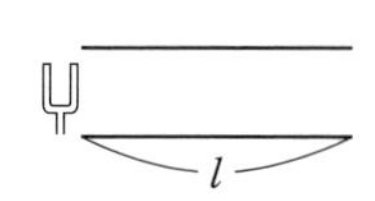

Q&A

Q　反射があれば，自動的に定常波が現れるのじゃなかったんですか？

A　それは反射が 1 回しかない場合のことだよ。弦では両端で固定端反射が起こり，両端が節になるでしょ。そのような定常波は特別なもの（固有振動）しか許されないんだね。気柱の閉管の場合も，管の底だけでなく，管の口でも実は反射が起こるんだ。不思議に思うだろうけど。

Q　だって，管内も管外も同じ媒質（空気）ですよ。境界面がないのに反射だなんて…。

A　管内は気圧（圧力）の変動が可能な所，管外は 1 気圧で一定の所という環境の違いが反射が起こる原因になっている。境界面は 1 気圧の一定値。それは圧力変化のない腹の位置（反射は自由端反射）ということなんだけど…　今は余り深入りしない方がいいと思うよ。

Q　ところで，共振はなぜ振動数が一致するとき起こるのですか。

A　小さな子供をブランコに座（すわ）らせ，揺（ゆ）すってやるときのことを考えよう。後ろに立つとしてどんな風に押してやるのかな？　子供が近くに来るたびにトンと押すわけだね。すると，だんだん大きく揺れるようになる。これはブランコの周期（単振り子の周期）に外力の周期を合わせているわけだ。周期の一致は振動数の一致だね。

この例でも分かるように１回１回は小さな力でもいいんだ。振動体に少しずつエネルギーがため込まれ，振幅はどんどん大きくなっていく。弦や気柱の場合，一方では周りに音を出してエネルギーを使うから，振幅はある所で落ちつくけどね。

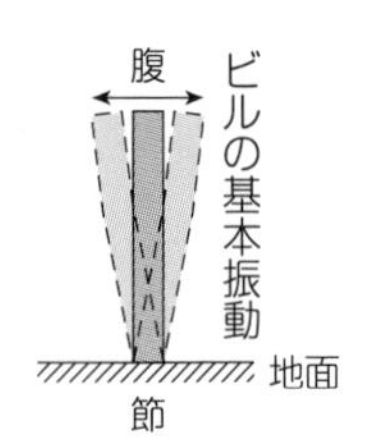

Q　ほかの共振の例を教えて下さい。

A　地震は地震波と呼ばれる波によって揺らされる現象だね。建物の固有振動数と地震波の振動数が一致すると恐い。共振して倒壊に至ることもあるんだよ。

◆ うなり

振動数が少し異なる２つの音を同時に聞くと，ウォーン，ウォーンと音が大きくなったり小さくなったりする。これをうなりという。1 s 間のうなりの回数 f は２つの音の振動数 f_1，f_2 の差に等しい。　　$f = |f_1 - f_2|$

ちょっと一言　音に限らず，一般の波でも起こり，合成波の振幅が大きくなったり，小さくなったり周期的に変わる。周期は $1/f$。**波の強さは振幅の２乗に比例する**ので，うなりは強弱がつく現象である。

波の強さは，波が運ぶエネルギーのこと。もう少し詳しくいうと，波の進行方向に垂直な単位面積（1 m²）を通して単位時間（1 s）に運ばれるエネルギーで，単位は〔J/(m²･s)〕光の場合は「明るさ」と同じ。

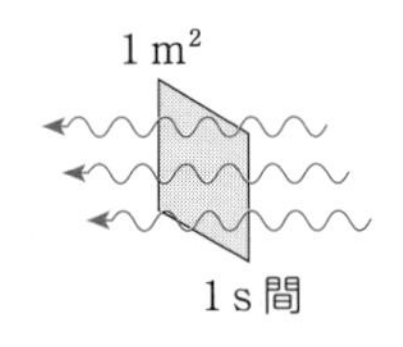

High　波（正弦波）がくると，媒質は単振動を始める。波の振幅を A とし，単振動の復元力の比例定数を K とすると，単振動のエネルギーは $\frac{1}{2}KA^2$ と表せる。なぜなら，エネルギー保存則 $\frac{1}{2}mu^2 + \frac{1}{2}Kx^2 = $ 一定（p 81）を単振動の端の点（$u=0$，$x=A$）に適用してみればよい。こうして，波の強さは振幅 A の２乗に比例することになる。

23　ある音さSを400 Hzの音さと同時に鳴らしたら5秒間に15回のうなりが聞こえた。次にSと405 Hzの音さを用いたらうなりの回数が減った。このときのうなりは何Hzか。うなりの周期は何sか。

III　ドップラー効果　―物理―

◆ ドップラー効果の原理と公式

人や波源が動いていると，人の受け取る波の振動数は波源の振動数と異なってしまうというのがドップラー効果だ。公式もさることながら，なぜ生じるのかという原因を理解してほしい。2つの原因がある。第1は人が動くと出合う波の数が変わることによる(図1)。第2は波源が動くと波長が変わることによる(図2)。図は1周期ごとに出された波面を表している。

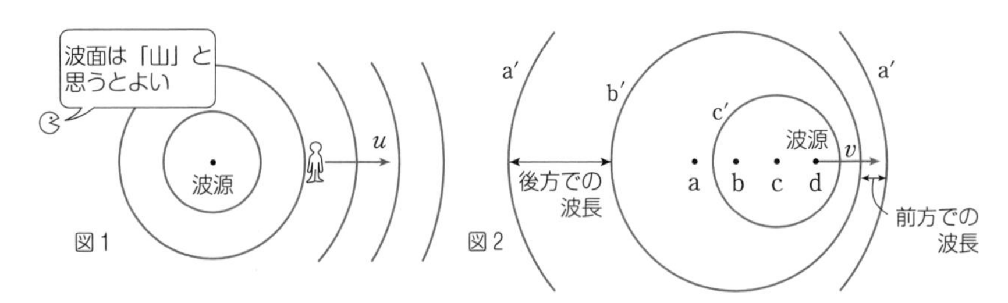

人が動くと1s間に出合うの波の数が変わる。波源から遠ざかると波の数は減り，近づくと増える。人が動いても波長は変わらない。

波源が動くと，前方では波長が短くなり，後方では長くなる。
a′，b′，c′は波源がa，b，cの位置で出した波面。1つ1つの波面は完全な球面波！　波源の現在位置はd。波面d′はdからまだ広がっていない。

もう少し詳(くわ)しく式で追ってみよう。波の速さを V，波源の振動数を f_0 とする。

(I) 人が動く場合（人の速さ u〔m/s〕，波源は静止）

波長を λ_0 とすると　$V=f_0\lambda_0$　…①

人が波源から遠ざかるケースで考えてみる。もし人が止まっていれば1秒間に f_0 個の波と出合う(1波長分を1個と数える)。f_0 個の山と出合うといってもいい。実際には人は1秒間に u〔m〕動いてしまっているから，出合った波の長さは $V-u$〔m〕。

f_0　波源　山　山　山　λ_0　波が人にさしかかる　⇩1s後

人を通り過ぎる　V　止まったままだと　出合った波は f_0 個

λ_0　u　動くと　出合った波は f 個　$V-u$

そこに含まれる波の数，つまり人が

観測する振動数 f は　$f=(V-u)/\lambda_0$

①の λ_0 を代入すると　$f=\dfrac{V-u}{V}f_0$　… (A)

（吹き出し）V の長さに f_0 個。では，$V-u$ の長さには…と比例配分してもよい

(II) 波源が動く場合（波源の速さ v〔m/s〕，人は静止）

まず質問。　“音速を 340 m/s とする。30 m/s で動いている音源から前方へ出された音の速さは？”

Miss　340＋30＝370 m/s　波は車から物を投げる話とは違う！
波の速さは波源の速度に無関係だから正解は 340 m/s。

ちょっと一言　波の速さは媒質の性質で決まるのだったね。音波なら隣り合った空気から空気へと振動が伝わる速さ(波の速さ)は空気が決めるんだ。分かりにくい人は音源からポッと出たばかりの丸い波面の身になって考えてみよう。どの方向でも静止している空気を振動させながら伝わっていくという状況に変わりはない。だから図２のように音が出された点を中心に完全な球面波になって広がっていくことになる。

本題に戻ろう。もし波源が止まっているとすると，波は１秒間に V〔m〕先まで進み，その間に波源の振動数に等しい f_0 個の波がある。次に波源が速さ v で動くと，波は１秒間にはやはり V〔m〕だけ進み，波の先端の位置に変わりはないが，波のシッポは v〔m〕動いた波源の位置だ。すると $V-v$〔m〕に f_0 個の波があり（波源は１秒間に f_0 個の波を出す），波１個の長さが波長 λ だから

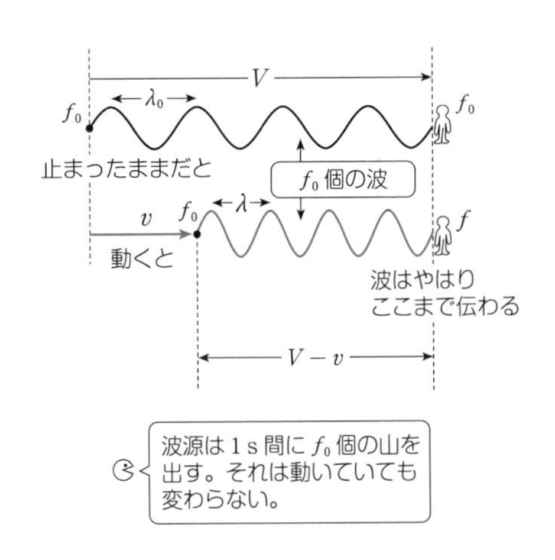

$$\lambda=(V-v)/f_0 \quad \cdots\cdots②$$

（吹き出し）波源が動く場合の方がより大切

波長が変われば振動数が変わる。V は一定だから

$$V=f\lambda \quad より \qquad f=\frac{V}{\lambda}=\frac{V}{V-v}f_0 \quad \cdots\cdots (B)$$

(III) 一般公式

人や波源が逆の向きに動くケースを考えると，(A)，(B)の引き算部分を足し算にすればよいことが確認できる。代わりに，u，v を速さでなく，波源から人へ波が伝わる向きを正として速度とすれば，(A)，(B)のままですむ。

両者が動くときには，波源が動く効果を先に考え，(B)で求めた f を(A)の f_0 として用いればよいから，次の一般的な公式に入れる。

v　V　u　f_0　f　正の向き

$$f = \frac{V-u}{V-v} f_0$$

（u，v は速度，波源から人への向きを正とする）

ちょっと一言　公式はこれだけを覚えておけばよい。文字 u がいつも人の速度として使われるわけではないので，u の代わりに「人」，v の代わりに「波源」と漢字にして覚えるとよい。

答えが出たら定性的なチェックをしよう。観測者と波源が**近づいていれば，振動数は増し，遠ざかっていれば減る**はずである。

High　(波の速さ)＝(振動数)×(波長) は動いている観測者にとっても成り立つ。ただし，すべてその人が観測する値を用いる必要がある。

上の図の場合，動く人にとっての音速は $V-u$ であり，振動数は f だから，$V-u=f\lambda$ となる。**波長 λ は観測者の動きに無関係**(ある瞬間の山の位置の間隔だから誰が測っても同じ)だから，前ページの式②が使える。それを代入しても一般公式が得られる。(Ⅰ)に代わるこんな見方もある。

24　音源の振動数は 400 Hz，音速は 340 m/s とする。次の 4 つの場合について人が聞く音の振動数を求めよ。

(1)　40 m/s →　10 m/s →

(2)　40 m/s →　← 20 m/s

(3)　← 60 m/s　20 m/s →

(4)　10 m/s →　60 m/s →

25* 　前問(1)で音源が 4 s 間だけ音を出したとすると，人は何 s 間その音を聞くか。

知っておくとトク　ドップラー効果により波長や振動数は変化するが，波の個数(総数)は変わらない。　　**出した波の数 ＝ 聞いた波の数**

以下，いくつかの応用ケースについて記しておこう。

反射板があるとき

とくに反射板が動くケースが難しいが，公式を２段階に分けて使えばよい。

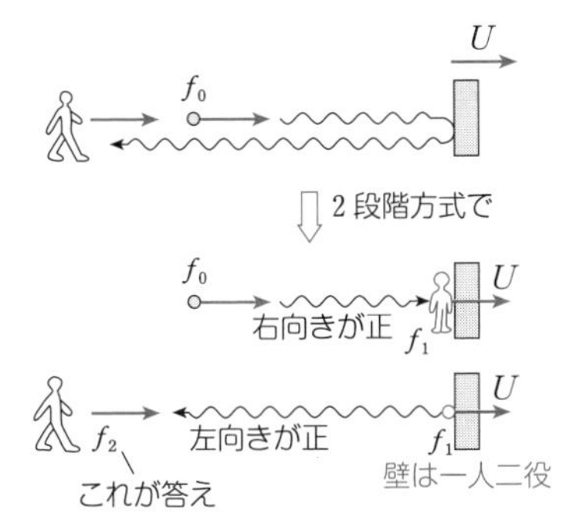

1　反射板に張り付けになった人を考え，この人が観測する振動数 f_1 を求める。

2　反射板を f_1 の波源に置き換え，本来の人が観測する振動数 f_2 を求める。

反射板は１s間に f_1 個の山を受け取り（反射板は人の役目），同じ数の山が人に返されていく（波源の役目）から，このような求め方になる。

Miss　**2** で反射板が動いていることが忘れられやすい。
また，**1**，**2** で速度の正の向きが変わる点にも注意。

26　人と反射板は静止し，その間にある振動数 f_0 の音源が速さ v で反射板に近づいている。反射音の振動数とうなりの振動数を求めよ。音速を V とする。

27*　人が速さ u，音源が v で右に，反射板が U で左に動いている。音源の振動数を f_0 として，人が聞く反射音の振動数を求めよ。音速を V とする。

風が吹いているとき

風速を w〔m/s〕とすると，一般公式で音速 V の所（２箇所）を風下側に伝わる音なら $V+w$ に，風上側に伝わる音なら $V-w$ にすればよい。これは空気という媒質がごっそり動くので地面に対する音速が変わることによる。

28　10 m/s の風が左から右に吹き，2310 Hz の音源が右に 20 m/s で進んでいる。静止している人 A，B が聞く音の振動数をそれぞれ求めよ。風がないときの音速を 340 m/s とする。

斜めに動いているとき

波源と人を結ぶ直線が大切。この方向への速度成分を u，v として用いればよい。垂直方向の速度成分はドップラー効果に影響しない。ドップラー効果の原因は，つきつめれば，波源と人間の間の距離が変わることにある。この場合，u と v が距離に関わる速度成分だ。

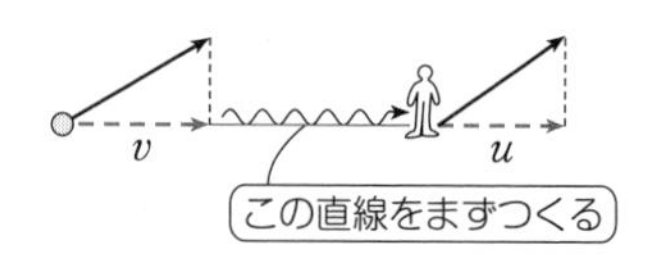

29　180 m/s で水平に飛ぶ飛行機から 1000 Hz の音が出されている。図の A，B，C 点で出された音は静止している人には何 Hz に聞こえるか。音速は 340 m/s とする。

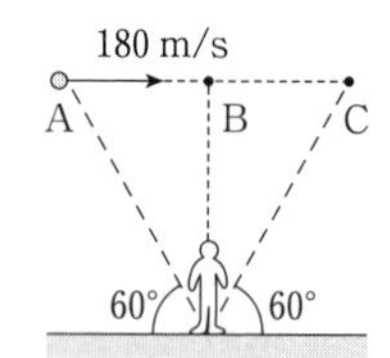

30　点 O を中心として等速円運動をしている音源がある。図の P 点で聞くとき，次の音が出された点 A，B，C を円周上に書き込め。

A：最も高い音　　B：音源と同じ高さの音
C：最も低い音

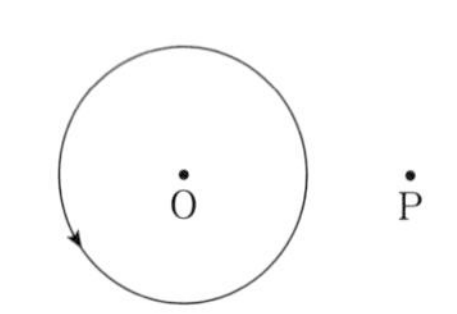

31 **　前問で，円の半径を r，OP 間距離を $2r$ とし，音源が 1 周する時間を T，音速を V とする。P 点で，最も高い音を聞いてから最も低い音を聞くまでの時間 T_1 を求めよ。また，最も高い音を聞いてから，音源と同じ高さの音を聞くまでの時間 T_2 を求めよ。

以上，音波を中心に話をしてきたが，すべての波に対してドップラー効果は起こる。

光のドップラー効果

一般公式の中の V を光速 c に置き換えればよい。本当は，光は真空中を伝わるなど特別な性質をもつため u，v が光速 c に比べてはるかに小さいという条件が必要だが，省かれることが多い。

32* 静止している水素原子は波長 λ_0 の光を出す。ある星雲からの同じ光を調べたら λ_0 より長い λ_1 の波長になっていた。この星雲は地球に近づいているのか，遠ざかっているのか。またその速さ v はいくらか。光速を c とし，地球は止まっているとしてよい。

High 音源の速さ v が音速 V 以上になると衝撃波（しょうげきは）が現れ，ドップラー効果はくずれてしまう。音源から出たすべての球面波は１つの円すい面上で重なり合って，密度や圧力の異常に高い衝撃波をつくる。音波以外の波でも起こる現象だ。

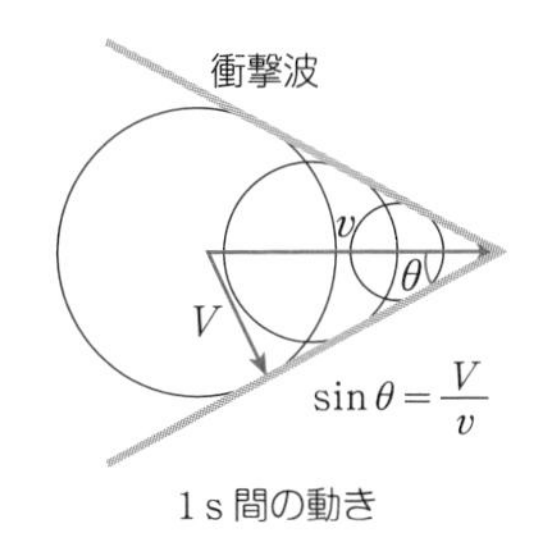

1 s 間の動き

IV　反射と屈折　—物理—

◆ ホイヘンスの原理

波の進行方向を示す線を射線(しゃせん)といい，同位相(たとえば山)の点を連ねた面を波面(はめん)という。波の伝わり方は次のホイヘンスの原理にしたがう。

ある瞬間の波面上の各点から球面状の波，素元波(そげんは)が前方に出され，それらに共通に接する面(包絡面(ほうらくめん))が次の瞬間の波面を形成する。

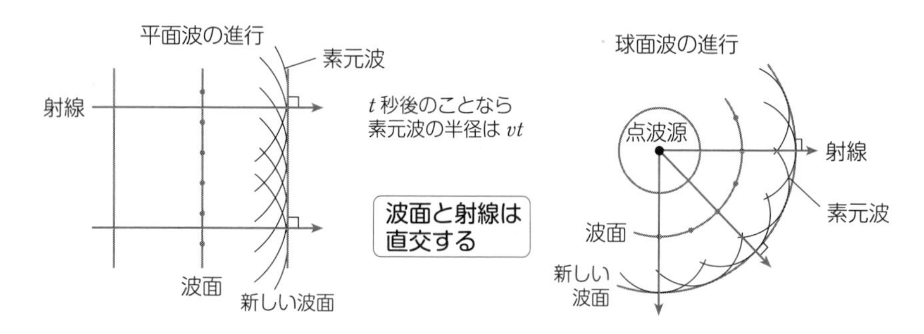

ホイヘンスの原理によって波の**回折(かいせつ)**も説明できる。回折はすき間の大きさが波長 λ と同じくらいかそれ以下になると著しくなる。音波の波長は長いので回折を起こしやすく，障害物(しょうがいぶつ)を回り込んで伝わってくる。一方，光の波長はきわめて短いので，日常生活では回折が目立たず，光は直進し，くっきりした影をつくっている。

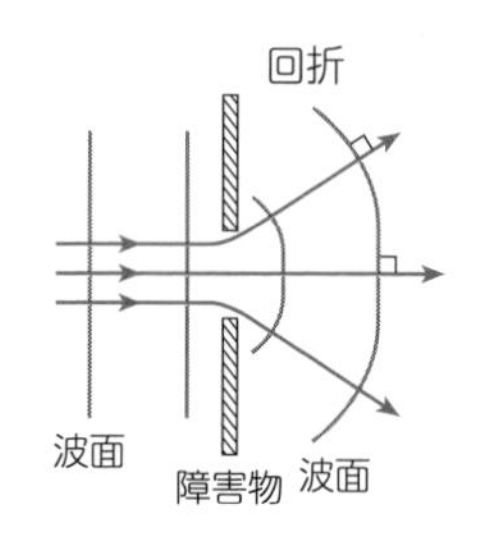

33　媒質Ⅰでの射線と波面が示されている。媒質Ⅱでの射線をホイヘンスの原理を用いて作図せよ。Ⅰ，Ⅱでの波の速さの比を，(1)は 2：1，(2)は 1：2 とする。

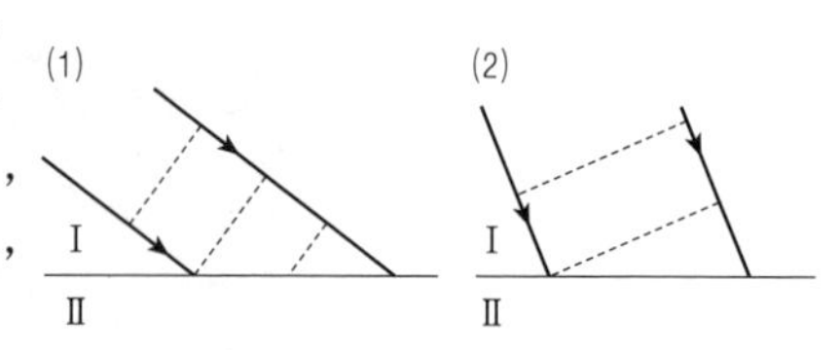

◆ 反射の法則・屈折の法則

波は異なる媒質に出合うと，反射･屈折をする。これは同時に起こることで，波のエネルギーの一部は反射に，残りは屈折に分けられる。

反射の法則　　入射角＝反射角

屈折の法則　　$n_{12}=\dfrac{v_1}{v_2}=\dfrac{\sin\theta_1}{\sin\theta_2}=\dfrac{\lambda_1}{\lambda_2}$

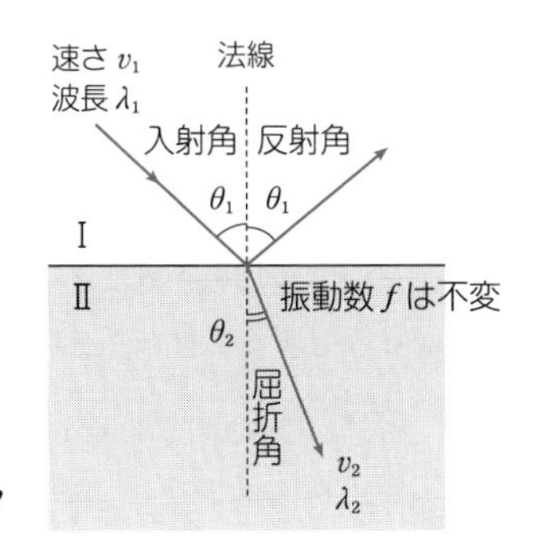

とくに v_1/v_2 の項に注目してほしい。波の伝わる速さは媒質の性質で決まるから，これは一定値であり，n_{12} と書いて媒質Ⅰに対するⅡの屈折率とよんでいる。**屈折率は波の速さの比で決まる**。一方，θ_1 は自由に変えられ，θ_1 を増すと，θ_2 も増していく。

屈折しても振動数は不変だから $v_1=f\lambda_1$，$v_2=f\lambda_2$ を代入することにより $n_{12}=\lambda_1/\lambda_2$ でもある。

反射・屈折の法則，いずれもホイヘンスの原理から導ける。

波は逆行可能。つまり，来た道は必ず戻れる。上の図ならⅡから θ_2 で入射すればⅠへの屈折角が θ_1 となる。また，逆行のときの屈折率は v_2/v_1 つまり $1/n_{12}$ と逆数になる。

波の屈折の仕方（しかた）は $v_1>v_2$ か $v_1<v_2$ かで異なる。逆に，折れ曲がり方から波の速さの大小を判断できるようにしたい。

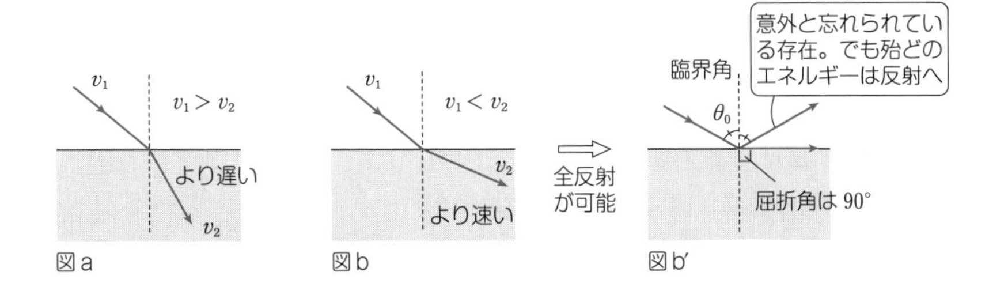

全反射　図bの場合，入射角を大きくしていくと屈折角はやがて90°になってしまう。このときの入射角 θ_0 を**臨界角**(りんかいかく)という。θ_0 より大きな入射角に対しては屈折はなく，すべてのエネルギーが反射に回る。これを全反射という。**全反射が起こるのは波がより速く伝わる媒質に向かうときである。**

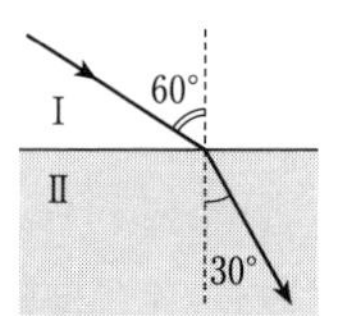

34　図の場合の屈折率はいくらか。Ⅰの中での速さは5.0 cm/s，波長は2.0 cmである。Ⅱの中での速さ，波長，振動数はいくらか。

35　前問で全反射が起こるのはⅠから入射する場合か，Ⅱから入射する場合か。また，そのときの臨界角 θ_0 の正弦はいくらか。

36　音速は空気中で340 m/s，水中で1400 m/sである。全反射が起こる場合と，臨界角 θ_0 の正弦を答えよ。

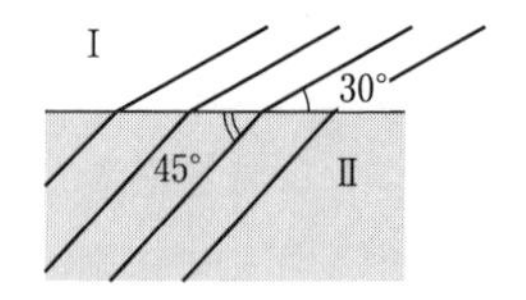

37*　図はⅠからⅡに進む波の波面を表している。このときの屈折率はいくらか。全反射が起こるのはどちらの媒質から入射する場合か。また，そのときの臨界角はいくらか。

38*　音速は温度が高いほど速くなる。夜間，地面は冷え，上空ほど温度が高くなっている。地上の音源から出た音波はどのように伝わるか。射線の概略を描け。

Q&A

Q　屈折しても振動数 f が不変となるわけは何ですか？

A　波面（点線）を見てごらん。山の波面だとして，図はAさん，Bさんに山が達したときを表している。次に，入射波面 β がAさんに達するとき，β につながる屈折波面 β' も同時にBさんに達するよ。両者にとって山から山までの時間，つまり，周期が等しいわけだ。それは，振動数が一致していることだね。

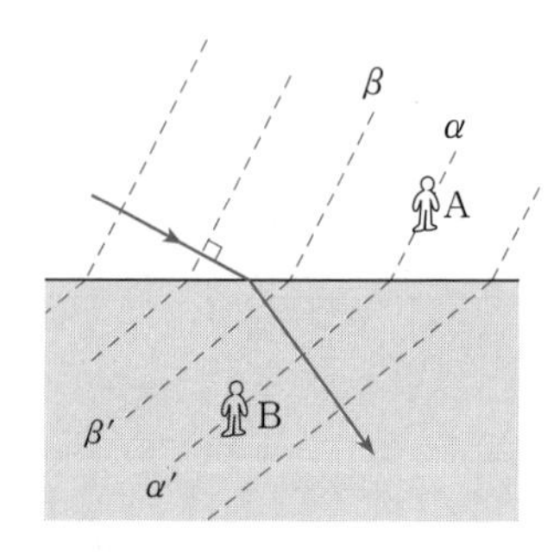

◆ 光波

光は真空中を伝わるから，媒質を必要とする普通の波とは一線を画している。光速 c は 3×10^8 m/s。**偏光**(へんこう)の現象は光が**横波**であることを示す。現在では光は電場(でんば)や磁場(じば)の変動が伝わる現象であることが分かっており，**電磁波**(でんじは)と呼ばれている。

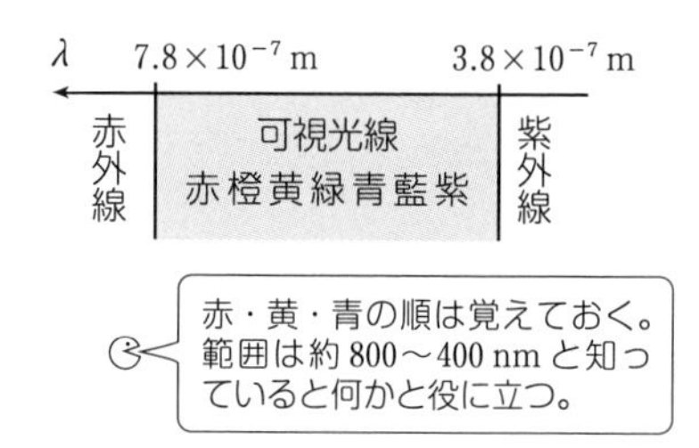

目に見える光(可視光線)の色の違いは波長の違いによる。そこで単一の波長の光を単色光という。すべての色が重なると白色になる。

ちょっと一言　光は横波であるが，気体・液体・固体のいずれでも伝わる(ふつうの横波は固体中しか伝わらない)。

光の波長の単位としては m の他に，nm (ナノメートル，10^{-9} m)や μm (マイクロメートルまたはミクロン，10^{-6} m)なども用いられる。

◆ 光の屈折

光が真空から媒質に入るときの屈折率 n を**絶対屈折率**という。真空中での速さを c，波長を λ，媒質中での速さを v，波長を λ' とすると，屈折の法則は，

$$n=\frac{c}{v}=\frac{\lambda}{\lambda'} \qquad \therefore \quad v=\frac{c}{n} \qquad \lambda'=\frac{\lambda}{n}$$

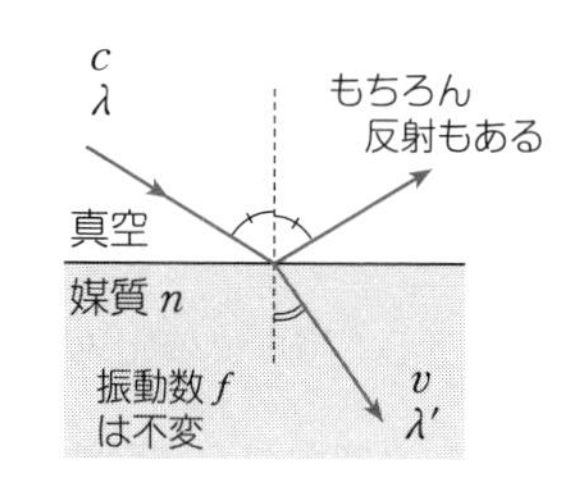

v は媒質の性質で決まるので，この2つの式は真空から入ったかどうかに関わりなく用いてよい。媒質中では光の速さは遅くなる ($v<c$) ので $n>1$。

ちょっと一言　真空は $n=1$。空気の絶対屈折率は1に非常に近いので，とくに断りがない限り，空気は真空と同じ扱いでよい。そこで絶対屈折率は単に屈折率ということが多い。

EX 光が絶対屈折率 n_1 の媒質から絶対屈折率 n_2 の媒質へ進むときの(相対)屈折率 n_{12} を求めよ。また，入射角が θ_1 のときの屈折角 θ_2 の正弦 $\sin\theta_2$ を求めよ。

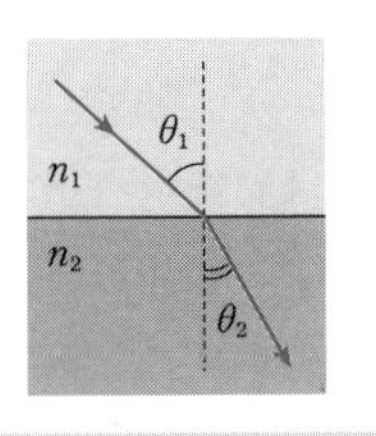

解 絶対屈折率は真空から入射する場合の話だから直接もち出すわけにはいかない。

そこで $n_{12}=\dfrac{v_1}{v_2}=\dfrac{c/n_1}{c/n_2}=\boldsymbol{\dfrac{n_2}{n_1}}$

また， $n_{12}=\dfrac{\sin\theta_1}{\sin\theta_2}$ $\quad\therefore\quad \sin\theta_2=\boldsymbol{\dfrac{n_1}{n_2}\sin\theta_1}$

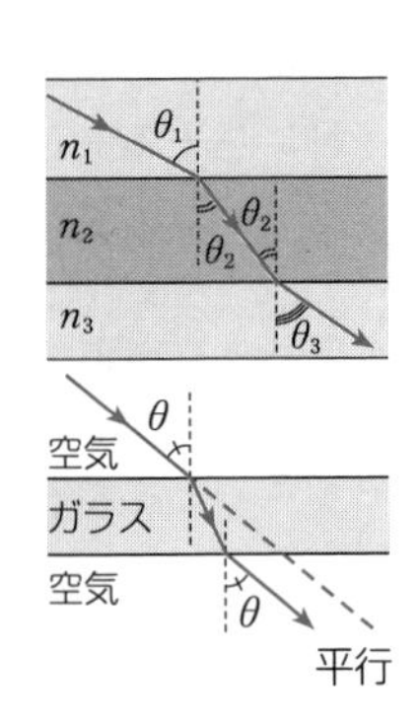

知っておくとトク 書きかえると $n_1\sin\theta_1=n_2\sin\theta_2$
この形で覚えておくと便利だ。とくに右のような平行多重層の場合

$$n_1\sin\theta_1=n_2\sin\theta_2=n_3\sin\theta_3=\cdots$$

つまり $\boldsymbol{n\sin\theta=}$ **一定** となる。

n が同じなら θ が同じ，つまり平行になることも分かる。

ちょっと一言 屈折率は光の波長によっていくらか変わる。プリズムで白色光を虹のように7色に分けられる(**分散**(ぶんさん)という)のはこのためで，波長が短いほど屈折率は大きくなっている。

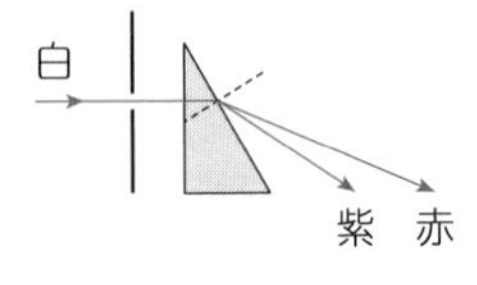

虹は，太陽光が水滴によって分散されるために生じる現象。

以下，真空中での光速を c とし，数値問題では $c=3\times10^8$ m/s とする。

39 真空中での光の波長を 6×10^{-7} m とする。水(屈折率 $\dfrac{4}{3}$)の中での光の速さ，波長，振動数を求めよ。

40* 屈折率 n の媒質から空気中へ光が出るときの臨界角を θ_0 とする。$\sin\theta_0$ を求めよ。また，深さ D の所に点光源がある。ここから出る光を空気中へ出さないために必要な円板の半径 r を求めよ。

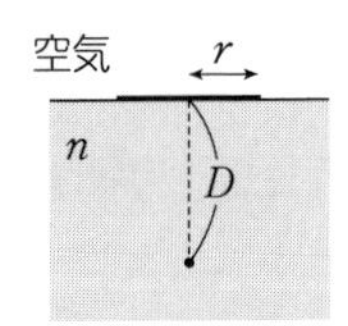

41　水の屈折率を $\frac{4}{3}$，ガラスの屈折率を $\frac{3}{2}$ とする。光が全反射を起こすのは，どちらからどちらへ入射する場合か。また，臨界角 θ_0 について $\sin\theta_0$ を求めよ。

42*　屈折率 n の液体中，深さ D にある点光源をほぼ真上から見ると，浮き上がって深さ d にあるように見える。図の角 θ, ϕ はいずれも微小角なので，$\sin\theta \fallingdotseq \tan\theta$（$\phi$ も同様）として，d を n，D で表せ。

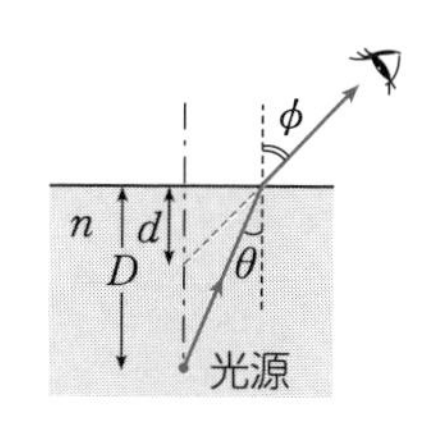

知っておくとトク　上の d は見かけの深さとよばれる。$\boldsymbol{d=\frac{D}{n}}$ は覚えておくとよい。

以下は鏡による反射の知識2つ。

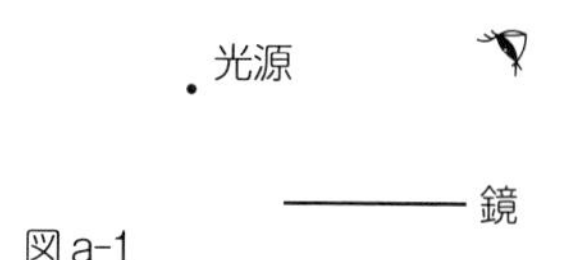

図 a-1

図 a－1 で「点光源から出て鏡で反射された後，目に入る光線の経路を作図せよ。」といわれたら……

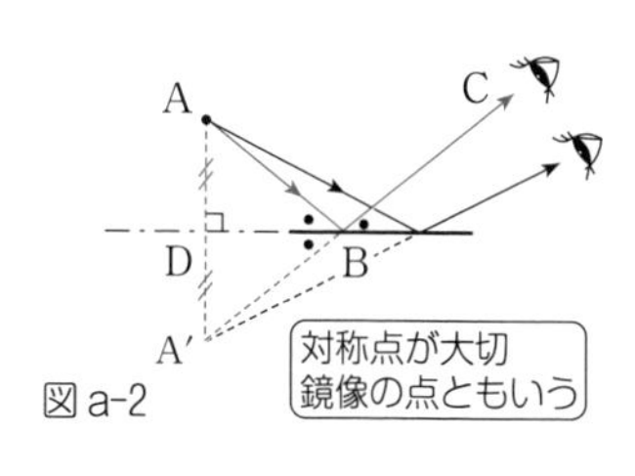

図 a-2

図 a－2 のように鏡に関して光源の対称点 A′ を作る。A′ と目を結ぶ直線を引く。すると BC が反射光線となる。あとは A と B を結べばよい。△ADB≡△A′DB となっているので図で黒丸で示した角は等しく，反射の法則を満たしている。見た目には A′ に光源があるように見える。

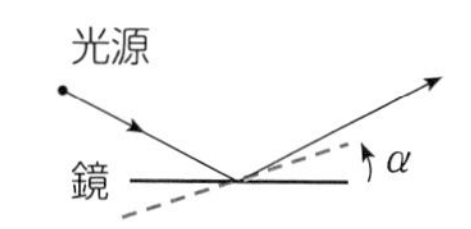

図 b-1

図 b－1 のように「鏡を角 α だけ回転させると，反射光線は何度振れるか」といわれたら……

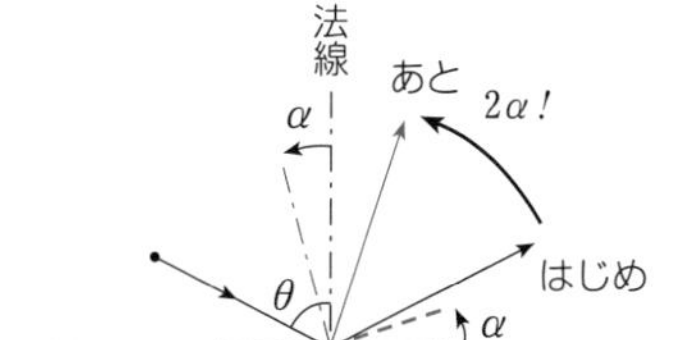

図 b-2

答えは 2α。図 b－2 のように法線も α 傾くから，はじめの入射角を θ とすると，入射角は $\theta-\alpha$ となって α だけ減る。反射角も $\theta-\alpha$ ではじめの θ より α 減る。つまり，入射光線から反射光線までの角が合わせて 2α 減る。これこそ反射光線の振れた角だ。

◆ レンズ

凸(とつ)レンズは光を集め，凹(おう)レンズは光を散らす。まず，凸レンズと凹レンズの平行光線に対する性質をつかもう。

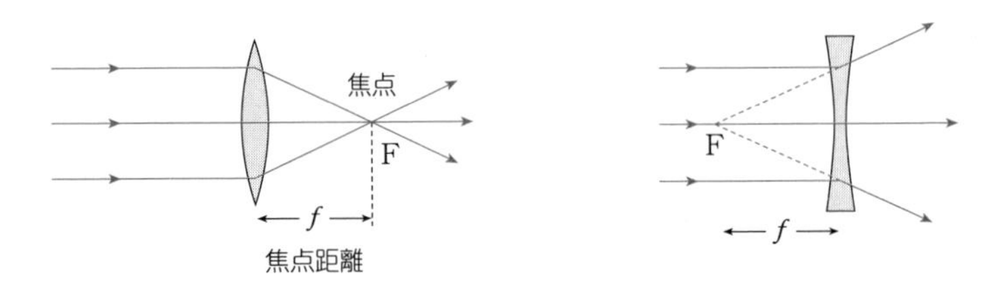

ちょっと一言　波は逆行可能だから，光線の矢印を逆向きにして見直してみるのもためになる。凸レンズでは焦点を通った光線はレンズの(光)軸に平行になるし，凹レンズでは焦点に向かう光線が軸に平行になることが分かる。

凸レンズによる像

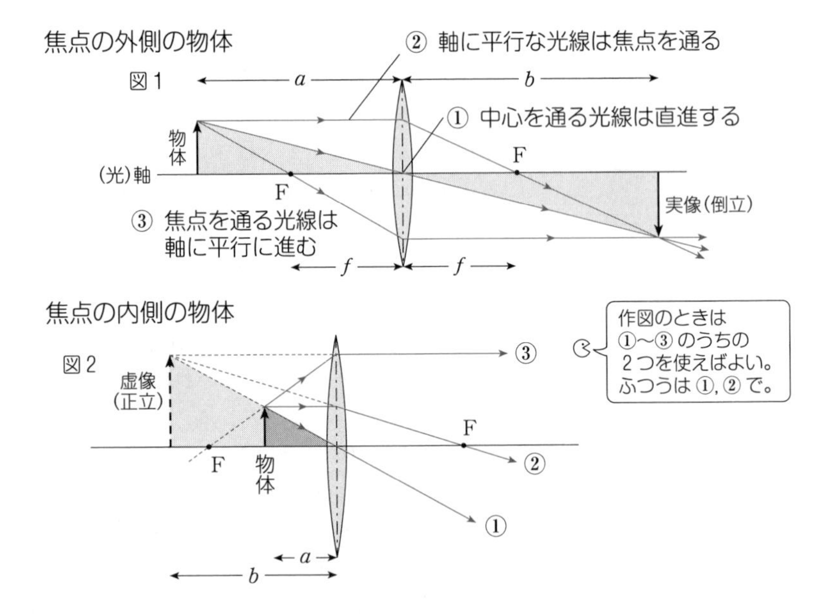

※　レンズから見て物体のある側(光がやって来る側)を前方，反対側を後方という。

ちょっと一言　カメラは図1の状況で，実像をフィルム上に結ばせている。一方，虫めがねで見るときは，図2の状況で，虚像は拡大し，しかも正立するから細かい字が読める。

図1，2とも(次の図3も含めて)灰色の相似三角形に注目すると，像の大きさは物体の b/a 倍になっている(倍率という)。

凹レンズによる像

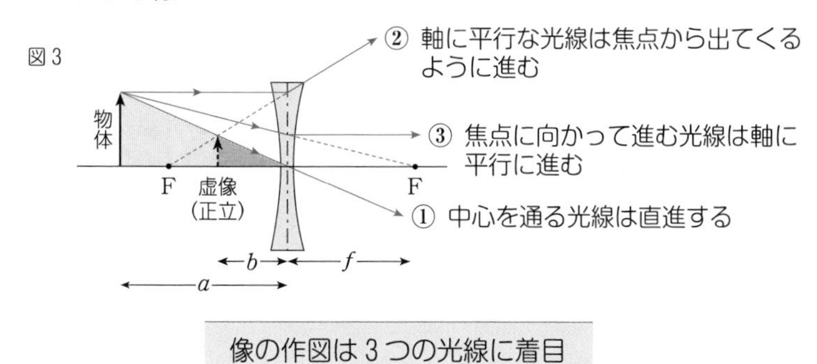

像の作図は3つの光線に着目

43　下図aで，点光源 S_1，および S_2 の像の位置を作図により求めよ。Fは焦点である(図b，cのFも)。

44　下図bのように平行光線を斜めに入射させても凸レンズでは一点に集まる。その点を求めよ。

45*　下図cのように点光源Sから出た1つの光線のその後の進路を図示せよ。

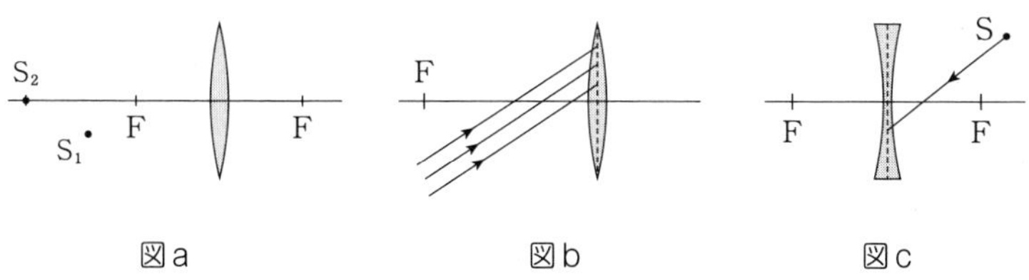

図a　　図b　　図c

46*　半径6 cmの凸レンズの前方10 cmに長さ2 cmの物体を置く。後方には実像ができた。レンズの上半分を黒い紙(点線)でさえぎると像はどうなるか。また，前方5 cmの点Aを中心に円形の黒い紙を光軸に垂直に置き，半径を増していく。像が欠け始めるときと完全に消えるときの半径を求めよ。

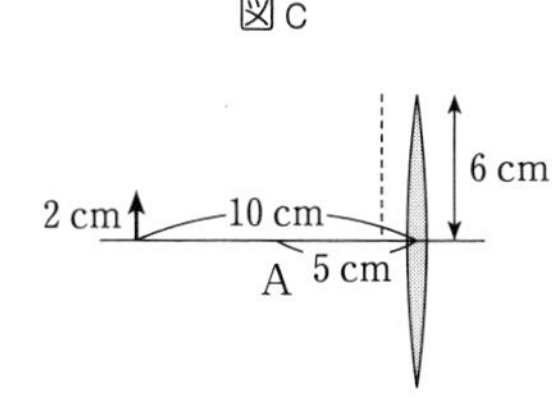

レンズの公式　　$\frac{1}{a}+\frac{1}{b}=\frac{1}{f}$　　　倍率 $=\left|\frac{b}{a}\right|$

f……凸レンズは正，凹レンズは負　　b……実像は正，虚像は負
a……レンズの前方の光源は正，後方の場合は負

ちょっと一言　導出は相似三角形を利用。凸レンズで実像ができるケース(図1)がスタンダード(すべての量が正)となっている。虚像のケース(図2，図3)では b は負となる。図3の f は負である。

High　a が負となる，後方の光源とは，図2，図3で光を逆行させた場合にあたる(「物体」は「実像」に変わる)。これは2枚のレンズを用いるときに起こる。右図の点線の位置に2枚目のレンズを入れると，図の a は負として扱う。

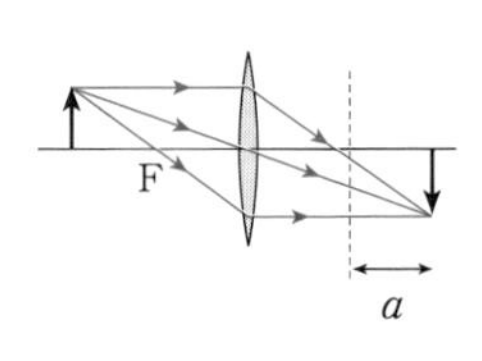

47　焦点距離 10 cm の凸レンズの前方 15 cm の所に長さ 3 cm の棒を光軸に垂直に立てた。どこにどんな像ができるか。同じ条件で凹レンズの場合はどうか。

48 *　焦点距離 15 cm の凸レンズ L_1 の前方 6 cm に光源を置いた。像はどこにできるか。さらにレンズ L_2 を L_1 の後方 10 cm に置くと，L_2 の後方 30 cm に像ができた。L_2 は凸か凹か。また，L_2 の焦点距離 f を求めよ。

49 **　焦点距離 20 cm の凸レンズと焦点距離 40 cm の凹レンズが 40 cm 隔てて置かれている。凸レンズの前方 30 cm にある長さ 20 cm の物体の像はどのように現れるか。

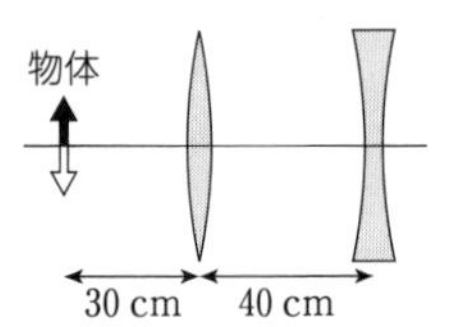

High　凹面鏡と凸面鏡

凹面鏡は反射した光を集めるので凸レンズに(凸面鏡は光を散らすので凹レンズに)対応させて，レンズの公式を用いればよい。なお，球面鏡の球面半径を R とすると，焦点距離は $\frac{R}{2}$。

Q&A

Q　物質中では光の波長が短くなりますよね。調べてみたら，水の屈折率 n は 1.33 で約 $\frac{4}{3}$，赤い光の波長 λ が 680 nm です。水の中では $\frac{\lambda}{n}=680\times\frac{3}{4}=510$ nm となります。この波長だと緑色なんです。でも，プールの中で見ると赤い

水着が緑になるなんてことないですよ。一体，どこがおかしいのか，頭が痛くなってきました。

A 計算は合ってるよ。でも，赤い水着はやっぱり赤に見えるんだ。謎を解く鍵は“目”で見ることにある。光が目の中に入った後のことを考えてごらん。

Q よく覚えてないけど，レンズの役目をする水晶体を通って網膜に当たるんでしたか……アッ，分かったぞ。水晶体の中の波長は光が水を通ってきたかどうかに関係ないんだ。

A そうなんだ。振動数で考えると分かりやすいよ。屈折してもずっと振動数は一定だからね。色は振動数で決まっているといった方がいいかもしれない。波長でいうときは“真空中の”とか断ってあるはずだよ。

Q 色の話のついでに，夕日が赤く見えるのは光の散乱（さんらん）のためと教わりました。大気中の分子や微粒子が波長の短い光ほどよく散らしてしまうからですね。空が青いのも散乱された青い光が原因ですね。ところで，大気のない月の空は何色なんですか。

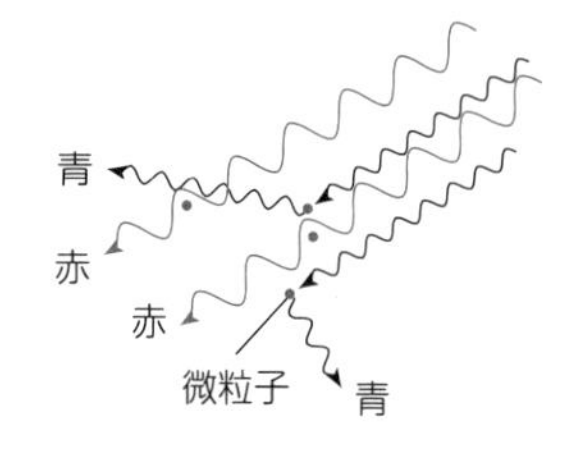

A まっ黒だろうね。黒い空に太陽がギラギラ輝いている――そして，たくさんの星まで見えると思うよ。

V 干渉 ―物理―

◆ 波の干渉

2つの波が存在するとき，それぞれの波は相手の波に影響されないで進んでいく(**波の独立性**)。また媒質の各点の変位は，それぞれの波の変位の和に等しい(**重ね合わせの原理**)。

波の干渉

水面上に2つの同じ点波源を置くと，それぞれから同心円状の波紋(球面波)が広がっていく。波が重なり合うと，大きく振動する位置とまったく振動しない位置が交互に現れる(**干渉**)。

強め合い……山と山(あるいは谷と谷)が重なり合う
振幅は $2A$

弱め合い……山と谷が重なり合う
振幅は 0

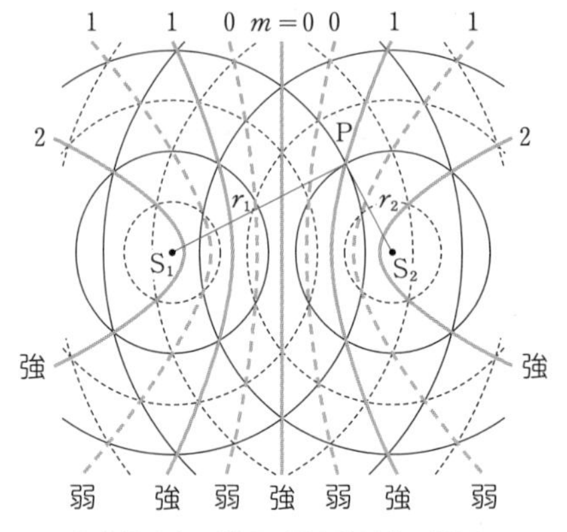

黒実線は山の波面，黒点線は谷の波面
波源はこの瞬間は山　数字は m の値
線分 S_1S_2 上は定常波ができる

これらは波源からの距離 r_1 と r_2 の差が特定の値になるところに現れる。波長を λ，整数 $m=0,\ 1,\ 2,\ \cdots\cdots$ として，

波源の振動が同位相のとき
- 強め合い …… $|r_1-r_2|=m\lambda$
- 弱め合い …… $|r_1-r_2|=\left(m+\dfrac{1}{2}\right)\lambda$

左辺は **"距離差"** と覚える。波源が逆位相のときは条件式が入れかわる。以上は水面波に限らず，音波など一般の波についても成り立つ。

ちょっと一言　強め合いは 距離差 $=2m\cdot\dfrac{\lambda}{2}$　弱め合いは 距離差$=(2m+1)\dfrac{\lambda}{2}$ と書いて，それぞれ $\dfrac{\lambda}{2}$ の偶数倍，奇数倍とよび分けることもある。
m に負の整数も許せば，左辺の絶対値は不要となる。なお，強め合いは振幅 $2A$，弱め合いは0というのは波の減衰を無視しての話。

Q&A

Q　図を見ると山と山が重なっていない点にも強め合いの線が描かれていますね。

A　強め合いの位置というのはいつも山と山が重なってじっとしているわけではないんだよ。時間を追ってみると谷と谷が重なることもあり，振幅 $2A$ でバタバタ激しく動いている点なんだ。

右の図で細い線は少し時間がたったときの波面。山の重なりは P′ へ移っているね。そのうち P には谷と谷がさしかかることになる。強め合いの線に沿って見ていくとデコボコしてるわけだ。

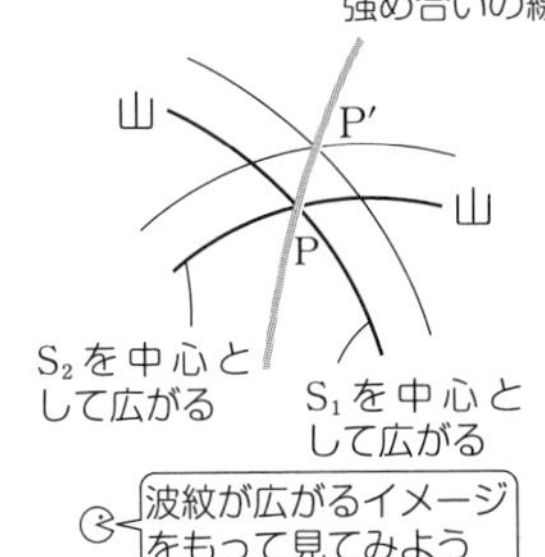

一方，弱め合いの線上での変位はどこも 0 で水面はじっとしているんだよ。

Q　条件式の方は考えれば考えるほど分からなくなります。確かに，$r_1=5\lambda$，$r_2=3\lambda$ のような位置では，波源と同じ変位だから，波源が山のとき，山と山が重なり合います。でも，$r_1=5.3\lambda$，$r_2=3.3\lambda$（やはり差は 2λ で強め合い）となると，いったいどう説明できるんですか？

A　まず，波源 S_1，S_2 が山を出したときを考えよう。

この 2 つの山がやがて点 P で出合うわけではないね。P に近い S_2 から出た山の方が先に P に着いてしまうからね。S_2 から出た山が出合う相手，それは S_1 と P を結ぶ線上で $PA=PS_2$ となる点 A にいる波だ。つまり点 A に山がいることが強め合う条件だ。S_1 と A が同時に山となるためには $S_1A=m\lambda$ ほら，S_1A こそ r_1-r_2 じゃないか。

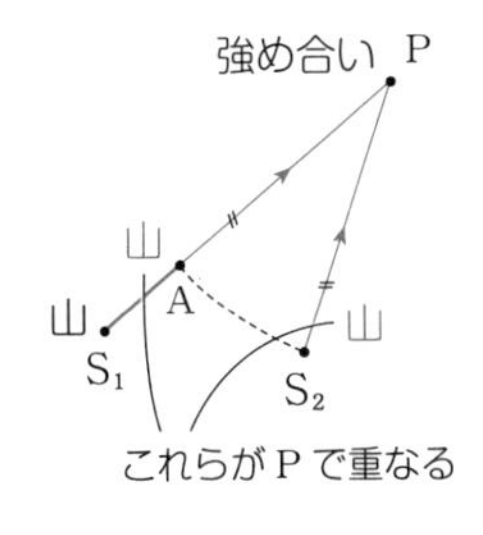

一方，弱め合いは波源が山のとき A に谷がいればよい。S_2 の山と A の谷がやがて P で出合って打ち消すことになる。S_1 が山，A が谷となるためには S_1A が $\dfrac{\lambda}{2}$ あるいは $\dfrac{\lambda}{2}+m\lambda$ であればいいね。

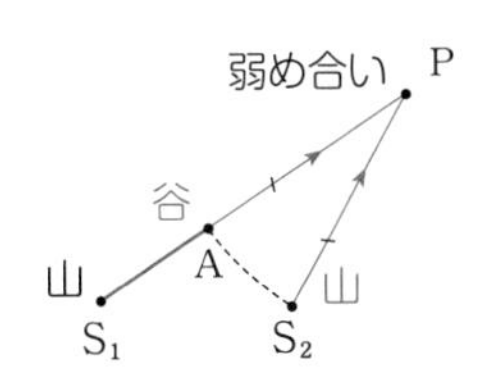

Q　なるほど。すると，波源が逆位相のときは，S_1 が山を出したとき S_2 は谷を出すと……　そうか！　距離差$=m\lambda$ なら A は山で S_2 からの谷と打ち消し合うし，距離差$=\left(m+\dfrac{1}{2}\right)\lambda$ なら A は谷で強め合うというわけですね。

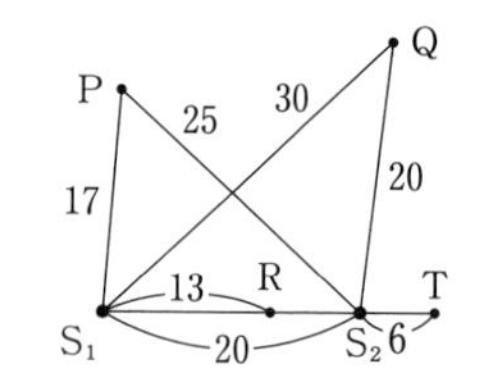

50　20 cm 離れた波源 S_1，S_2 から波長 4 cm の波が同位相で出されている。図中の数値は距離を cm 単位で表している。P，Q，R，T の各点では強め合うか，弱め合うか。

51 *　前問で，S_1S_2 間には何本の強め合いの線が通るか。

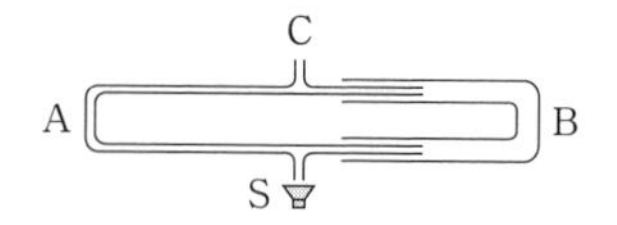

52 *　音源 S からの音は管内を SAC と SBC の経路に分かれて進み，C で干渉した音を聞く。管 B を右へ 4 cm 引くたびに，C での音は小さくなった。音速を 340 m/s として，S の振動数を求めよ。

Q&A

Q　音波の干渉についての疑問です。音波は縦波で，媒質である空気は進行方向に振動します。気柱の共鳴のように直線上なら分かりますが，進行方向が交差する 2 つの音波の重ね合わせや干渉がイメージできません。

A　縦波は疎密波とも呼ばれ，密や疎の模様が伝わっていく。音波の干渉は疎密で考えるように。2 つの音波が密と密で出合う位置が強め合いで，空気の密度が最大になっている。半周期後には疎と疎が出合い，密度は最小になる。

強め合いの位置では密度変化が激しく，大きな音がする。圧力変化が大きく，耳の鼓膜が大きく振動するからだよ。一方，弱め合いは密と疎が出合う位置で，音は小さくなる。

Q　具体的な例として，上の問題 52 の場合で話して頂けますか。

A　クインケ管と呼ばれる装置だね。音源 S から出た密はすぐ左右に分かれ，それぞれ管 A 内と B 内を進む。そして，合流して C から出ていく。合流点で密と密が出合えば，強め合いだ。この問題では音が小さくなる場合なので，合流点で密と疎が出合う場合を考えることになるね。

Q　2 つの点波源による干渉の話（p 134）は音波でも成り立つとあります。音波の「点波源」とは何なのでしょうか？　スピーカーの膜のように面状のものが振動して音を出すのだと思いますが…

A　理想的な点音源は，小さな球体が膨張と収縮を繰り返す場合だね。膨張して周りの空気を圧縮すると，密を生じ，逆に，収縮の際は疎を生じる。球体なので，あらゆる方向に同位相の音波を送り出せるよ。同心円の波面は密や疎を表している。

現実的には，スピーカーからの音波はある程度広がるので，離れた所で２つの音波が届く領域では p 134 の干渉模様が適用できるんだ。スピーカーが小さく見えるような状況だね。

ところで，「２つのスピーカーを向かい合わせにして，音源からの音を出すと，中点 M では音が大きいか，小さいか」分かるかな？

Q　２つのスピーカーは同時に密を出し，２つの密は中点 M でやがて出合うので，大きいと思います。

A　その通り。スピーカーの膜の振動は逆向きで，出る音波の変位も逆なので，M での変位の和は０になる。変位では打ち消し合うので，混乱しやすい問題なんだ。変位ではなく，疎密で考えることだね。

逆向きに進む波なので，スピーカーの間には定常波ができていることも意識してほしい。強め合いの位置は M の左右，半波長ごとに存在している。定常波は干渉の一種。 p 134 の図でも触れておいたよ。

結局，音波でも疎密で考えれば，ふつうの波と変わらないということ。
干渉までの間に壁で反射することがあっても，密は密のまま反射するので，
２つの音源が疎密で同位相なら， 距離差$=m\lambda$ が強め合いの条件と言えるね。

（直線上を伝わる音波の干渉で，出題者が変位で議論しているときはそれに従うこと）

◆ ヤングの実験

２つのスリットに平行光線を当てると，スクリーン上には縞（しま）模様が現れる。これは２つのスリット（間隔 d）で回折された光がそれぞれ球面波となって広がりスクリーン上で出合って干渉するために起こる。

原理的には水面波の干渉と同

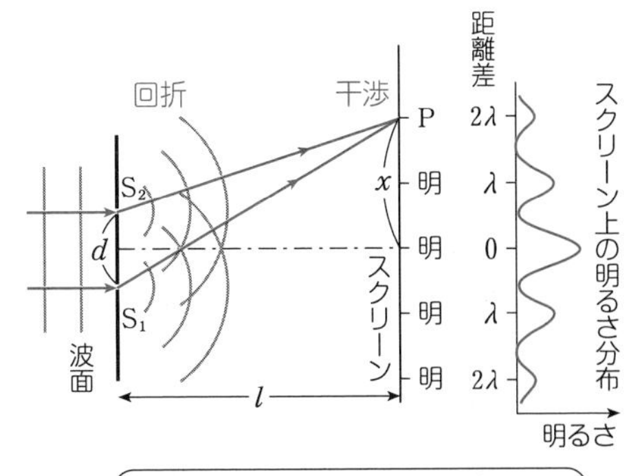

じで，距離差 $S_1P-S_2P=m\lambda$ を満たす位置 P では強め合って明線(めいせん)を生じ，$S_1P-S_2P=\left(m+\frac{1}{2}\right)\lambda$ を満たす位置 P では弱め合って暗線(あんせん)となる（λ は光の波長，m は整数）。

回折と干渉こそ波の 2 大特徴だから，ヤングの実験は光が波動であることを明確に示している。

図で，$l \gg d$，x のときには　$S_1P-S_2P \fallingdotseq \frac{dx}{l}$ となる（次の **EX**）ので

$$\text{明線}\quad \frac{dx}{l}=m\lambda \qquad\qquad \text{暗線}\quad \frac{dx}{l}=\left(m+\frac{1}{2}\right)\lambda$$

なお，水面波や音波などでも同様の現象が起こる。音波ならスクリーンの位置で音の強・弱が観測される。

ちょっと一言　射線と波面は直交するから，平行光線を当てるのは S_1 と S_2 を同位相にするためだ。

光源ランプを用いるときは，S_1，S_2 の垂直二等分線上にもう 1 つスリット S_0 を入れ，光を回折させる。球面波となった波面は同時に S_1，S_2 にさしかかるから同位相が保証される。

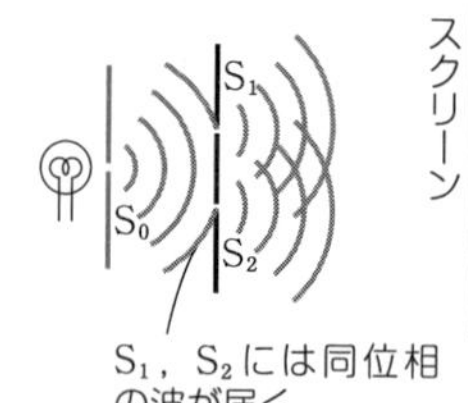

S_1，S_2 には同位相の波が届く

ランプ内の数多くの原子は勝手気ままに短時間ずついろいろな方向に光を出すため，S_0 がないと，S_1，S_2 には別々の原子からの位相のそろわない光が届いてしまう。

なおスリットは細長い隙間(すきま)だから，正確には球面波というより円柱面波だ。

EX　$l \gg d$，x とする（ふつう l は数 m，d は 1 mm 以下，x は数 cm 位）。a が微小量のときの近似式 $(1+a)^n \fallingdotseq 1+na$ を用いて $S_1P-S_2P \fallingdotseq \frac{dx}{l}$ を示せ。また，明線の間隔 Δx を求め，l，d，λ で表せ。

次に，スリットとスクリーンの間を屈折率 n の媒質で満たすと，明線の間隔は何倍になるか。

解　S_1からスクリーンに垂線を下ろしてできる直角三角形に目を向けると，

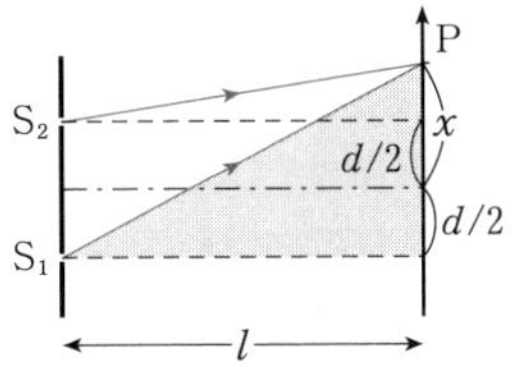

$$S_1P=\sqrt{l^2+(x+d/2)^2}=l\left\{1+\left(\frac{x+d/2}{l}\right)^2\right\}^{\frac{1}{2}}$$

$$\fallingdotseq l\left\{1+\frac{1}{2}\left(\frac{x+d/2}{l}\right)^2\right\}=l+\frac{(x+d/2)^2}{2l}$$

同様に　$S_2P\fallingdotseq l+\dfrac{(x-d/2)^2}{2l}$

$$S_1P-S_2P\fallingdotseq\frac{1}{2l}\left\{\left(x+\frac{d}{2}\right)^2-\left(x-\frac{d}{2}\right)^2\right\}=\frac{dx}{l}$$

明線条件 $\dfrac{dx}{l}=m\lambda$　より　$x=\dfrac{m\lambda l}{d}$　これを x_m とおくと

$$\Delta x=x_{m+1}-x_m=\frac{\lambda l}{d}\{(m+1)-m\}=\boldsymbol{\frac{\lambda l}{d}}$$　（m によらず等間隔！）

屈折率 n の媒質中での波長は $\dfrac{\lambda}{n}$ となるから，明線条件は　$\dfrac{dx'}{l}=m\dfrac{\lambda}{n}$　…①

このように λ を $\dfrac{\lambda}{n}$ に置き換えていけばよいから　$\Delta x'=\dfrac{(\lambda/n)l}{d}=\boldsymbol{\dfrac{1}{n}}\Delta x$

ちょっと一言　$\dfrac{dx}{l}$ の x は距離というより座標とした方が便利に使える。対応して m は負の値もとる整数とする。

距離差から光路差へ

式①は　$S_1P-S_2P=m\dfrac{\lambda}{n}$　これより　$nS_1P-nS_2P=m\lambda$　……②

絶対屈折率と距離の積を**光学距離**（こうがく）（または**光路長**（こうろちょう））といい，光学距離の差を**光路差**（こうろさ）という。式②は光路差が真空中の波長 λ の整数倍に等しいと明るくなることを示している。距離差を一般化した考え方が光路差だ。光の通る道筋に媒質があるときには，光路差を調べるとよい。

Q&A

Q　光路差でないと扱いにくい例がありますか。

A　2つの光線があり，点Aでは同位相としよう。一方は真空中を l の距離進んで点Bに達し，他方は屈折率 n の媒質を同じ距離進んで点Cに達した。2つの光を干渉させたとき，強め合う条件は次のようになる。ただし，B，C以後の差はないとするよ。　光路差$=nl-l=m\lambda$

Q　なるほど。でも なぜ光学距離を考えるのか がピンときません。

A　AC間の波長は $\dfrac{\lambda}{n}$ となっているね。n 倍の拡大コピーを取ってみると，AB

間と同じく真空中の波長 λ になる。ただ波の長さは nl するとBとCの光が強め合うかどうかは，ほら，距離差 $nl-l$ の問題に戻っているよ。

光路差は真空中に置き替えての話だから，干渉の式の右辺は必ず真空中の波長を用いるんだよ。

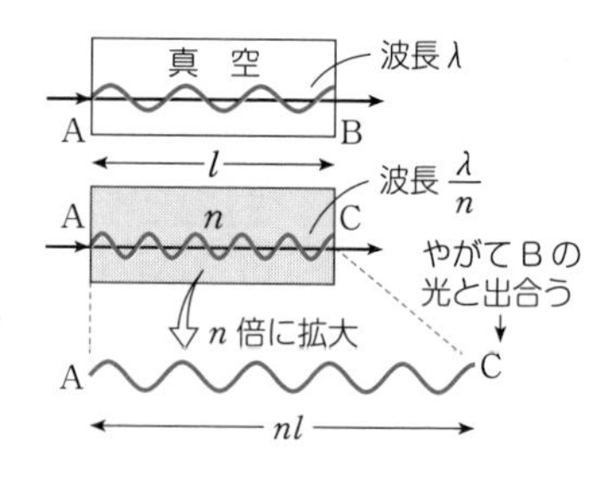

53　ヤングの実験で，$d=0.40$ mm，$l=2.0$ m のとき，明線の間隔は 3.0 mm であった。用いた光の波長は何 m か。

54　白色光を当てると中央(光路差 0)の明線は何色になるか。また，中央以外では，赤，黄，青の明線は中央に近い順にどのように並んで現れるか。

55**　波長 λ の光を当て，スリット S_1 の前に屈折率 n，厚さ D の薄膜を入れると中央の明線は上下どちらへずれるか。また，ずれの距離を d，l，n，D で表せ。

λ → S_2, n, S_1, D

56**　図では1つのスリットを通って回折した光のうち直接スクリーンに達する光と鏡で反射してから達する光が干渉する。スクリーン上で縞(しま)模様の現れる範囲を図示し，明線の現れる位置 x を，λ，d，l，整数 m ($m=0$，1，2，……) で表せ。(p 142 反射するときの位相変化参照)

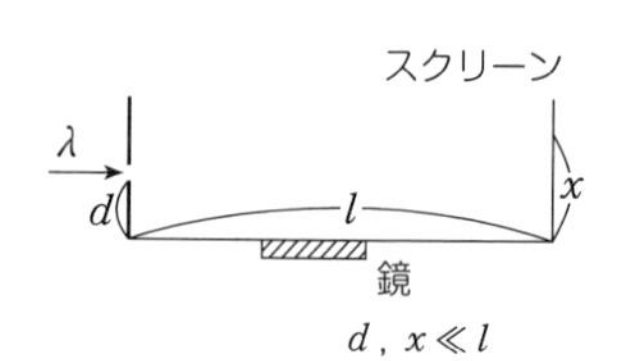

◆ 回折格子(かいせつこうし)

板ガラスの片方の面に一定間隔できわめて多数のすじ(傷(きず))がつけられたものである。1 mm あたり数 10～1000 本も引かれている。光を当てると，きずつけられた所は不透明で，それ以外の透明な部分を通る。ここは非常に狭いので回折が起こる。いわば多数のスリットによる回折だ。回折波はいろいろな方向に進むが，すべての回折波が干渉して強め合うのは特定の方向に限られる。

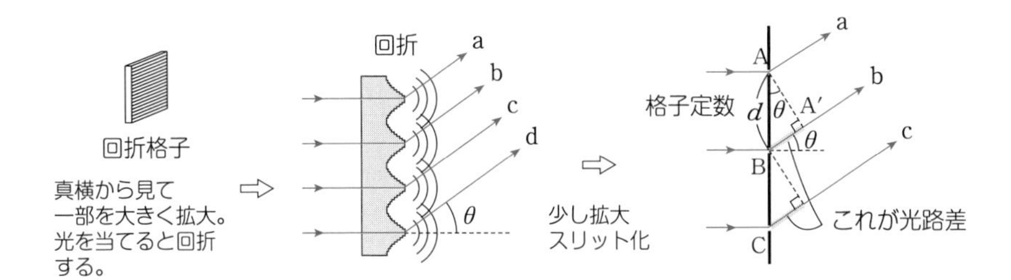

すじの間隔(格子定数)を d とすると，波長 λ の平行光線を垂直に当てた場合，明線は次の式を満たすいくつかの角 θ 方向に現れる。整数 m を次数(じすう)という。

$$d\sin\theta = m\lambda \quad (m=0,\ 1,\ 2,\ \cdots\cdots)$$

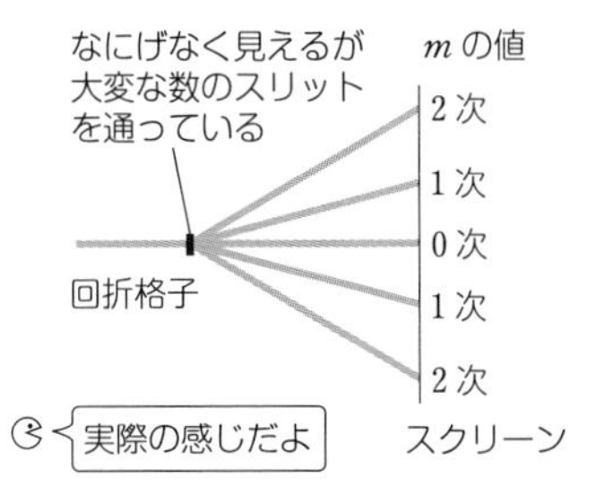

光線 a，b の干渉では，スリット A から光線 b に下ろした垂線の足を A′ とすると，BA′($=d\sin\theta$) が光路差となる。b，c…の光路差も同じだから上式を満たす θ 方向ですべての光が強め合う。このように平行光線の光路差は垂線を入れると見えてくる。射線に対する垂線，それは波面でもある。

ちょっと一言　スリットに波の山が達したとき，A の山がスクリーン上で出合う相手は A′ にいる波だ。A′ が山なら強め合う。BA′ は山から山への距離だから λ の整数倍に等しいというわけだ。

Q&A

Q　a，b，c は平行だからいつまでも重ならないのでは？

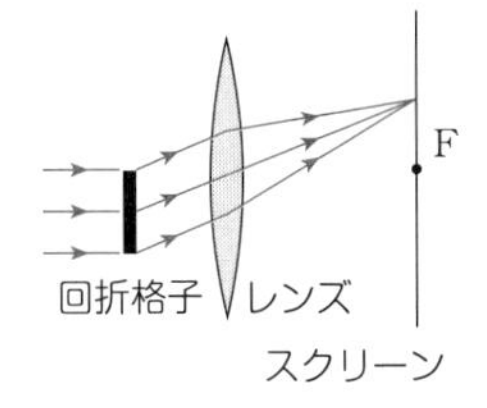

A　いずれ１点で出合う光を平行と近似しているんだ。ふつう，光線の幅はスクリーンまでの距離に比べてはるかに小さいからね。そうでない場合は回折格子の後ろに凸レンズを入れる。レンズは平行光線を１点に集めてくれる(F は焦点)。

ついでにつけ加えておくと，レンズによって光が１点に集まるのは光の干渉なんだ。レンズを通るいろいろな光線の光学距離が等しいからなんだよ。

57　回折格子に垂直に白色光を当てると，スクリーン上にはいろいろな色が現れる。同じ次数の回折光では，赤，青，黄の3色はどんな順番で現れるか。中央$(m=0)$に近い順に答えよ。

58　1 mm あたり 500 本の割合ですじを引かれた回折格子がある。440 nm の光を垂直に当てると，何本の回折光が現れるか。

59*　入射角αで波長λの光を当てたとき，角θ方向へ向かう回折光が満たすべき条件を，図a，図bのそれぞれについて記せ。格子定数をd，整数をmとする。

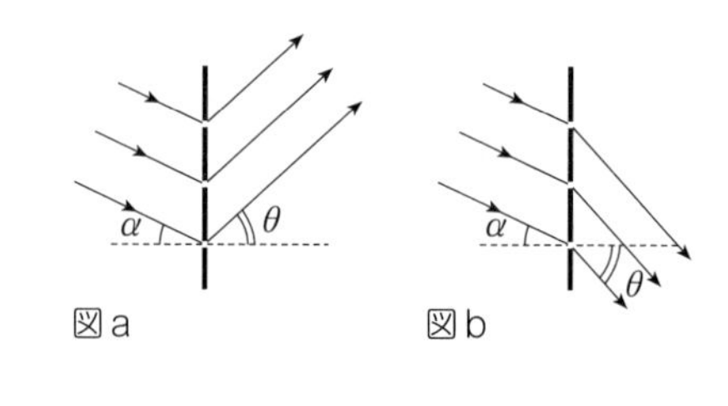

図a　　図b

60*　図は反射型の回折格子とよばれるもので，入射した光は傷つけられなかった部分によって反射されるとき回折を受ける。角θへの回折光が満たす条件式を，波長λ，格子定数d，整数mを用いて記せ。図aは垂直入射の場合，図bは角αをなして入射した場合である。

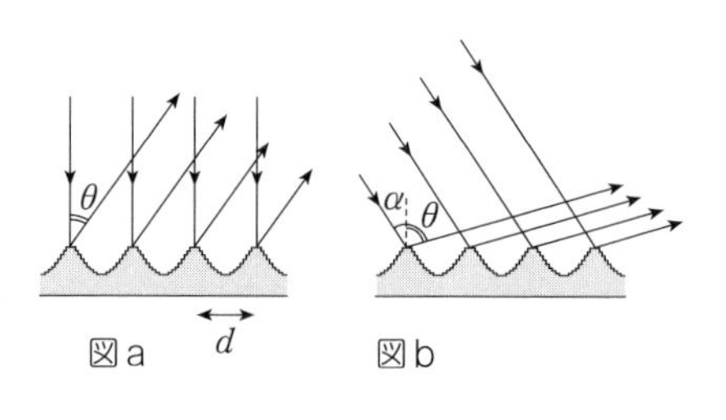

図a　　図b

◆ 光が反射するときの位相変化

光も波であるから異なる媒質に出合うと，一部は反射し，他は屈折する(境界面に垂直な場合は透過という)。出合った媒質の屈折率が，通ってきた媒質の屈折率より小さい場合には，反射のさい位相は変わらない(自由端反射)が，より大きい場合には反射のさい位相はπ変わる(固定端反射)。

一方，屈折･透過による位相の変化はない。

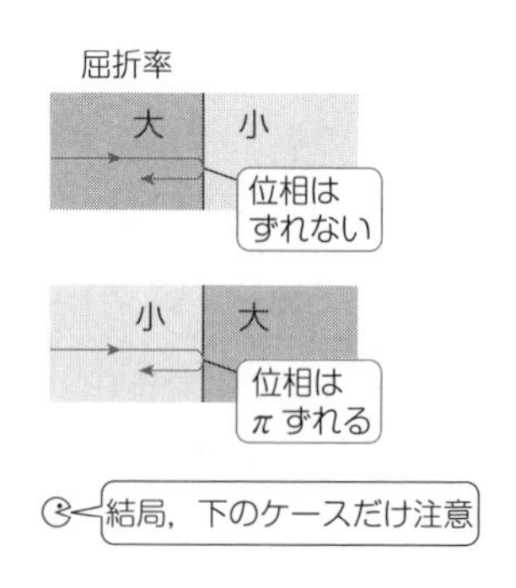

◈ 薄膜による干渉

薄膜に垂直に光を当てる場合

厚さ d の薄膜(はくまく)に波長 λ の光を当てると，表面で反射する光 a と裏面で反射する光 b が干渉する。まわりは真空，あるいは空気中として強め合う条件を求めてみよう。

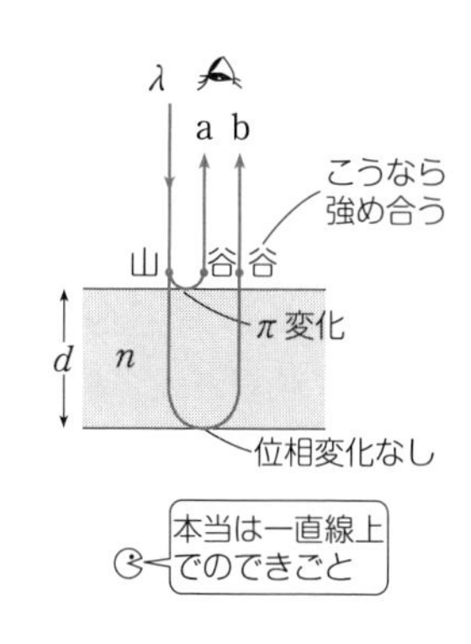

入射光が表面で山となっているときを考えると，光 a は屈折率の大きい薄膜に出合っての反射で位相が π 変わり，表面では谷となっている。強め合うためには光 b も表面で谷であればよい。b の薄膜内の部分を見ると，往復 $2d$ の距離で山から谷へ移っている(裏面での位相変化はないから)。薄膜内の波長が $\lambda'=\dfrac{\lambda}{n}$ であることに注意して，

$$2d=\frac{\lambda'}{2}+m\lambda' \quad すなわち \quad 2d=\left(m+\frac{1}{2}\right)\frac{\lambda}{n}$$

光路差で考えてみよう。光 a に比べて b は $2d$ の距離だけ余分に屈折率 n の薄膜中を伝わるから，光路差は $n\times 2d=$ **$2nd$**　反射による位相変化がなければ $2nd=m\lambda$ で強め合いだが a が π ずれる(半波長分変化する)ので，山と山が出合うはずが，谷と山の出合いになって打ち消してしまう。そこで $2nd=\left(m+\dfrac{1}{2}\right)\lambda$ が得られる。

EX　屈折率 n，厚さ d の薄膜がガラスに付着されている。波長 λ の光を当てるとき反射光が強め合う条件を記せ。ガラスの屈折率は薄膜より大きいとする。

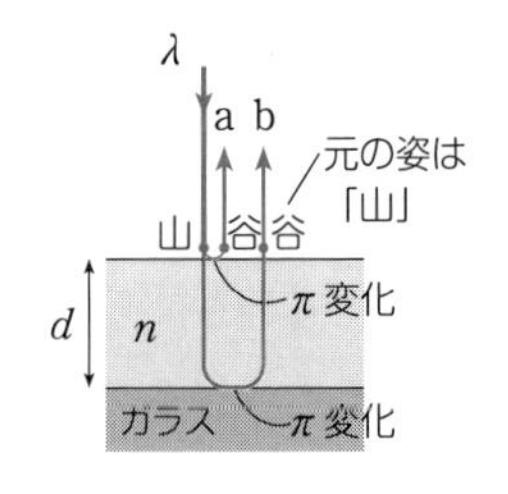

解 光路差は $2nd$。反射光 a，b ともに位相が π 変化するから，山と山の出合いのはずが谷と谷の出合いに変わるだけのことで，反射の効果は事実上ない。

$m=0,\ 1,\ 2,\ \cdots$ として

強め合い　$\boldsymbol{2nd=m\lambda}$

弱め合い　$2nd=\left(m+\dfrac{1}{2}\right)\lambda$

図のような具体的ケースで考えてみると，薄膜表面での光 b の谷はガラスとの反射で位相が π ずれた後の姿だから元の姿は山である。薄膜中 $2d$ の距離は山から山への距離に対応し，強め合いは

$$2d=m\lambda'=m\frac{\lambda}{n}$$

ちょっと一言　$d=0$（λ に比べて厚みが無視できる膜）を含めて m は 0 からとした。$d>0$ を意識して $m=1,\ 2,\ \cdots$とし，

$2nd=m\lambda$　と　$2nd=\left(m-\dfrac{1}{2}\right)\lambda$　としてもよい。

いずれにしろ，$\left(m\pm\dfrac{1}{2}\right)\lambda$ の ＋，－ は $\dfrac{\lambda}{2}$ から始まるように選ぶ。

61　水面上に厚さ 5.0×10^{-7} m の油膜が浮いている。油の屈折率が 1.4，水の屈折率が 1.3 である。これに垂直に可視光線（波長 3.8×10^{-7} ～ 7.8×10^{-7} m）を当てた。反射光が強め合う波長を求めよ。屈折率は波長によらず一定とする。

62*　屈折率 1.7 のガラスに屈折率 1.5 の膜を塗り徐々に厚くしていく。600 nm の光を垂直に当てるとき，反射光が極小になる膜厚の最小値は何 mm か。

以上の経験を踏まえると，薄膜の干渉に限らず，光の干渉は一般に次のように扱うことができる。

光の干渉条件

1　光路差 L を求める（平行光線の場合は垂線を入れてみる）。

反射がなければ　強め合い　$L=m\lambda$

弱め合い　$L=\left(m+\frac{1}{2}\right)\lambda$

2　位相が π 変わる反射が全体で奇数回あると条件式を入れかえる。

解説

光路差は同位相の2つの光が分岐して，別々の運命をたどり始めてから，合流するまでの差を調べる。

直線上の反射では光路差を求めるとき往復の距離を忘れないこと。また，**λ は真空中の波長を用いる**こと。

1 の段階だけですんだのがヤングの実験と回折格子。空気中に置かれた薄膜では π 変わる反射が1回あったので **2** のように条件式が入れかわった。p 143 の EX の場合は2回と偶数回なので **1** と同じになった。このように π 変わる反射の回数は2つの干渉する光両方についての合計をとる。

EX　屈折率 n，厚さ d の薄膜がガラスに付着されている。波長 λ の光を垂直に当てるとき透過光が強め合う条件を記せ。ガラスの屈折率は薄膜より大きいとする。

解　右の図のような2つの光の干渉となる。光路差はやはり $2nd$ で，π 変わる反射はガラスによる1回だけ（奇数回）だから

$\boldsymbol{m=0,\ 1,\ 2,\ \cdots}$ として

強め合い　$\boldsymbol{2nd=\left(m+\frac{1}{2}\right)\lambda}$

弱め合い　$2nd=m\lambda$

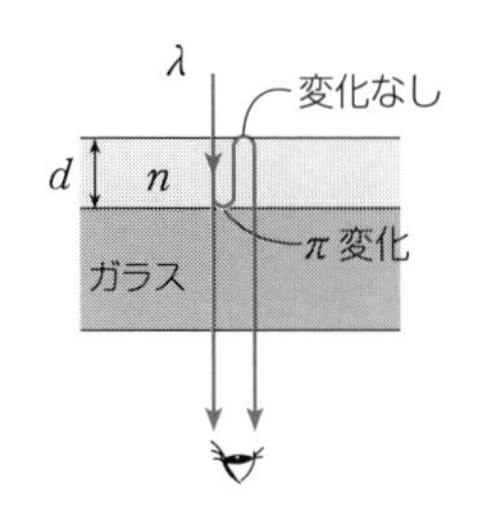

反射と透過は逆条件

反射光を扱った p 143 の EX と見比べてほしい。条件が逆転している。実はエネルギー保存則からして当然の結果なんだ。反射光が強め合うときは，入射光のエネルギーの大部分は反射光に行ってしまうから，透過光は当然弱くなる。逆も同じこと。

斜め入射の場合

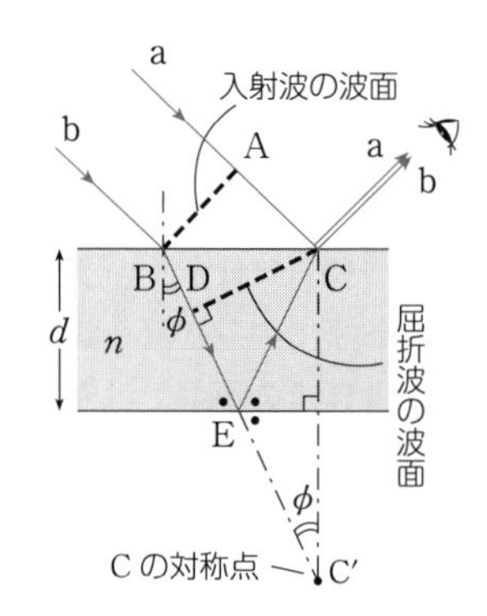

平行光線の場合は垂線を入れるのがコツだ。光線（射線）に垂線を入れると波面，つまり同位相の位置が分かる。図では A，B が同位相で，このあと a は空気中を，b は薄膜中を進んでやがて C で出合う。そこで光路差は $n(\mathrm{BE}+\mathrm{EC})-\mathrm{AC}$ としてもよいが，屈折光線（$\overrightarrow{\mathrm{BE}}$ の方向）に目を向けると，CD が波面であり，C と D が同位相であることに気づく。すると光路差は $n(\mathrm{DE}+\mathrm{EC})-0$

$$\mathrm{DE}+\mathrm{EC}=\mathrm{DE}+\mathrm{EC'}=\mathrm{DC'}=\mathrm{CC'}\cos\phi=2d\cos\phi$$

よって光路差は　$\boldsymbol{2nd\cos\phi}$

ちょっと一言　実は，波面 AB はやがて波面 CD となって現れる。
平行光線への垂線の入れ方１つでグッと解きやすくなる。光路差はなるべく狭い範囲に絞り込むとよい。なお，ϕ は屈折角であることに注意。

63　空気中に置かれた屈折率 n，厚さ d の薄膜に波長 λ の光を入射角 θ で当てる。$m=0$，1，2，…として，反射光が強め合う条件式を書け。

64*　前問において，透過光が強め合う条件式を書け。

◈ くさび形薄膜による干渉

2枚の板ガラスを図aのように微小な角度θをなすように置き，上方から光を当て反射させると図bのような縞(しま)模様が等間隔で見える。原理は薄膜(はくまく)と同じで，ガラス間の薄い空気層が薄膜の役割をはたしている。違いは場所によって厚さdが異なっていることだけである。なお，θは非常に小さいので光は直線上を往復するとしてよい。

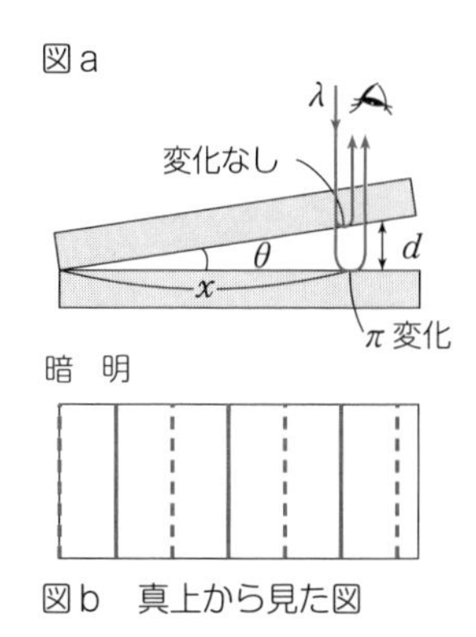

図b　真上から見た図

> **EX**　光の波長をλとする。上図の距離xの位置に明線および暗線ができる条件をそれぞれ求めよ。また，明線の間隔を求めよ。θは非常に小さいので，$\tan\theta \fallingdotseq \theta$とせよ。
> 　θを小さくすると，明線間隔は広がるか，それとも狭まるか。

解　光路差は$2d$で，位相がπ変わる反射が1回あるから，

明線　$2d=\left(m+\dfrac{1}{2}\right)\lambda$　……①　　暗線　$2d=m\lambda$　……②

$d=x\tan\theta \fallingdotseq x\theta$　を代入することにより

明線　$x=\boldsymbol{\left(m+\dfrac{1}{2}\right)\dfrac{\lambda}{2\theta}}$　　暗線　$x=\boldsymbol{\dfrac{m\lambda}{2\theta}}$　$\boldsymbol{(m=0,\ 1,\ 2\ \cdots)}$

明線の式を見ると，mが1増すごとにxは$\dfrac{\lambda}{2\theta}$ずつ増すから，

明線間隔Δxは　$\boldsymbol{\dfrac{\lambda}{2\theta}}$　(暗線間隔も同じ)

なお，板ガラスが接触する左端($d=0$)は②を満たし($m=0$)，暗線となる。

$\Delta x=\dfrac{\lambda}{2\theta}$ より θを小さくすると，Δxは大きくなる。よって，明線間隔は**広がる。**

左端と同じ干渉になるのは，$2d$がλに等しくなる所である。よって，θが小さくなれば空気層が薄くなるので，縞模様間隔は広がると考えてもよい。

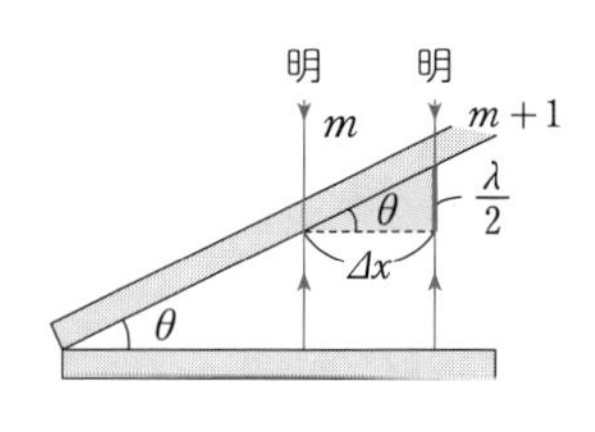

知っておくとトク　明線間隔はダイレクトにも求められる。隣り合う明線の位置は光路差で λ だけ違う（m が 1 増せば式①の右辺は λ 増す）。そのためには右図で太線部が $\dfrac{\lambda}{2}$ であればよい。光が往復するからだ。赤色の三角形より

$$\frac{\lambda}{2} = \Delta x \tan\theta \fallingdotseq \Delta x \cdot \theta \qquad \therefore\ \Delta x = \frac{\lambda}{2\theta}$$

暗線でも同じこと。

Q&A

Q　上の板ガラスの表面や下の板ガラスの裏面で反射する光はどうして考えないのですか？

A　光路差が大きいと干渉の模様は見えなくなってしまう。板ガラスの厚み，たとえば1 mmとでもしようか，それでも光路差としては大き過ぎるんだ。図aはひどく誇張されていて，実際は板ガラス間は目に見えないくらい狭いすき間なんだ。“薄”膜と断るのも同じ理由からだよ。

65　EXで，板ガラスの間を屈折率 n の液体で満たしたときの明線の位置 x と明線間隔を求めよ。

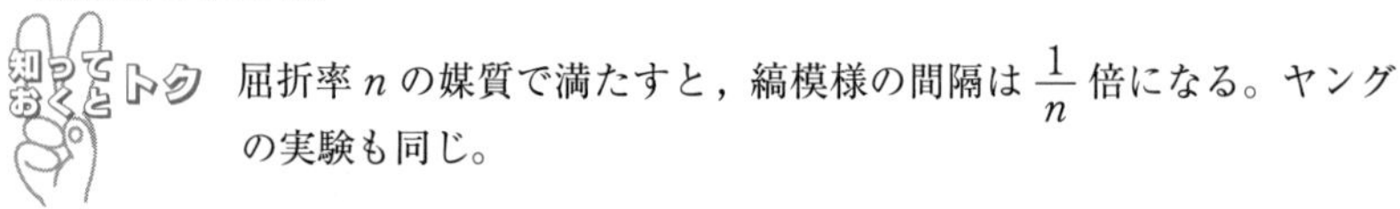

知っておくとトク　屈折率 n の媒質で満たすと，縞模様の間隔は $\dfrac{1}{n}$ 倍になる。ヤングの実験も同じ。

66　EXで，板ガラス間が空気のとき，透過光で明線が見える位置 x を求めよ。

67*　長さ 10 cm の 2 枚の平面ガラスを重ね，端に薄い紙をはさむ。真上から波長 500 nm の光を当てると 1 cm あたり 8 本の明るい線が見えた。紙の厚さは何 mm か。

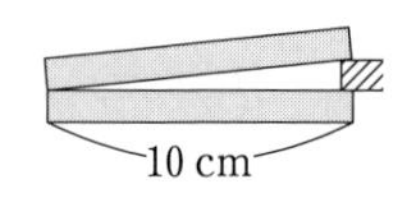

◆ ニュートンリング

板ガラスの上に大きな球面半径 R をもつ平凸レンズを乗せ，上から光を当てると，同心円状の縞模様が見られる。レンズと板ガラスの間の狭いすき間が薄膜の役目をはたしている。

この図はひどく誇張してある。R は数メートル以上あるから，本当の図を描いたらすき間がなくなってしまう。

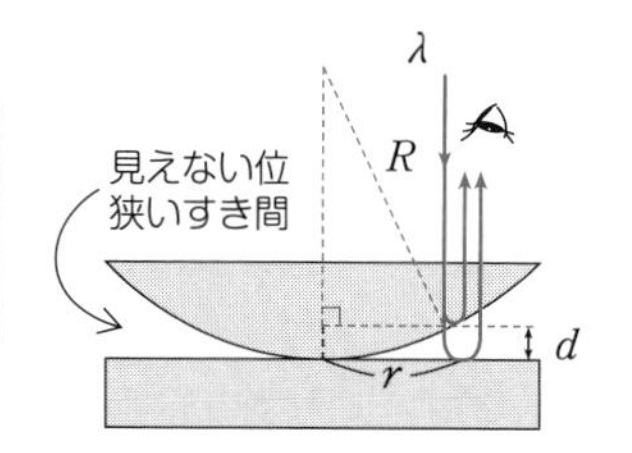

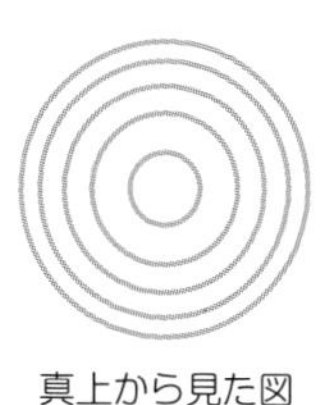
真上から見た図

EX　光の波長を λ とする。中心から r 離れた位置でのすき間の厚み d を R，r で表せ。ただし d が微小であることを考慮せよ。また，反射光が明線，暗線となる条件をそれぞれ求めよ。

解　上図の直角三角形より　$R^2=(R-d)^2+r^2$　よって　$2Rd-d^2=r^2$

d^2 はきわめて小さいので無視してよいから　$d \fallingdotseq \dfrac{\boldsymbol{r^2}}{\boldsymbol{2R}}$

光路差は $2d$ で，板ガラスの表面での反射で π 変わるだけだから

明線　$2d \fallingdotseq \dfrac{\boldsymbol{r^2}}{\boldsymbol{R}}=\left(\boldsymbol{m}+\dfrac{\boldsymbol{1}}{\boldsymbol{2}}\right)\boldsymbol{\lambda}$　　暗線　$2d \fallingdotseq \dfrac{\boldsymbol{r^2}}{\boldsymbol{R}}=\boldsymbol{m\lambda}$　$(\boldsymbol{m}=\mathbf{0},\ \mathbf{1},\ \mathbf{2},\ \cdots)$

ちょっと一言　薄膜，くさび形薄膜，ニュートンリングは原理的にはすべて同じということが分かってくれたかな。

薄膜の斜め入射の光路差 $\boldsymbol{2nd\cos\phi}$ と，ニュートンリングの $\boldsymbol{r^2/R}$ は覚えておきたい。一方，$m\lambda$ で強め合うかどうかは状況に応じて考えるべきことだ。

68　$\lambda=0.6\,\mu\mathrm{m}$ のとき，中心の暗部を 0 番目として，5 番目の暗い輪の半径が $r=6\,\mathrm{mm}$ であった。レンズの球面半径 R は何 m か。

69*　前問でレンズと板ガラスの間を液体で満たしたら，5 番目の暗い輪は $r=5\,\mathrm{mm}$ となった。液体の屈折率はいくらか。ただし，レンズやガラスの屈折率より小さいとする。

ちょっと一言　干渉の話は距離差で始まり，2つの波が伝わる媒質が異なる場合には，光なら光路差で対処できた。では，一般の波はというと……2つの経路内に含まれる波の数(波数)を比較すればよい。波数は1波長分で1個と数え，0.3個は $\frac{3}{10}$ 波長分を表す。すると，**強め合いは波数の差が整数 m に等しいとき，弱め合いは $m+\frac{1}{2}$ に等しいとき**($\frac{1}{2}$ は半波長分)となる。もちろん，波源は同位相で，反射による位相変化がないとして。

High　2つの波の**位相差で干渉を調べる**こともできる。強め合いは位相差が(偶数)×π になるとき，弱め合いは(奇数)×π になるときである※。位相差は2つの波が通ってきた距離差(あるいは時間差)から求めることができる。位相差は波数差と同等である(2π の差は1波長 λ の差であり，波1個の差)。波の式を用いて干渉の詳細を調べる場合には位相の観点が必要となる。

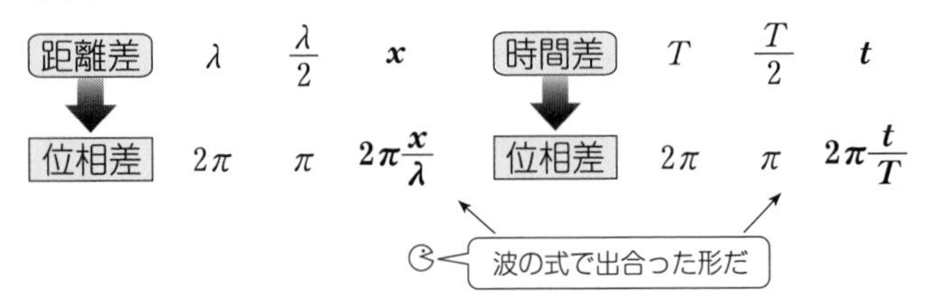

※　$y_2=A\sin(\theta+2m\pi)=A\sin\theta=y_1$ …… 2つの波は同じ変位で出合って強め合う

$y_2=A\sin\{\theta+(2m+1)\pi\}=-A\sin\theta=-y_1$ …… 2つの波は打ち消し合って($y_1+y_2=0$) 弱め合う

◆ 波面で考える干渉

図1のように2つの平行光線をスクリーンに当てると，縞模様が見られる。その間隔 Δx を求めるには，図2のように光aの山がスクリーン上に達したときで考えるとよい。光bの山と交差する位置が明線となり，赤色の直角三角形より $\Delta x=\lambda/\sin\theta$ と分かる。

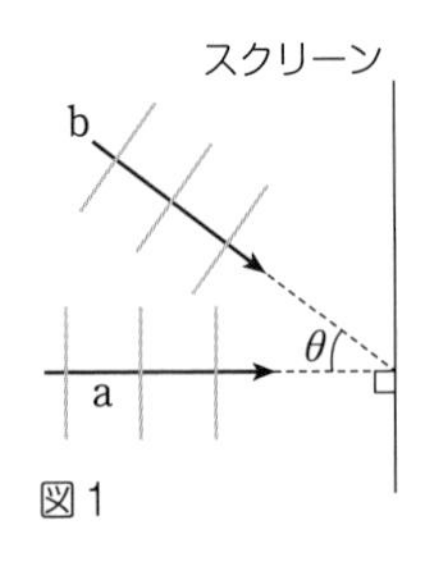

図1

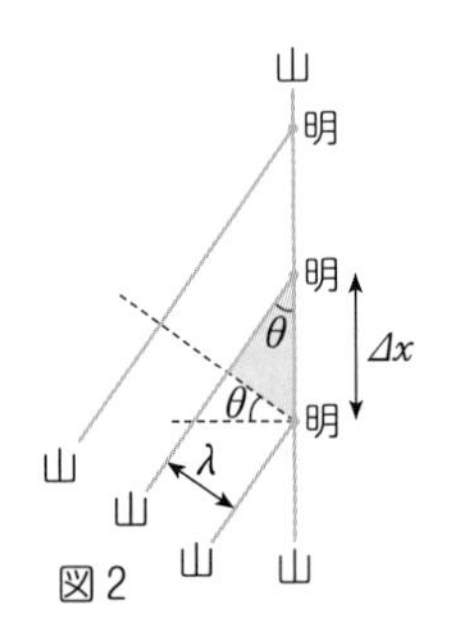

図2

70** 波長 λ，速さ v の平面波が入射角 θ で境界面に当たり，反射している。反射は自由端とし，実線は山の，点線は谷の波面を表している。強め合いの位置と，弱め合いの位置をそれぞれ図示し，強め合いの位置(面)の間隔 Δx を求めよ。

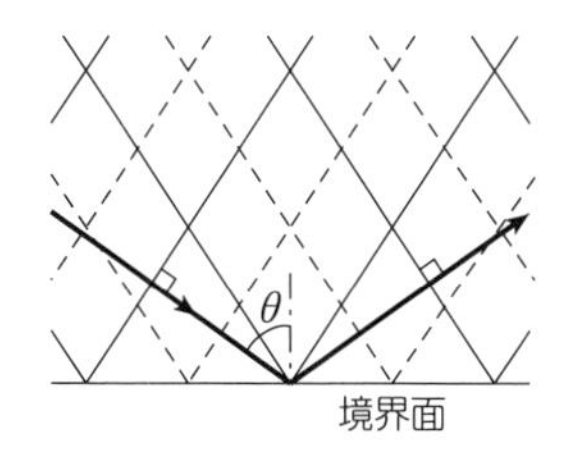

また，境界面上だけを見ると，波はどのような速さ V で伝わるように見えるか。

物理の周辺

1 単位と単位系

物理ではいろいろな単位をもった量が登場する。「名(な)は体(たい)を表す」というが，**単位は物理量の実態を表している**。内容・意味・生(お)い立ちがそこに込められている。たとえば，3 秒間に 15 m 進んでいるときの速さは

$$速さ=\frac{距離}{時間}=\frac{15〔m〕}{3〔s〕}=5〔m/s〕$$

こうして速さの単位〔m/s〕が生まれ出ている。単位の斜め線(“パー”とか“毎(まい)”と読む)は分数記号に相当する。次々と現れる**複雑な単位も，つきつめればいくつかの基本単位の組み合わせにほかならない**。

力学的な量については，「長さ」・「質量」・「時間」の 3 種類が基本単位となっており，本書ではとくに断らない限り国際単位系 SI を用いている。長さは〔m〕，質量は〔kg〕，時間は〔s〕である。長さを〔cm〕，質量を〔g〕とする単位系もある。いずれにしろ，**数値計算ではすべての物理量を一つの単位系にそろえておく必要がある**。

文字式を扱う問題では，問題文中にたとえば m〔kg〕のように単位が付けられているときには，答えにも同じ単位系の単位を付けて答える。逆に，単位の付いていない問題のときは，答えに単位を付けてはいけないことになる。

単位の換算

30 cm/s を 0.3 m/s とするぐらいなら暗算でできるが，複雑な場合は次のようにするとよい。

例　水の密度 1 g/cm³ を国際単位系 SI に直す。

$$1\,\mathrm{g/cm^3}=\frac{1\,\mathrm{g}}{1\,\mathrm{cm^3}}=\frac{10^{-3}\,\mathrm{kg}}{(1\,\mathrm{cm})^3}=\frac{10^{-3}\,\mathrm{kg}}{(10^{-2}\,\mathrm{m})^3}=\frac{10^{-3}}{10^{-6}}\cdot\frac{\mathrm{kg}}{\mathrm{m^3}}=10^3\,\mathrm{kg/m^3}$$

特別なケース

たとえば，ボイル・シャルルの法則　$\frac{PV}{T}=一定$　では，$\frac{P_1V_1}{T_1}=\frac{P_2V_2}{T_2}$　のように用いる。このように両辺が同じ形をとるときは，1 つの単位系にそろえなくてもよい。P_1 と P_2，V_1 と V_2 が同じ単位(〔気圧〕とか〔L(リットル)〕とか)でありさえすればよい。両辺にある定数をかければ国際単位系に移れることによる。ただ，〔K〕と〔℃〕の間は定数倍になっていないから，T_1 と T_2 は〔K〕しかだめである。

ケプラーの第3法則　$\dfrac{T^2}{a^3}$＝一定　も同様で，両辺で T〔年〕，a〔天文単位〕(1天文単位は地球・太陽間の距離)とすることもできる。法則に限らず，この応用例は所々にある。

ちょっと一言　力学の範囲では基本単位は〔m〕，〔kg〕，〔s〕だけでよいが，電磁気現象を扱うには基本単位として「電流」〔A〕(アンペア)を取り入れる。

2 次元

(1) 次元（ディメンション）

ある物理量の単位が基本単位からどのように組み立てられているかを示すのが次元(じげん)である。長さ (length) を [L]，質量 (mass) を [M]，時間 (time) を [T] で表すと単位系によらない共通の表記となる。速さなら長さを時間で割った量だから [L/T]＝[LT^{-1}] となる。物理量の次元は定義や法則を表す関係式から決めることができる。既に単位を知っている場合は単位から考えればよい。

例　力の次元 … 運動方程式　$F=ma$　より

$$〔\mathrm{N}〕=〔\mathrm{kg}〕\times〔\mathrm{m/s^2}〕=〔\mathrm{kg\cdot m/s^2}〕\qquad \therefore\quad [\mathrm{MLT^{-2}}]$$

万有引力定数 G の次元 … 万有引力の法則　$F=G\dfrac{m_1m_2}{r^2}$　より

$$G=\frac{Fr^2}{m_1m_2}\rightarrow\left[\frac{\mathrm{N\cdot m^2}}{\mathrm{kg^2}}\right]\rightarrow\left[\frac{\mathrm{MLT^{-2}\times L^2}}{\mathrm{M^2}}\right]\qquad \therefore\quad [\mathrm{M^{-1}L^3T^{-2}}]$$

(2) 次元の効用

物理に限らず，自然科学の式はすべて，**次元の異なる量の和や差をとることは決してなく，また，式の両辺の次元は必ず等しくなっている。**

この性質は文字式での計算過程や計算結果のチェックに使える。たとえば，力の大きさを計算していて $(m+M^2)gh$ という量が現れたとしたら(記号は慣用のものとする)，明らかにミスをしているといえる。$m+M^2$，つまり〔kg〕と〔kg^2〕を加えるということはあり得ないし，mgh はエネルギーの次元をもつからだ。本書では努めて次元を意識した表記にしている。加速度 a を求めたときは　$a=\dfrac{mg}{m+M}$　ではなく　$a=\dfrac{m}{m+M}g$　としている。$\dfrac{m}{m+M}$ は無次元となり，a は重力加速度 g と次元が等しいことを明示しているわけである。表記自体はともかく，常に意識はしてほしいことである。それによってどんなにミスが防げることか，いくら強調してもし足りない。前向きな例とは言えないが，選択肢(し)の場合，次元だけで答えが決められることさえある。

文字式を扱うときは次元を意識

(3) 次元解析

上の性質をさらに積極的に用いると，物理の法則や方程式の形まで決められることがある。それを弦を伝わる波の速さの例でみてみよう。波の速さ v は，弦の長さ l，張力 S，弦の線密度（1 m 当たりの質量）ρ で決まると考え，$v=kl^xS^y\rho^z$ とおいてみる（k は無次元の定数）。各量の次元は $[l^x]=[\mathrm{L}^x]$，$[S^y]=[(\mathrm{MLT^{-2}})^y]=[\mathrm{M}^y\mathrm{L}^y\mathrm{T}^{-2y}]$，$[\rho^z]=[(\mathrm{ML^{-1}})^z]=[\mathrm{M}^z\mathrm{L}^{-z}]$ となり，

$$[l^xS^y\rho^z]=[\mathrm{M}^{y+z}\mathrm{L}^{x+y-z}\mathrm{T}^{-2y}]$$

これが速さ v の次元 $[\mathrm{LT^{-1}}]$ と一致するためには

$$y+z=0,\ x+y-z=1,\ -2y=-1 \quad \text{よって} \quad x=0,\ y=\frac{1}{2},\ z=-\frac{1}{2}$$

こうして波の速さは　$v=kS^{\frac{1}{2}}\rho^{-\frac{1}{2}}=k\sqrt{\dfrac{S}{\rho}}$ と決まる。このような方法を次元解析(かいせき)という。なお，比例定数 k の値は次元解析では決められない。

3 有効数字

(1) 有効数字

物理量を測定するときは計器の最小目盛の $\frac{1}{10}$ まで目分量で読む。こうして得られた測定値は目盛の細かさや測定者のくせなどのために真の値からいくらかずれている。その差を**誤差**という。いま，1 mm の目盛のものさしで，ある物体の長さを測り，125.3 mm という測定値が得られたとする。末位の数字 3 はそれ以下の数を四捨五入して得たものとみてよいから，このときの誤差は ±0.05 mm 程度と考えられる。125.3 はこのような意味をもった数字で**有効数字**とよばれ，この場合，有効数字の桁(けた)数が 4 桁であるという。測定値 30.0 mm の有効数字の桁数は 3 桁である。これと内容が同じである

0.0300 m の桁数もやはり3桁である。初めの0.0は単位の違いによって生じるもので測定で分かった数字ではないからだ。そこで有効数字の桁数を明示するためには 3.00×10^{-2} m と表す。

問題文に2.0とか 7.0×10^2 のような数字が現れたときは，測定値の扱いと解釈できるので有効数字に注意して計算する必要がある。

小数で末位が0の数値の登場 ⇨ 有効数字に注意

(2)　有効数字の計算

誤差を含む測定値を用いて計算を行う場合，有効数字を考えて処理しないと，無意味に詳しい数字が結果に含まれてくることがある。その計算法は積と商の場合と和と差の場合で異なるが，次のように行えばよい。

(i)　積と商

かけ算・割り算の結果は，有効数字の桁(けた)数が最も少ないものに合わせる。
途中の計算は1桁余分にとっておくのが望ましい。

例　$\underline{2.10}\times3.42096\fallingdotseq2.10\times3.421=7.1841\fallingdotseq\underline{7.18}$
（有効数字3桁）

$\pi\times20.0\div\underline{0.32}=3.14\times20.0\div0.32\fallingdotseq196\fallingdotseq\underline{2.0}\times10^2$
（有効数字2桁）

(ii)　和と差

測定値の足し算・引き算の結果は，誤差が最も大きい測定値に合わせる。
つまり，小数点以下の桁数が最も少ないものに合わせる。途中の計算は1桁余分にとっておくのが望ましい。

例　$263.1724+15.\underline{2}\fallingdotseq263.17+15.2=278.37\fallingdotseq278.\underline{4}$
（小数点以下1桁）

$15.\underline{03}+3.827-2.154=16.703\fallingdotseq16.\underline{70}$
（小数点以下2桁）

(i)，(ii)とも最終結果は四捨五入して表す。

ちょっと一言　有効数字の計算の方法は教科書によって異なっている。途中の計算で1桁余分にとらない方法を用いている教科書もある。入試で時間が足りないときにはこの方法によるのがよいだろう。(i)の例なら $2.10\times3.42096\fallingdotseq2.10\times3.42=7.182\fallingdotseq7.18$ となる。

平方根($\sqrt{}$)の開平計算は積と商の規則に従えばよい。

問題文によっては，計算しやすいような数値が選ばれ，有効数字を意識しなくてよい場合も多い。割り切れないときは 2 桁から 3 桁程度にとどめておけばよい。

数値計算では桁(けた)の誤り——10 倍の値を出してしまうとか——が多い。必ず概算をして確かめておこう。たとえば(i)の $\pi\times20.0\div0.32$ なら $3\times20\div0.3=200$ として大ざっぱに答えを確認するとよい。

数値計算は概算で check

(3)　定数

物理にはいろいろな定数が現れる。原則としては定数の値は覚えなくてよい。しかし，まれにではあるが，定数を知っていないと解けない問題もある。以下，覚えておいた方が安全という数値をあげておこう。

真空中の光速 $c=3\times10^8$ m/s，　アボガドロ定数 $N_A=6\times10^{23}$/mol
重力加速度 $g=9.8$ m/s^2，　水(密度 1 g/cm^3，融点(ゆうてん) 0 ℃，沸点(ふってん) 100 ℃)

文字式では次元を意識という話をしたが，数値問題ではもっともらしい値かどうかを意識すること。たとえば音速が 3.5 m/s と出たら，すぐアレッと思わなくてはいけない。音速が 340 m/s 近い値であるのは常識の範囲だ。可視光線の波長はおよそ 400 ～800 nm とか，“物理の常識”を増やしたい。

数値を扱うときはもっともらしい値かどうかを意識

4　近似式

微小量を扱うときは，近似計算が必要となることが多い。たとえば，x と y が微小量とすると　$(1+x)(1+y)=1+x+y+xy\fallingdotseq1+x+y$

x や y を 1 次の微小量，xy を 2 次の微小量というが，1 次の微小量があれば 2 次，3 次…の微小量は無視してよい。1 次の微小量が 0.01 位の値だとすると2次の微小量は0.0001になってしまうのである。

とくには次の2種類の近似式を知っておきたい。

$|x| \ll 1$ のとき　$(1+x)^n \fallingdotseq 1+nx$

$a \ll b$ は a が b に比べてはるかに小さい量であることを表す記号である。したがって，$|x| \ll 1$ は $x \fallingdotseq 0$ と同義であり，x が微小であることを示す。n は実数の範囲で成り立つ。

例　$|x| \ll 1$ のとき，$\dfrac{1}{1+x} = (1+x)^{-1} \fallingdotseq 1-x$

$|x| \ll a$ のとき，$(a+x)^n = a^n\left(1+\dfrac{x}{a}\right)^n \fallingdotseq a^n\left(1+\dfrac{nx}{a}\right)$

Miss　$(a+x)^n \fallingdotseq a+nx$

	正確な値
$(1.03)^3 = (1+0.03)^3 \fallingdotseq 1+3\times 0.03 = 1.09$	(1.093)
$(2.04)^{-2} = 2^{-2}(1+0.02)^{-2} \fallingdotseq \dfrac{1}{4}(1-2\times 0.02) = 0.24$	(0.240)
$\sqrt{85} = (9^2+4)^{\frac{1}{2}} = 9\left(1+\dfrac{4}{81}\right)^{\frac{1}{2}} \fallingdotseq 9\left(1+\dfrac{1}{2}\times\dfrac{4}{81}\right) = 9.22$	(9.2195)

これらの例のように，**1＋(微小量) の形に導くことがポイント**である。

$|\theta|$〔rad〕$\ll 1$ のとき　$\sin\theta \fallingdotseq \theta$，$\cos\theta \fallingdotseq 1$，$\tan\theta \fallingdotseq \theta$

θ は微小角というだけでなく，**〔rad〕(ラジアン) 単位であることが必要**。

例　$\theta \fallingdotseq 0$ のとき，　$\sin\theta \fallingdotseq \tan\theta$

	正確な値
$\sin 5^\circ = \sin\dfrac{5}{180}\pi \fallingdotseq \dfrac{5}{180}\pi \fallingdotseq 0.0872$	(0.08716)

ちょっと一言　数値計算で用いる目安(めやす)としては，大ざっぱには x や θ が $\dfrac{1}{10}$ 以下の値になっていればよい。もちろん小さいほど正確な値に近づく。〔rad〕は裏表紙の『弧度法』を参照。

5 平方根の求め方

平方根は計算で求めることができる。以下，実例で手順を示す。

例1　$\sqrt{567.8}=23.82\cdots\cdots$

① 点線のように，小数点を境にして2桁(けた)ずつのブロックに区切る。

② 左端のブロックの整数5に着目する。2乗して5より小さく，しかも5に最も近い整数2を見つける。□の3つの位置に[2]と書く。

③ 和 [2]+[2]=4，と 積 [2]×[2]=4を図のように書く。

④ 左端ブロックの差5−4=1をとり，次のブロックの2桁67を下におろす。

⑤ 4◇×◇が167に最も近く，かつ167をこえないように◇の整数を決める。この場合は◇3となる。

⑥ 和43+3=46，積43×3=129を図のように書く。

⑦ 以下，④，⑤，⑥と同様の操作をくりかえす。

例1

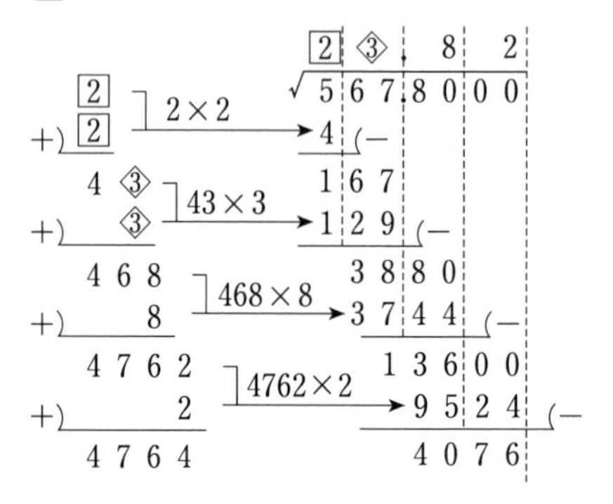

例2

```
                3. 1  6
 3           √10.00 00
 3            9
 61           1 00
  1             61
 626            39 00
   6            37 56
 632             1 44
```

以上は細かくみてきたが，実際の計算例を 例2　$\sqrt{10}=3.16\cdots\cdots$ で示しておく。なお，$\sqrt{2}=1.414$，$\sqrt{3}=1.732$ は覚えておくべき数値である。

入試では有効数字2桁でよいことが多い。その場合は目星(めぼし)をつけて逆算(2乗して近い値になるか)で求めてしまうのが実戦的である。

6 ベクトル……向きをもつ量

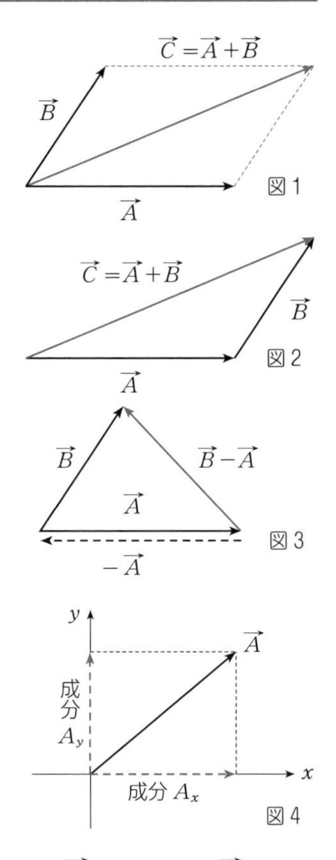

距離や時間などのように数値だけで定まる量をスカラー(量)という。これに対して，速度，加速度，力などのように大きさのほかに向きをもち，**平行四辺形の法則**によって合成·分解される量をベクトル(量)という。

平行四辺形の法則とは，図1のようにベクトル $\vec{A}$ とベクトル $\vec{B}$ の**和**が，これらを2辺とする平行四辺形の対角線に対応するベクトル $\vec{C}$ として表されることである。これをベクトルの**合成**とよんでいる。合成は図2のように行うこともできる。反対に，1つのベクトル $\vec{C}$ を $\vec{A}$ と $\vec{B}$ に分けることを**分解**とよぶが，分解は何通りでもできる。

平行移動すれば重なり合うような2つのベクトルは同じベクトルであるという。また，ベクトル $\vec{A}$ に対し，大きさが同じで向きが逆向きのベクトルを $-\vec{A}$ で表す。$\vec{B}$ と $\vec{A}$ の**差** $\vec{B}-\vec{A}$ とは $(-\vec{A})+\vec{B}$ のことであり，2つのベクトルの始点を一致させておいて，$\vec{A}$ の先端から $\vec{B}$ の先端に向けてつくったベクトルになっている(図3)。$\vec{A}$ の向きを変えないで大きさを k 倍してできるベクトルを $k\vec{A}$ で表す。

図4のようにベクトル $\vec{A}$ を座標軸 x，y の方向に分解する。こうしてできる2つのベクトルの大きさに，座標軸の正負の向きに従って正負の符号をつけたものを，$\vec{A}$ の **x 成分**，**y 成分**という。$\vec{A}$ の x 成分を A_x，y 成分を A_y とすると，$\vec{A}=(A_x,\ A_y)$ と表示することもある。そして，$\vec{B}=(B_x,\ B_y)$ とすると，$\vec{A}\pm\vec{B}=(A_x\pm B_x,\ A_y\pm B_y)$ のように(複号同順)，ベクトルの和·差は成分どうしの和·差として計算することもできる。

扱っている量がスカラーかベクトルかは明確に意識しておきたい。

物理で登場するベクトル……速度 $\overrightarrow{v}$　加速度 $\overrightarrow{a}$　力 $\overrightarrow{F}$　力積 $\overrightarrow{F}\Delta t$
運動量 $m\overrightarrow{v}$　電場 $\overrightarrow{E}$　磁場 $\overrightarrow{H}$　磁束密度 $\overrightarrow{B}$

※　仕事や電位は＋，－の符号つきではあるが，向きをもたないのでスカラーである。

7　＋αの数学

(1)　変化量についての定理

$$\boldsymbol{y=ax \Rightarrow \Delta y=a\Delta x}$$

2つの量 x と y の関係が $y=ax$（a は定数）で表されるとき，つまり x と y が比例するときは，その変化量 Δx と Δy も同じ関係 $\Delta y=a\Delta x$ を満たす。

（証明）　はじめ　$y=ax$　……①
あと　$y+\Delta y=a(x+\Delta x)$　……②
②－①より　$\Delta y=a\Delta x$

これは大変便利な定理で，熱力学や電磁気でよく用いられる。また，力学ではばねの力 F は $F=kx$（k はばね定数）と表されるから，伸びているばねが更に Δx だけ伸びるとばねの力は $k\Delta x$ だけ増す。ただし，このとき弾性エネルギーの増加は $k(\Delta x)^2/2$ とはならない！　この定理は比例関係の量にしか適用できないことは肝（きも）に銘（めい）じてほしい。なお，$y=ax+b$（b も定数）の場合にも $\Delta y=a\Delta x$ となる。1次式の関係ならよいということになる。

(2)　グラフ

グラフの傾き，面積，y 切片などがある物理量を表すという例は多い。とりわけ面積はよく登場する。縦軸の量と横軸の量の積が何を意味するかを考えるのだが，要領としては一定の値（横軸に平行）の場合で考えると分かりやすい。速度 v と時間 t の図なら，速さ×時間……ああ距離だな……という感覚だ。

もう少し詳しくいうと，棒グラフの寄せ集めにしたとき，1つの棒グラフの縦と横の積に意味があればよい。棒グラフ全体の面積は，分割を細かくしていけば，やがて曲線の下の面積に等しくなっていく。v-t グラフの面積は距離を表すことになる。他の例を下に取り上げてみた。

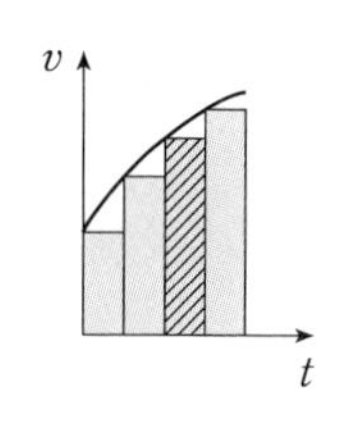

さらに，**直線グラフ(1次式の関係)のときは，平均値を用いてよい**。これは最後の図のように，台形の面積を長方形で置き換えることに相当する。たとえば，自然長から x だけ伸びたばね(ばね定数 k)が自然長に戻るまでにする仕事(つまり弾性エネルギー)は 平均の力$=(kx+0)/2$ と距離 x の積として，$\frac{1}{2}kx^2$ と求めてもよい。

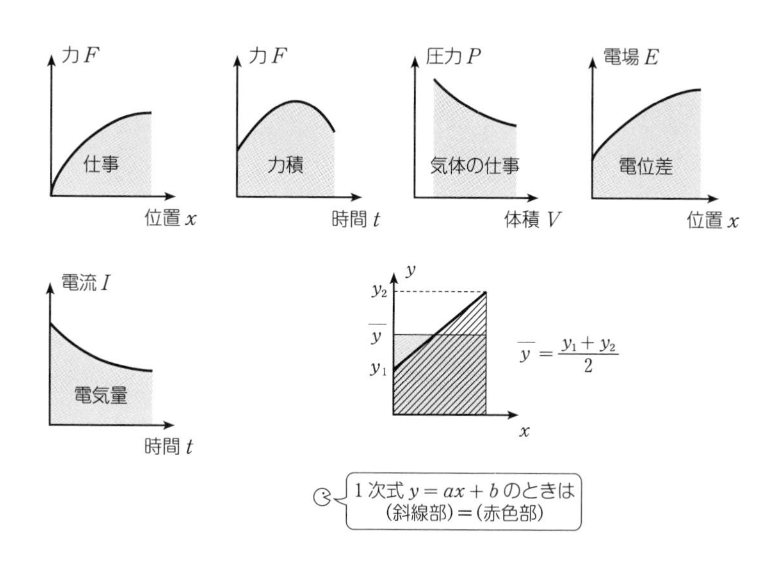

(3) 微分・積分の利用 …… **High** のレベル

数学で微分を習った後は適当に利用するとよい。出題者にとっては微積分は禁じ手になっているが，解く側は自由だ。たとえば，速度 v は微小時間 $\varDelta t$ の間の変位 $\varDelta x$ を用いて $v=\dfrac{\varDelta x}{\varDelta t}$ と定義されているが，$\varDelta t$ はなるべく短く，0

に近づけたいので，$v=\dfrac{dx}{dt}$ こそ厳密な表現ということになる。

同じく加速度 $a=\dfrac{\Delta v}{\Delta t}$ も　$a=\dfrac{dv}{dt}$

一つの応用として，単振動では座標 x は $x=A\sin(\omega t+\theta_0)$ と表せる。すると，$v=\dfrac{dx}{dt}=A\omega\cos(\omega t+\theta_0)$，$a=\dfrac{dv}{dt}=-A\omega^2\sin(\omega t+\theta_0)=-\omega^2 x$ となり，v や a は公式として覚える必要がなくなる。このほか，電磁誘導 $\left(V=-N\dfrac{d\Phi}{dt}\right)$ (姉妹編 p 103)などでも応用できる。

また，グラフの意味をつかむのにも役立つ。

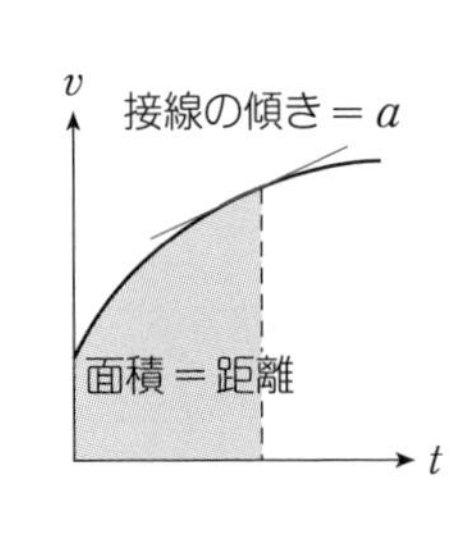

v-t グラフで $\dfrac{dv}{dt}$ といえば，数学での $\dfrac{dy}{dx}$ に対応して，接線の傾きを表している。「接線の傾き＝加速度a」の関係は素直に分かる。x-t グラフなら？……接線の傾き $\dfrac{dx}{dt}$ は速度 v を表すことになる。

積分もまた役に立つ。$v=\dfrac{dx}{dt}$ を積分すると $x=\int v dt$，数学で $\int y dx$ がグラフの面積だったように，「v-t グラフの面積＝距離 x」の関係を示している。(数学通り正･負を考えての積分なら座標 x を表す。)

そのほかの例をあげておこう。

電流　$I=\dfrac{\Delta Q}{\Delta t}\to I=\dfrac{dQ}{dt}$ より 電気量Q-時間 t グラフの接線の傾きは電流 I を示す。逆に $Q=\int I dt$ より I-t グラフがあれば，面積は電気量 Q を教えてくれる。コンデンサーの充電過程(姉妹編 p 65)などで応用できる。

入試の範囲を超えるが，積分を用いて導く公式2つを扱っておこう。

★ 万有引力の位置エネルギー　$U=-\dfrac{GMm}{r}$　(p 91)

天体(質量 M)の中心Oと物体(質量 m)との距離を x とすると，万有引力の大きさ F は $F=GMm/x^2$ と表され，グラフにすると右のようになる。面積が仕事(の大きさ)を表すことと，$x=r$ から $x=\infty$ (基準点)までの移動を考えることから赤色の部分の面積を求めればよい。ただし，仕事は負になるので

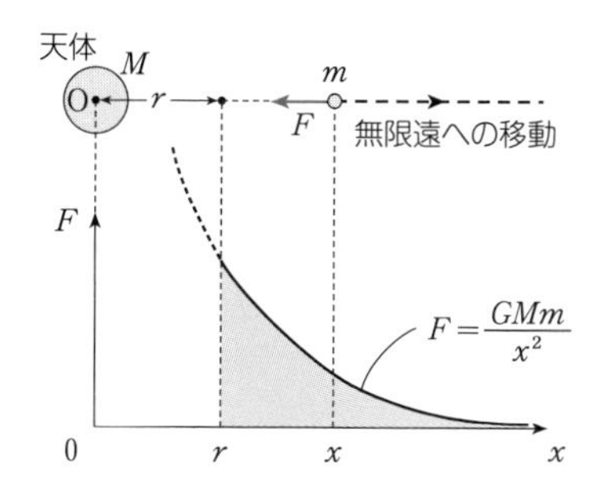

$$U=-(\text{面積})=-\int_r^\infty \frac{GMm}{x^2}dx=-GMm\int_r^\infty \frac{1}{x^2}dx$$

$$=GMm\left[\frac{1}{x}\right]_r^\infty=-\frac{GMm}{r}$$

★ 点電荷の電位　$V=\dfrac{kQ}{r}$　(姉妹編 p 41)

クーロンの法則は万有引力の法則に似ている。静電気力の大きさ F は，点電荷間の距離を x として，$F=kQq/x^2$ と表され，GMm を kQq に置き換えた形になっている。そこで，位置エネルギーも上の結果から類推できる。ただ，右のようなケースでの仕事は正となることに注意して

$$U=\frac{kQq}{r}$$

「類推」は大切な考え方

$+1$〔C〕の位置エネルギーが電位 V に相当するから，$q=1$ とすれば，$V=kQ/r$ が得られる。なお，Q が負の場合，静電気力が左向きとなり，仕事は負となるが，$U=kQq/r$ あるいは $V=kQ/r$ の Q を負として扱えばよいことも分かる。さらに $q<0$ でも U の式は成立している。

F
x

索　　　引（太字は入試で書かされることの多い用語）

あ　行

か　行

さ　行

24520

三角関数の公式

三角比	$\sin\theta=\dfrac{\text{対辺}a}{\text{斜辺}c}$　$\cos\theta=\dfrac{\text{底辺}b}{\text{斜辺}c}$　$\tan\theta=\dfrac{\text{対辺}a}{\text{底辺}b}$
基本定理	$\sin(-\theta)=-\sin\theta$　$\cos(-\theta)=\cos\theta$　$\tan(-\theta)=-\tan\theta$ $\sin^2\theta+\cos^2\theta=1$
余弦定理	$a^2=b^2+c^2-2bc\cos\theta$
加法定理	$\sin(\alpha+\beta)=\sin\alpha\cos\beta+\cos\alpha\sin\beta$　$\sin(\alpha-\beta)=\sin\alpha\cos\beta-\cos\alpha\sin\beta$ $\cos(\alpha+\beta)=\cos\alpha\cos\beta-\sin\alpha\sin\beta$　$\cos(\alpha-\beta)=\cos\alpha\cos\beta+\sin\alpha\sin\beta$ $\tan(\alpha+\beta)=\dfrac{\tan\alpha+\tan\beta}{1-\tan\alpha\tan\beta}$　$\tan(\alpha-\beta)=\dfrac{\tan\alpha-\tan\beta}{1+\tan\alpha\tan\beta}$
2倍角の公式	$\sin 2\alpha=2\sin\alpha\cos\alpha$ $\cos 2\alpha=\cos^2\alpha-\sin^2\alpha=2\cos^2\alpha-1=1-2\sin^2\alpha$
半角の公式	$\sin^2\dfrac{\alpha}{2}=\dfrac{1-\cos\alpha}{2}$　$\cos^2\dfrac{\alpha}{2}=\dfrac{1+\cos\alpha}{2}$
和積公式	$\sin A+\sin B=2\sin\dfrac{A+B}{2}\cos\dfrac{A-B}{2}$ $\sin A-\sin B=2\cos\dfrac{A+B}{2}\sin\dfrac{A-B}{2}$ $\cos A+\cos B=2\cos\dfrac{A+B}{2}\cos\dfrac{A-B}{2}$ $\cos A-\cos B=-2\sin\dfrac{A+B}{2}\sin\dfrac{A-B}{2}$
合成公式	$a\sin\theta+b\cos\theta=\sqrt{a^2+b^2}\sin(\theta+\phi)$

河合塾 SERIES

1 2 & 8 9 10

物理のエッセンス

【五訂版】

力学・波動

河合塾講師 浜島清利［著］

解答・解説 編

単なる答合わせに終わることなく，
解説をじっくり読みこんでほしい。

軽くのり付けしてあります。
別冊にしたい場合は，はずして用いてください。

1 (a)

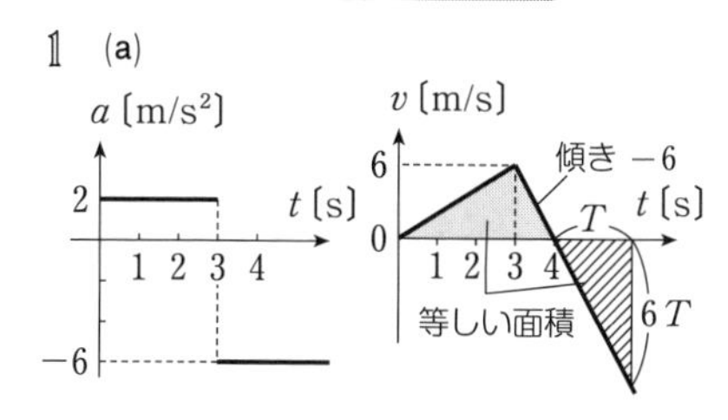

右上図の灰色部の面積より

$$l=\frac{1}{2}\times4\times6=\mathbf{12\ m}$$

また，斜線部(戻りの距離)が 12 になればよいから $12=\frac{1}{2}\times T\times 6T$

$T^2=4 \quad \therefore \quad T=2$

$\therefore \quad t=4+2=\mathbf{6\ s}$

(b)

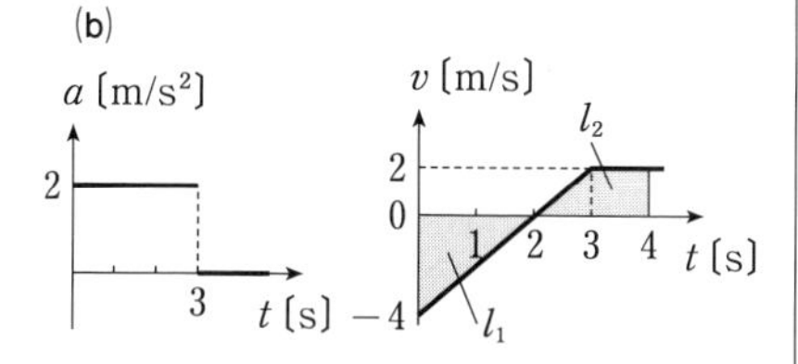

$t\geqq3$ で $v=2$ をまず押さえる。

$-x$ 方向へ　$l_1=\frac{1}{2}\times2\times4=4\ \mathrm{m}$

$+x$ 方向へ　$l_2=\frac{1+2}{2}\times2=3\ \mathrm{m}$

$\therefore \quad l=l_1+l_2=\mathbf{7\ m}$

出発点からは $-4+3=-1$ つまり 1 m 左にいるから，元へ戻るには速さ 2 m/s より 0.5 秒かかる。

$\therefore \quad 4+0.5=\mathbf{4.5\ s}$

2 $v=v_0+at$ より

$14=2+a\times4 \qquad \therefore \quad a=3\ \mathrm{m/s^2}$

$x=v_0t+\frac{1}{2}at^2$

$=2\times4+\frac{1}{2}\times3\times4^2=\mathbf{32\ m}$

3 $-12=20+(-4)t \qquad \therefore \quad t=\mathbf{8\ s}$

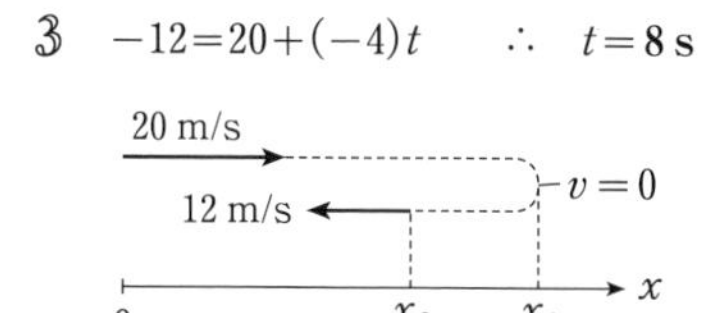

折り返し点を x_1 とすると

$0^2-20^2=2\times(-4)x_1$　より　$x_1=50$

$12^2-20^2=2\times(-4)x_2$　より　$x_2=32$

$\therefore \quad l=50+(50-32)=\mathbf{68\ m}$

(別解)　v-t グラフを作ってみてもよい。

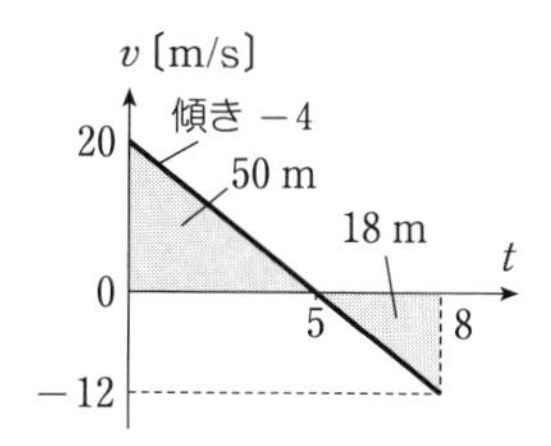

4 $(2v_0)^2-v_0{}^2=2gl_1$ ……①

$(3v_0)^2-(2v_0)^2=2gl_2$ ……②

$\frac{②}{①}$ より　$\frac{l_2}{l_1}=\mathbf{\frac{5}{3}}$

5 最高点では $v_y=0$ だから

$0^2-v_0{}^2=2(-g)y$

$\therefore \quad h=H+y=\boldsymbol{H+\frac{v_0{}^2}{2g}}$

投げ出した点を原点とすると，地面は $y=-H$ だから

$-H=v_0t-\frac{1}{2}gt^2$

$gt^2-2v_0t-2H=0$

2 次方程式の解の公式より，$t>0$ を考慮して

$$t=\boldsymbol{\frac{1}{g}\left(v_0+\sqrt{v_0{}^2+2gH}\right)}$$

このように一気に解決できることを身につけておくとよい。ずっと $a=-g$ の等

加速度運動が続いているからだ。時間を分割して(最高点までをまず求めるとか)出す人が多い。

6　水平投射の問題。落下するまでの時間を t とおくと，鉛直方向の運動より

$$H=\frac{1}{2}gt^2 \qquad \therefore \quad t=\sqrt{\frac{2H}{g}}$$

水平方向は v_0 での等速だから

$$x=v_0t=\boldsymbol{v_0\sqrt{\frac{2H}{g}}}$$

7　鉛直方向の初速は $v_0\sin 30^\circ$ で，地面は $y=-H$ だから(y は座標！　$y=0$ が投げ出した点)

$$-H=(v_0\sin 30^\circ)t-\frac{1}{2}gt^2$$

$$gt^2-v_0t-2H=0$$

解の公式と $t>0$ を考えて

$$t=\frac{v_0+\sqrt{{v_0}^2+8gH}}{2g}$$

水平方向は $v_0\cos 30^\circ$ での等速だから

$$x=(v_0\cos 30^\circ)t$$

$$=\boldsymbol{\frac{\sqrt{3}\,v_0}{4g}\,(v_0+\sqrt{{v_0}^2+8gH})}$$

8

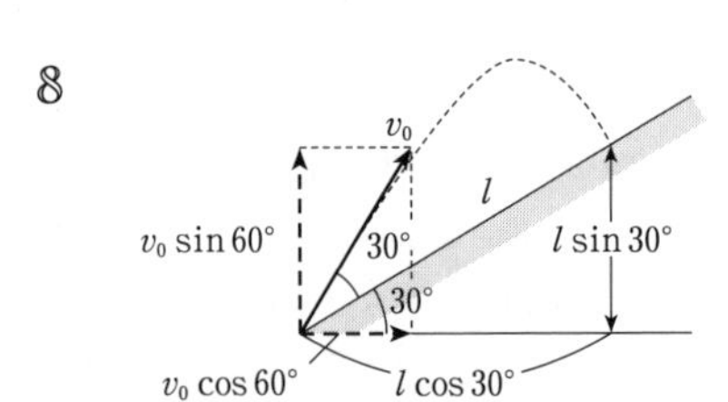

水平　$l\cos 30^\circ=(v_0\cos 60^\circ)t$

鉛直　$l\sin 30^\circ=(v_0\sin 60^\circ)t-\frac{1}{2}gt^2$

上の式より　$t=\frac{\sqrt{3}\,l}{v_0}$，下へ代入すると

$$\frac{l}{2}=\frac{\sqrt{3}}{2}v_0\cdot\frac{\sqrt{3}\,l}{v_0}-\frac{g}{2}\left(\frac{\sqrt{3}\,l}{v_0}\right)^2$$

これから　$l=\boldsymbol{\frac{2{v_0}^2}{3g}}$　また，$t=\boldsymbol{\frac{2v_0}{\sqrt{3}\,g}}$

(別解)　次図のように，X，Y 方向に分けて考えてもよい(この見方も大切)。

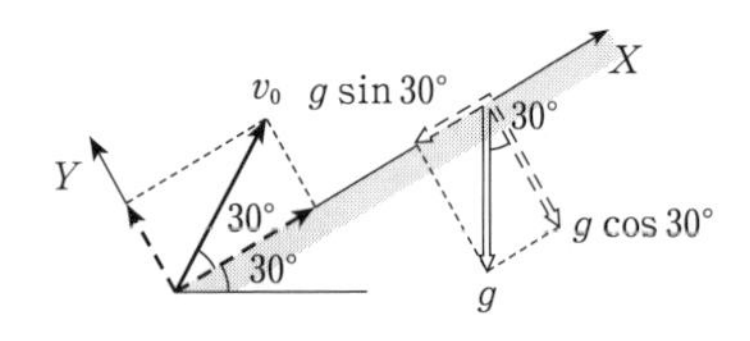

ただし，重力加速度を分解する必要があり，　$a_X=-g\sin 30^\circ=-\frac{g}{2}$

$$a_Y=-g\cos 30^\circ=-\frac{\sqrt{3}}{2}g$$

と，いずれの方向も等加速度運動となる。衝突点は $Y=0$ だから(この方法のメリット！)，Y 方向について

$$0=(v_0\sin 30^\circ)t+\frac{1}{2}a_Yt^2$$

$$=\frac{v_0}{2}t-\frac{\sqrt{3}}{4}gt^2$$

$t\neq 0$ より　　$t=\boldsymbol{\frac{2v_0}{\sqrt{3}\,g}}$

X 方向について

$$l=(v_0\cos 30^\circ)t+\frac{1}{2}a_Xt^2$$

$$=\frac{\sqrt{3}}{2}v_0t-\frac{1}{4}gt^2$$

t を代入すると　　$l=\boldsymbol{\frac{2{v_0}^2}{3g}}$

9　物体は斜面に沿って動き，斜面に垂直な方向では力のつり合いが成りたつ。合力として残るのは $mg\sin\theta$ であり，y 方向は運動方程式より

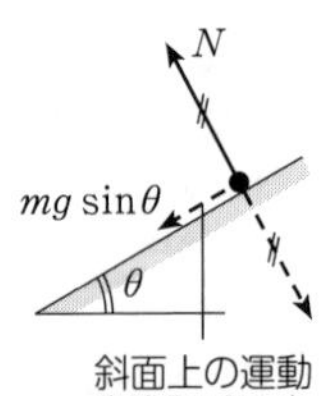

$$ma=-mg\sin\theta \quad \therefore \quad a=-g\sin\theta$$

y 方向はこの $-g\sin\theta$ で等加速度，水平方向の力はないので x 方向は等速度，つ

まり物体は斜面上で放物運動をすることになる。最高点では $v_y=0$ だから，y 方向について

$$0=v_0\sin\alpha+(-g\sin\theta)t$$

$$\therefore\quad t=\boldsymbol{\frac{v_0\sin\alpha}{g\sin\theta}}$$

傾角 θ の滑らかな斜面上での現象は $g\Rightarrow g\sin\theta$ とすれば鉛直面内と同じこと。

10　衝突直前の速さを v とすると

$$v^2-0^2=2gh\quad より\quad v=\sqrt{2gh}$$

直後の速さは　$ev=e\sqrt{2gh}$

$$0^2-(e\sqrt{2gh})^2=2(-g)h_1$$

$$\therefore\quad h_1=\boldsymbol{e^2h}$$

このように一度衝突するとはね上がる高さは e^2 倍 ($e^2\leqq1$) になるから，2 度目の衝突後は　$h_2=e^2h_1=\boldsymbol{e^4h}$

同種の計算はくり返さない！

高さは e^2 倍になる。斜め衝突でも使える。

11　B に衝突するときの速度は対称性より A での速度からすぐに分かる。

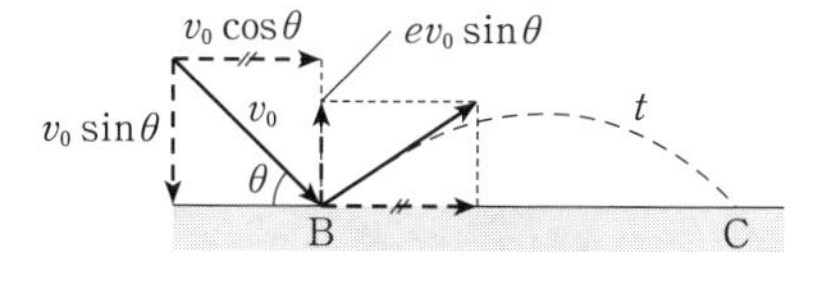

BC 間の鉛直方向について

$$0=(ev_0\sin\theta)t-\frac{1}{2}gt^2\quad\cdots\cdots①$$

$$\therefore\quad t=\frac{2ev_0}{g}\sin\theta\quad\cdots\cdots②$$

$$\therefore\quad BC=(v_0\cos\theta)t$$

$$=\boldsymbol{\frac{2e{v_0}^2}{g}\sin\theta\cos\theta=\frac{e{v_0}^2}{g}\sin2\theta}$$

①で $e=1$ とおくと，AB 間の時間となるから，②より衝突の時間間隔は公比 e の等比数列をなすことが分かる。衝突距離も同様。

12　鉛直方向の運動に注目する。衝突の際，鉛直速度成分は影響を受けないから，結局の所，自由落下が続く。よって

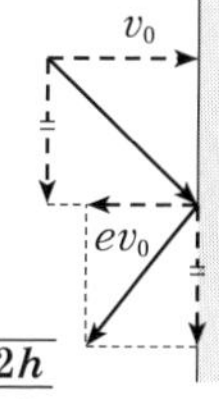

$$h=\frac{1}{2}gt^2\quad より\quad t=\sqrt{\boldsymbol{\frac{2h}{g}}}$$

水平方向に目を向けると，壁にぶつかるまでの時間 t_1 は　$t_1=d/v_0$

衝突後の水平成分は ev_0 となり，$t-t_1$ の時間で床に落ちるから

$$x=ev_0(t-t_1)=\boldsymbol{e\left(v_0\sqrt{\frac{2h}{g}}-d\right)}$$

$e=1$ なら，壁がないものとして解き，軌跡は壁を対称軸として折り返して考えればよい。

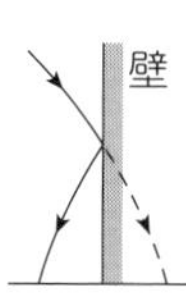

13　$198\ \text{km/h}=\dfrac{198\times10^3\ \text{m}}{3600\ \text{s}}=55\ \text{m/s}$

$90\ \text{km/h}=25\ \text{m/s}$

A との相対速度の大きさは

$55-25=30\ \text{m/s}\quad\therefore\quad 480\div30=\mathbf{16\ s}$

B との相対速度の大きさは

$55+25=80\ \text{m/s}\quad\therefore\quad 480\div80=\mathbf{6\ s}$

14　列車から見た車の相対加速度は

$$1-3=-2\ \text{m/s}^2$$

列車から見た車の運動は U ターン型の等加速度運動となる。最も離れたときは，相対速度が 0 になるときだから

$$0^2-20^2=2\times(-2)l \quad \therefore \quad l=\mathbf{100\ m}$$

ここで 20 m/s は相対初速度 (20−0) という観点で用いている。

列車の先端を原点としているので，抜き去るときの車の位置は $x=-125$ である。

$$-125=20t+\frac{1}{2}\times(-2)t^2$$

$$(t-25)(t+5)=0 \qquad \therefore \quad t=\mathbf{25\ s}$$

15　右図より

$$v=10\tan 30^\circ$$

$$=\frac{10}{\sqrt{3}}=\frac{10\sqrt{3}}{3}$$

$$\fallingdotseq \mathbf{5.77\ m/s,\ 5.8\ m/s}$$

このように**数値を扱う問題では，答えは小数に直しておく。2 けたないし 3 けたでよい。一方，文字式の計算では無理数はそのままにしておく。**

16　船の速度と川の速度を合成した速度（点線矢印）が右のように岸に垂直になればよい。

3 つの矢印は直角三角形をなし，合成速度は 4 m/s となる。よって，求める時間は

$$20\div 4=\mathbf{5\ 秒}$$

17

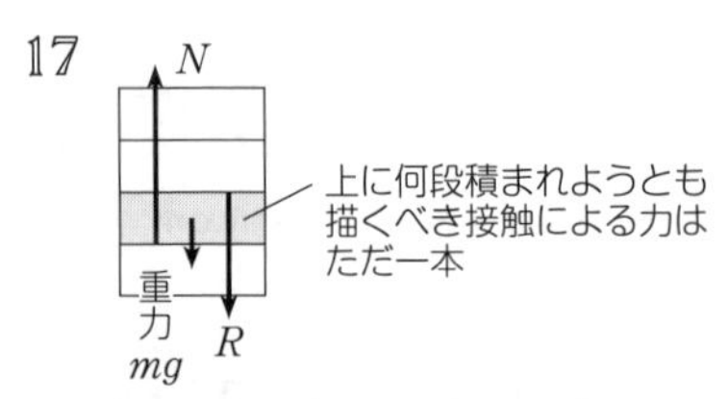

N と R は共に垂直抗力。

なお，力のつり合いより $N=mg+R$ 上に積む数を増やせば，R が増しそれに応じて N も増す。

18

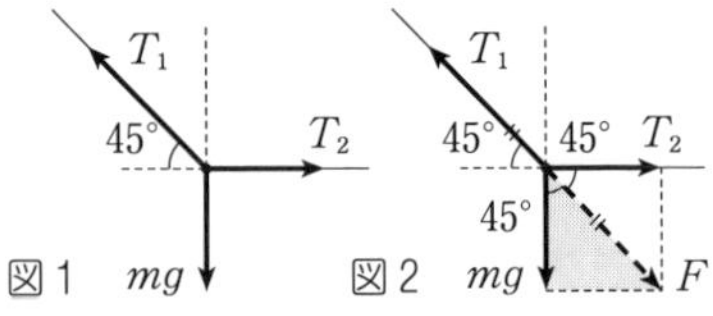

鉛直　$T_1\sin 45^\circ=mg \quad \therefore \quad T_1=\boldsymbol{\sqrt{2}\,mg}$

水平　$T_1\cos 45^\circ=T_2$

$$\therefore \quad T_2=\frac{T_1}{\sqrt{2}}=\boldsymbol{mg}$$

（別解）　図 2 のように，mg と T_2 の合力 F をつくって考えてもよい。F は T_1 とつり合うから，T_1 と同じ大きさで糸 a の延長線上にくる。45° の直角三角形から

$$T_2=\boldsymbol{mg},\ F=\boldsymbol{\sqrt{2}\,mg}(=T_1)$$

19　糸の張力を T とする。斜面方向でのつり合いは

P…　$T=mg\sin 30^\circ$

Q…　$T=Mg\sin 60^\circ$

$$\therefore \quad \frac{1}{2}mg=\frac{\sqrt{3}}{2}Mg \qquad \therefore \quad M=\boldsymbol{\frac{m}{\sqrt{3}}}$$

20　60° と OA=OP より △OAP は正三角形となっている。

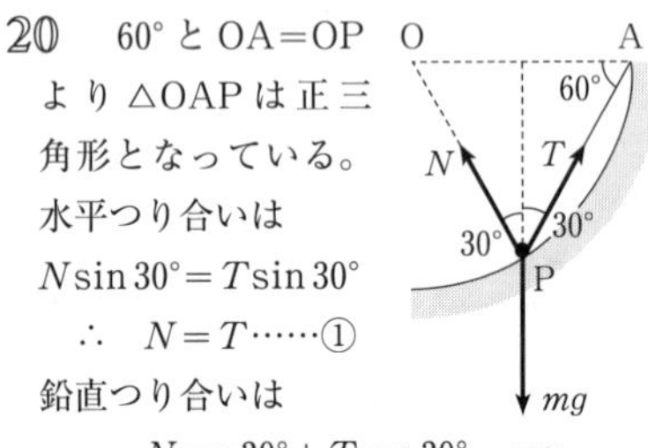

水平つり合いは

$N\sin 30^\circ=T\sin 30^\circ$

$\therefore \quad N=T$ ……①

鉛直つり合いは

$$N\cos 30^\circ+T\cos 30^\circ=mg$$

①を代入して　$\dfrac{\sqrt{3}}{2}N+\dfrac{\sqrt{3}}{2}N=mg$

$$\therefore \quad N=\boldsymbol{\frac{mg}{\sqrt{3}}}=T$$

21　θ_0 のときは最大摩擦力だから

斜面方向　$\mu N=mg\sin\theta_0$ ……①

垂直方向　$N=mg\cos\theta_0$ ……②

$\dfrac{①}{②}$ より　$\mu=\tan\boldsymbol{\theta_0}$

θ_0 を摩擦角という。静止摩擦係数はこのような簡単な実験で測ることができる。

22

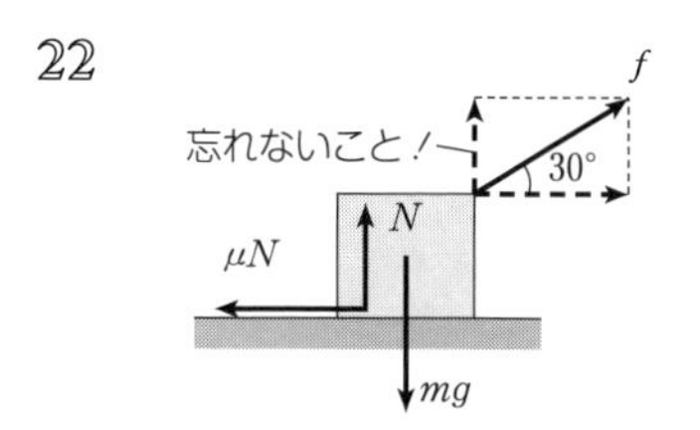

水平 …　$\mu N=f\cos 30°$　……①

Miss　ここで $N=mg$ として f を求める人が多い。上の図をよく見てほしい。

鉛直 …　$N+f\sin 30°=mg$……②

②の N を①に代入すると

$\mu(mg-\dfrac{f}{2})=\dfrac{\sqrt{3}}{2}f$　∴ $f=\dfrac{\boldsymbol{2\mu}}{\boldsymbol{\sqrt{3}+\mu}}\boldsymbol{mg}$

23　(a)　まず，右側の2つは並列だから，合わせて $2k$。すると，

k　$2k$　と同じ。

これは直列だから

$\dfrac{1}{k_T}=\dfrac{1}{k}+\dfrac{1}{2k}=\dfrac{3}{2k}$　∴　$k_T=\boldsymbol{\dfrac{2}{3}k}$

(b)　k　$2k$　と同じ。

サンドイッチ型だから

$k_T=k+2k=\boldsymbol{3k}$

24

k　⇨　$2k$　$2k$

半分にすると，ばね定数は2倍の $2k$ になる。その並列だから

$2k+2k=\boldsymbol{4k}$

ちなみに直列にすれば元の k に戻ることも確かめてみるとよい。

25　容器と空気，全体に着目する。初めは浮力が重力とつり合っている。深くすると水の圧力が増すので，容器内の空気の体積 V が減る。すると浮力 ρVg が減り(重力は一定)，**下降する。**

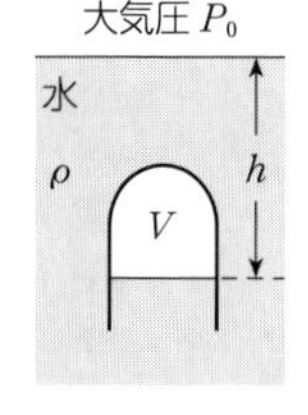

逆に，上に移すと V が増し，放せば上昇する。なお，容器内の空気の圧力は $P_0+\rho gh$ に等しい。もしも容器の底が閉じていれば，深さに関わらず容器は静止する(容器は伸縮せず，水面下にあるものとして)。

26　O_1 のまわりのモーメント

$Fx+F(l-x)=\boldsymbol{Fl}$〔**N·m**〕

O_2 のまわりのモーメント

$F(y+l)-Fy=\boldsymbol{Fl}$〔**N·m**〕

結局，x や y の値によらず，モーメントは Fl となる。大きさの等しい2つの力が逆向きに働き，同一作用線上にないときを**偶力**(ぐうりょく)というが，偶力のモーメントは軸の位置によらない。偶力は回転を生じる。

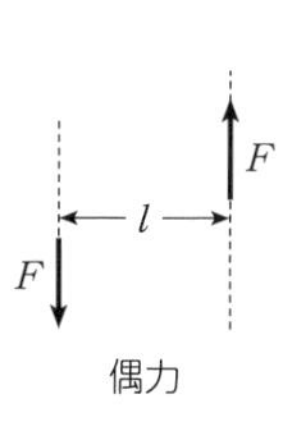

偶力

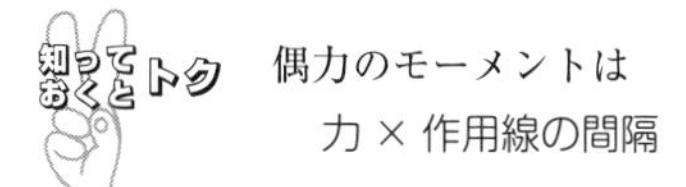

偶力のモーメントは
力 × 作用線の間隔

27　力のつり合いより

$15+15+20=30+F$

∴　$F=$ **20〔N〕，下向き**

左端の回りのモーメントのつり合いより

$15\times0+15\times10+20\times(10+5+10)$
$=30\times(10+5)+20x$

∴　$x=10$　**左端より 10 cm の所**

28　左端のまわりのモーメントのつり合いより（左端での垂直抗力のモーメントは0）

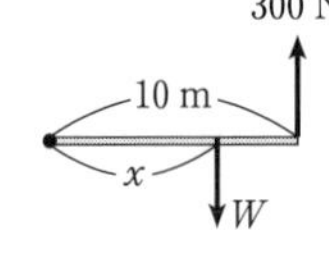

$Wx = 300 \times 10$　　……①

右端のまわりのモーメントのつり合いより

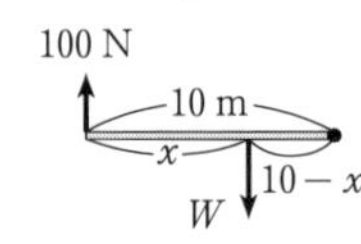

$W(10-x) = 100 \times 10$　……②

①+② より　　$10W = 4000$

$\therefore\ W = \mathbf{400}$〔N〕

W を①に代入して　　$x = 7.5$〔m〕

左端より 7.5〔m〕の位置

なお，「重さ」は重力の大きさ mg〔N〕のことで，「質量」m〔kg〕とは異なることにも注意。

29　滑り出す直前には最大摩擦力となっている。左右のつり合いより

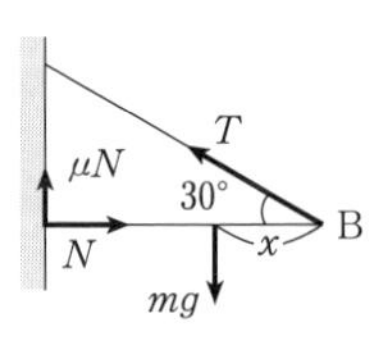

$N = T\cos 30°$

上下のつり合いより

$\mu N + T\sin 30° = mg$

以上より　　$N = \dfrac{\sqrt{3}}{1+\sqrt{3}\,\mu}mg$

B のまわりのモーメントのつり合いより

$mgx = \mu Nl$

$\therefore\ x = \dfrac{\mu Nl}{mg} = \boldsymbol{\dfrac{\sqrt{3}\,\mu}{1+\sqrt{3}\,\mu}l}$

30　棒が滑り始めるとき，A 点では下へ，B 点では右へと同時に滑るから，その直前では，両点で最大摩擦力が図の向きに生じている。

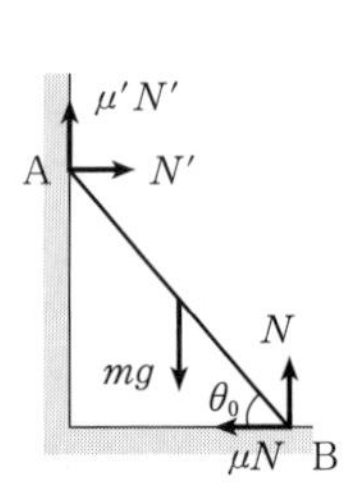

上下のつり合いより

$N + \mu' N' = mg$　　……①

左右のつり合いより

$\mu N = N'$　　……②

①，②より　$N = \dfrac{mg}{1+\mu\mu'}$

A 点のまわりのモーメントのつり合いより

$mg \cdot \dfrac{l}{2}\cos\theta_0 + \mu Nl\sin\theta_0 = Nl\cos\theta_0$

上の N を代入し，$mgl\cos\theta_0$ で割ると

$\dfrac{1}{2} + \dfrac{\mu}{1+\mu\mu'}\tan\theta_0 = \dfrac{1}{1+\mu\mu'}$

$\therefore\ \tan\theta_0 = \boldsymbol{\dfrac{1-\mu\mu'}{2\mu}}$

$\mu' = 0$ のときは **Ex 2** の答 $1/2\mu$ に戻る。このような答えのチェックも大切なこと。

31　ちょうつがいは自由に力をだすことができるため，力の大きさ，向きともに解いてみないと分からない。

Miss　ちょうつがい O のまわりには自由に回転できるので，O からの力は棒方向，つまり，$\theta = 60°$ と思い込みがち。

左右のつり合いより

$F\sin\theta = T$　…①

上下のつり合いより

$F\cos\theta = mg$…②

O のまわりのモーメントのつり合いより

$Tl\cos 60° = mg \cdot \dfrac{l}{2}\sin 60°$

$\therefore\ T = \boldsymbol{\dfrac{\sqrt{3}}{2}mg}$

$①^2 + ②^2$ より，$\sin^2\theta + \cos^2\theta = 1$ を利用し，θ を消去すると

$$F^2=T^2+m^2g^2$$

$$\therefore\quad F=\frac{\sqrt{7}}{2}\boldsymbol{mg}$$

$\dfrac{①}{②}$ より　　$\tan\theta=\dfrac{T}{mg}=\dfrac{\boldsymbol{\sqrt{3}}}{\boldsymbol{2}}$

32　上下のつり合いより

$$N=mg+F$$

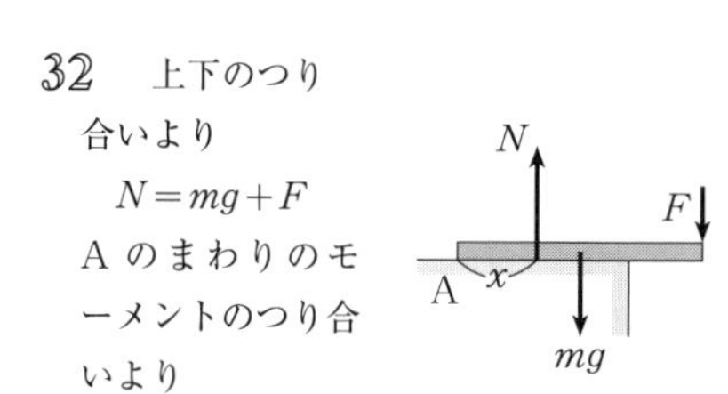

A のまわりのモーメントのつり合いより

$$Nx=mg\cdot\frac{L}{2}+FL$$

以上より　　$x=\dfrac{\boldsymbol{mg+2F}}{\boldsymbol{2(mg+F)}}\boldsymbol{L}$

傾き始めるのは N の作用点が机の端にきたときだから(少し傾いた状態をイメージするとよい)

$$(x=)L-\frac{L}{3}=\frac{mg+2F}{2(mg+F)}L$$

$$\therefore\quad F=\frac{\boldsymbol{1}}{\boldsymbol{2}}\boldsymbol{mg}$$

(別解)　机の端を軸として傾くから，そのまわりのモーメントのつり合い(N のモーメントは0)より

$$mg\left(\frac{L}{2}-\frac{L}{3}\right)=F\cdot\frac{L}{3}$$

$$\therefore\quad F=\frac{\boldsymbol{1}}{\boldsymbol{2}}\boldsymbol{mg}$$

知っておくとトク　回転(転倒)し始める問題では，モーメントの軸はまさに回転が起こる位置にとるとよい。抗力はその位置にきている。

33　傾くときのイメージ(図1)から，傾く直前には P と床との接触は左下の辺 B だけになっている(図2)。B のまわりのモーメントのつり合いから(垂直抗力 N と静止摩擦力 F のモーメントは0)

$$f_1h=mg\cdot\frac{l}{2}\qquad\therefore\quad f_1=\frac{\boldsymbol{mgl}}{\boldsymbol{2h}}$$

また，力のつり合いより

$$N=mg\qquad F=f_1$$

F は最大摩擦力 μN 以下 $(F\leqq\mu N)$ だから

$$\frac{mgl}{2h}\leqq\mu mg\qquad\therefore\quad \mu\geqq\frac{\boldsymbol{l}}{\boldsymbol{2h}}$$

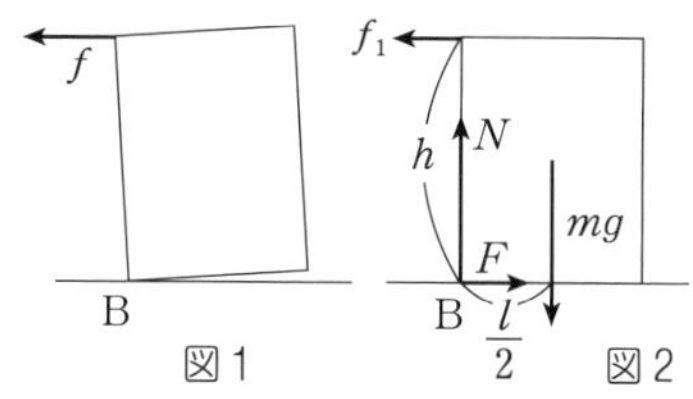

図1　　図2

等号のケースは，傾くと同時に滑るということが起こりうる。問題文に「滑ることなく傾いた」とあれば，等号をはずし，$\mu>\dfrac{l}{2h}$ とした方がよい。

34　糸は重心 G の位置につければよい。A を原点として x 軸をとる。

(1)　$x_G=\dfrac{m\times 0+M\times l}{m+M}=\dfrac{\boldsymbol{M}}{\boldsymbol{m+M}}\boldsymbol{l}$

(別解)　2つの質点の場合の重心は間を質量の逆比に内分する点となることを用いる。これは p30 の図1で，O のまわりのモーメントのつり合いより

$$mg\times\mathrm{AO}=Mg\times\mathrm{OB}$$

$$\therefore\quad \frac{\mathrm{AO}}{\mathrm{OB}}=\frac{M}{m}$$

となることに基づく。

重心とは，そのまわりの重力のモーメントが0になる点でもある。

(2) $x_G=\dfrac{m\times 0+m\times\dfrac{l}{2}+M\times l}{m+m+M}$

$=\boldsymbol{\dfrac{m+2M}{2(2m+M)}l}$

35 (1) ABの重心は中点Cにあり，CDの重心はその中点(Eとする)にある。ABとCDの質量は等しいので，全体の重心はCE間4cmの中点になる。つまり，**CD上でCから2cmの位置**である。

(2) 1cm分の質量をmとすると，Cに$8m$の質点が，Eに$12m$の質点がある場合の重心を調べればよい。

C　$8m$
6cm
E　$12m$

質量の比は $8m:12m=2:3$ だから，CE間6cmを逆比3：2に分割すればよく　$6\times\dfrac{3}{3+2}=3.6$　よって

CD上でCから3.6cmの位置

重心は質量の大きな側に近くなることをチェックとして確認すること。

36 針金全体の質量をmとすると，x軸上の部分は12/16，つまり$3m/4$であり，重心G_1は(6，0)にある。一方，y軸上の部分は$m/4$であり，重心G_2は(0，2)にある。

2　G_2　G_1
0　6

$$\therefore\quad x_G=\frac{\frac{3}{4}m\times 6}{m}=\mathbf{4.5}\ \text{〔cm〕}$$

$$y_G=\frac{\frac{1}{4}m\times 2}{m}=\mathbf{0.5}\ \text{〔cm〕}$$

y軸上の部分をm，x軸上の部分を$3m$とおいてもよい。

重心GがAの真下に来る(図は誇張)。

A　θ　12−4.5　4.5　G　0.5　O　C　B

$(\tan\theta=)\dfrac{\mathrm{OC}}{12}=\dfrac{0.5}{12-4.5}$

$\therefore\ \mathrm{OC}=\dfrac{0.5}{7.5}\times 12=\mathbf{0.8\ cm}$

なお，

$$\tan\theta=\frac{0.5}{7.5}=\frac{1}{15}$$

37 対称性より重心は直線AO上にあるはず。ただし，p35の(解1)の方法では解けない。

r　x_G
A　O　G
m_0　M_0　m

(解2)のように，くり抜かれた部分を元に戻すと全体の重心はOにくることを利用してみる。板の単位面積あたりの質量をσとすると，質量は

元の円板：$M_0=\sigma\times\pi R^2$

くり抜いた円板：$m_0=\sigma\times\pi r^2$

問題の円板：$m=\sigma\times(\pi R^2-\pi r^2)$

Oは，A，Gにあるm_0，mの重心であり，質量の逆比に内分する点だから

$$\frac{r}{x_G}=\frac{m}{m_0}$$

$$\therefore\quad x_G=\frac{m_0}{m}r=\frac{r^3}{R^2-r^2}$$

直線AO上，Oより右に$\boldsymbol{\dfrac{r^3}{R^2-r^2}}$の点

もちろん，重心の公式を用いてもよいし，Oのまわりの重力のモーメントが0になることから，$m_0r=mx_G$としてもよい。

(別解)　(解3)の“マイナスの質量”の方法を用いる。

Oを原点として右向きにx軸をとる。

$$x_G=\frac{(-m_0)\times(-r)+M_0\times 0}{(-m_0)+M_0}$$

$$=\frac{m_0}{M_0-m_0}r=\frac{r^3}{R^2-r^2}$$

38　Oのまわりの重力のモーメントは時計回りで，$mg \times d$

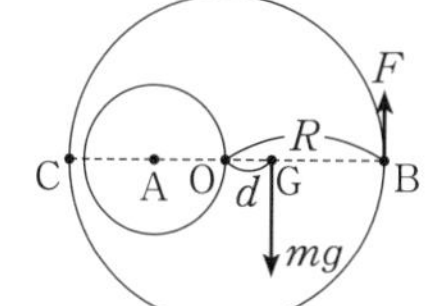

反時計回りモーメントで支えればよく，うでの長さを長くすると力は小さくてすむので，点Oから最も離れた点Bで力Fを加える。
モーメントのつり合いより

$$F \times R = mg \times d \qquad \therefore \quad F = \boldsymbol{\frac{mgd}{R}}$$

点Bに限らず，半径Rの円周上であれば，接線方向にFを加えればよい。ただし，軸Oが支える垂直抗力は変わる。上図なら，$mg - F = mg\left(1 - \dfrac{d}{R}\right)$ だが，点CならFは下向きで，Oでの垂直抗力は $mg + F = mg\left(1 + \dfrac{d}{R}\right)$ となる。

39　$ma = T_0 - mg$

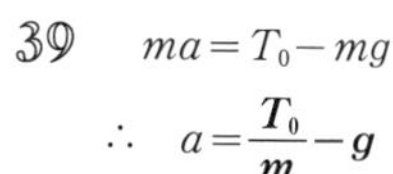

$$\therefore \quad a = \boldsymbol{\frac{T_0}{m} - g}$$

問題文では「引き上げる」としたが，T_0がmgより小さく，下がっている場合にも，この答えは上向きを正として成り立っている $(a<0)$。

40　鉛直方向は力のつり合いより

$$N = mg$$

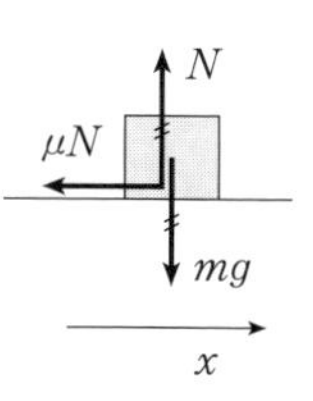

水平方向には動摩擦力 $\mu N = \mu mg$ を受け，運動方程式は

$$ma = -\mu mg \qquad \therefore \quad a = -\mu g$$

$$0^2 - {v_0}^2 = 2(-\mu g)L \quad \therefore \quad L = \boldsymbol{\frac{{v_0}^2}{2\mu g}}$$

41　22と同類のシチュエーションであることに注意する。
鉛直方向の力のつり合いは

$$N + F_0 \sin 30^\circ = mg$$

$$\therefore \quad N = mg - \frac{F_0}{2}$$

運動方程式は

$$ma = F_0 \cos 30^\circ - \mu N$$

$$= \frac{\sqrt{3}}{2} F_0 - \mu\left(mg - \frac{F_0}{2}\right)$$

$$\therefore \quad a = \boldsymbol{\frac{\sqrt{3} + \mu}{2m} F_0 - \mu g}$$

42　$ku = mg \qquad \therefore \quad u = \boldsymbol{\dfrac{mg}{k}}$

$\dfrac{1}{3}u$ のときは，運動方程式より

$$ma = mg - k \cdot \frac{u}{3}$$

$$= mg - \frac{1}{3}mg \qquad \therefore \quad a = \boldsymbol{\frac{2}{3}g}$$

43　力のつり合い式をつくる。

P…　$mg \sin\theta = T$　　Q…　$Mg = T$

$\therefore \quad Mg = mg \sin\theta \quad \therefore \quad M = \boldsymbol{m \sin\theta}$

44

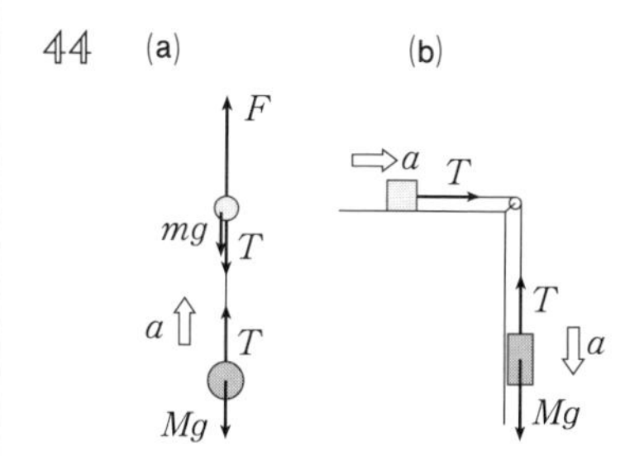

(a)　$ma = F - mg - T$　……①

$Ma = T - Mg$　……②

①＋②より

$(m + M)a = F - (m + M)g$　……③

$$\therefore \quad a = \boldsymbol{\frac{F}{m + M} - g}$$

②より　$T=M(a+g)=\dfrac{M}{m+M}F$

なお，③は全体を一体と見たときの運動方程式である。これから a を求め，次に②か①を立式して T を求めてもよい。

(b)　$ma=T$　……①

$Ma=Mg-T$　……②

①+② より　$a=\dfrac{M}{m+M}g$

①より　$T=ma=\dfrac{mMg}{m+M}$

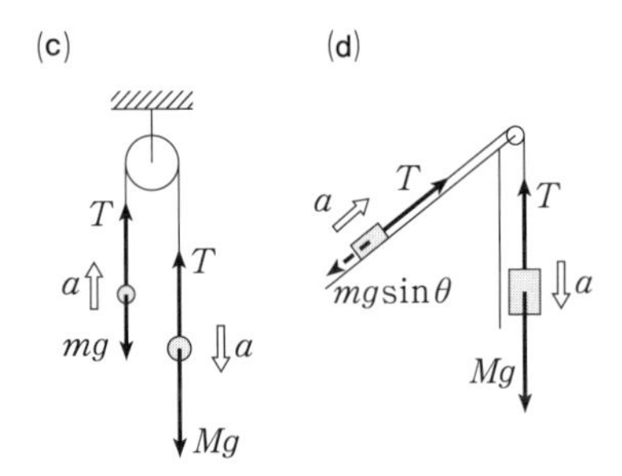

(c)　$ma=T-mg$　……①

$Ma=Mg-T$　……②

①+② より　$a=\dfrac{M-m}{M+m}g$

①より　$T=m(a+g)=\dfrac{2Mmg}{M+m}$

(d)　$ma=T-mg\sin\theta$　……①

$Ma=Mg-T$　……②

①+② より　$a=\dfrac{M-m\sin\theta}{M+m}g$

②より　$T=M(g-a)$

$=\dfrac{Mm(1+\sin\theta)g}{M+m}$

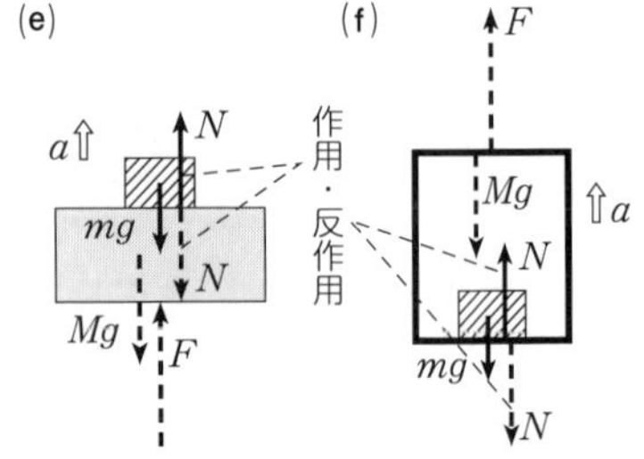

M に働く力は点線の矢印
(f)では Mg の作用点は分かりやすい位置にずらしてある

(e)　$ma=N-mg$　……①

$Ma=F-Mg-N$　……②

①+② より　$a=\dfrac{F}{m+M}-g$

①より　$N=m(a+g)=\dfrac{m}{m+M}F$

Miss　M が m から受ける力 N が mg に等しいと思う人が多い。

(f)　(e)とまったく同じ式，結果になる。

45　(b)　動摩擦力は $\mu N=\mu mg$ だから

$ma=T-\mu mg$　……①

$Ma=Mg-T$　……②

①，②より　$a=\dfrac{M-\mu m}{M+m}g$

(d)　動摩擦力は　$\mu N=\mu mg\cos\theta$

よって

$ma=T-mg\sin\theta-\mu mg\cos\theta$　…①

$Ma=Mg-T$　……②

①，②より　$a=\dfrac{M-m(\sin\theta+\mu\cos\theta)}{M+m}g$

(b)，(d)の結果で，いずれも $\mu=0$ とおくと，44の結果に戻る。このように，簡単なケース(滑らか)に続いて複雑なケースに移った場合には，前の結果を含むような答えでなければならない。それが答えの1つのチェックとなる。

46　力のつり合いは

A … $T=mg$

Bと動滑車の一体について　$2T=M_0g$

$\therefore\quad M_0=\boldsymbol{2m}$

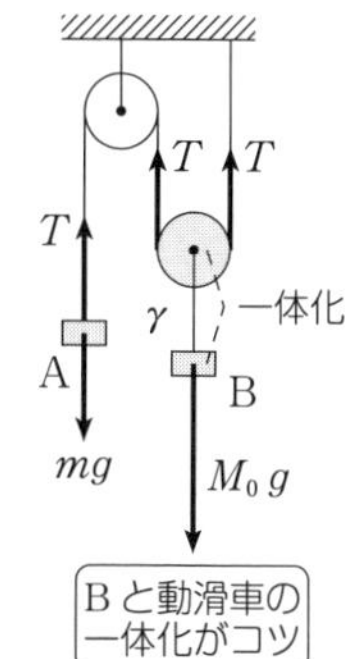

おもりAの代わりに人が引っぱるとすると，人の出すべき力はBの重力の半分でよいことになる。これが動滑車の効用だ。

BをMにしたときは，上の図でM_0をMと読みかえ，Aは上にaで，B(と動滑車の一体)は下に$a/2$で動いていると思って運動方程式を立てればよい。

A　…　$ma=T-mg$　……①

B　…　$M\cdot\dfrac{a}{2}=Mg-2T$　……②

①×2+② でTを消去すると

$$\left(2m+\frac{M}{2}\right)a=(M-2m)g$$

$$\therefore\quad a=\boldsymbol{\frac{2(M-2m)}{4m+M}g}$$

①より　$T=m(a+g)$

$$=\frac{3mMg}{4m+M}$$

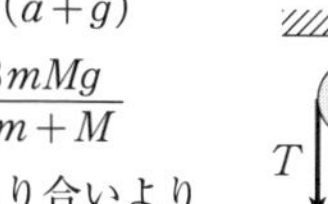

定滑車の力のつり合いより

$$S=2T=\boldsymbol{\frac{6mMg}{4m+M}}$$

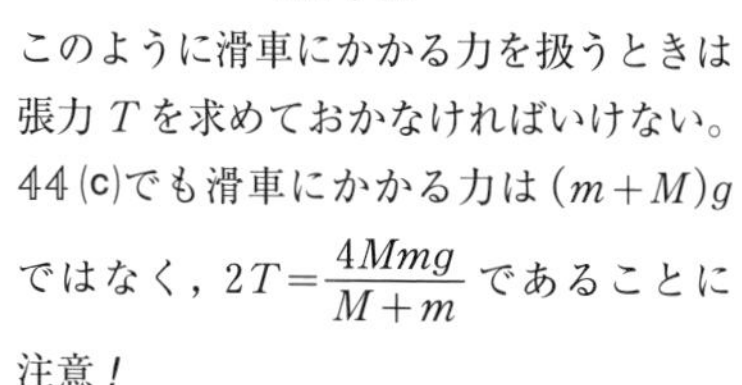

このように滑車にかかる力を扱うときは張力Tを求めておかなければいけない。44(c)でも滑車にかかる力は$(m+M)g$ではなく，$2T=\dfrac{4Mmg}{M+m}$であることに注意！

なお，糸γの張力をT'として動滑車の運動方程式をつくると

$$0\cdot\frac{a}{2}=T'-2T\qquad\therefore\quad T'=2T$$

このように，**質量0の物体に働く力は加速度運動中でもつり合っている。**

※ 動滑車の動きが半分になる理由

動滑車がlだけ下がると右の図から分かるように動滑車に巻きつく糸は左右合わせて$2l$長くなっている。糸の全長は一定だから，この$2l$はAの上昇によって補われる。Aの$2l$に対して動滑車(とB)のlつまり2：1の動きとなる。

47

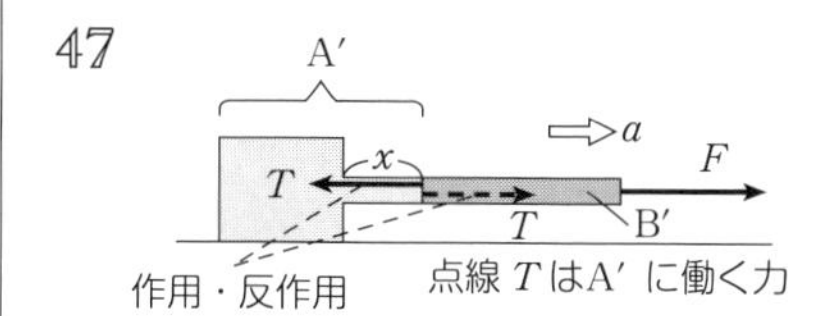

xの位置で2つの物体A′，B′に分けて考える。左側のロープの質量は，比例配分により$\dfrac{x}{l}m$　右側のロープB′の質量は$\dfrac{l-x}{l}m$だから

A′ …　$\left(M+\dfrac{x}{l}m\right)a=T$　……①

B′ …　$\dfrac{l-x}{l}m\cdot a=F-T$　……②

①+② より　$(M+m)a=F$　……③

$$\therefore\quad a=\frac{F}{M+m}$$

①に代入すれば　$T=\boldsymbol{\dfrac{Ml+mx}{(M+m)l}F}$

なお，$m=0$のとき(糸のケース)は，xによらず$T=F$となる。

(別解)　全体を一体化しておくと，③はすぐに分かる。その後，①か②のどちらかの式を立てればよい。

48　一体化した運動方程式は

$$(m+M)a=F_0 \qquad \therefore \quad a=\frac{\boldsymbol{F_0}}{\boldsymbol{m+M}}$$

この a で A が右向きに動いていることから，A には同じく右向きの静止摩擦力が働いていることが分かる。(加速度の向きは力の向き！)

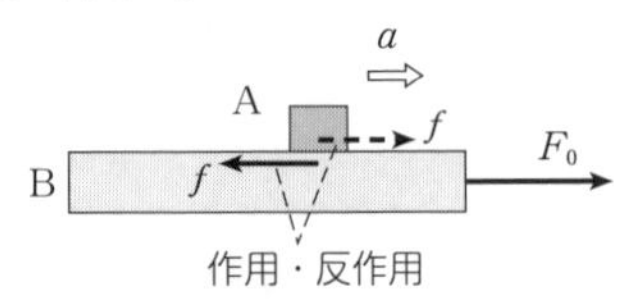

A だけの運動方程式より　$ma=f$

$$\therefore \quad f=ma=\frac{\boldsymbol{m}}{\boldsymbol{m+M}}\boldsymbol{F_0}$$

静止摩擦力の向きが分かりにくい所だが，B の方から考え始めてもよい。A のおかげで B は動きにくくなっているはず。すると B が受ける摩擦力は左向き。A はその反作用を右向きに受けることになる。

(参考)　$f \leqq$ 最大摩擦力 $\mu_0 mg$ より
$F_0 \leqq \mu_0(m+M)g$ と分かる。
μ_0 は A，B 間の静止摩擦係数。

49　A は B に対して左に滑るから，動摩擦力 μmg を右向きに受ける。すると B はその反作用を左向きに受ける。

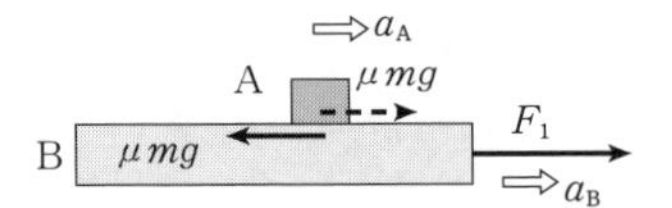

A　…　$ma_A=\mu mg \qquad \therefore \quad a_A=\mu g$

B　…　$Ma_B=F_1-\mu mg$

$$\therefore \quad a_B=\frac{F_1-\mu mg}{M}$$

B に対する A の相対加速度 α は

$$\alpha=a_A-a_B=-\frac{F_1-\mu(m+M)g}{M}$$

B から見ると A は初速 0 で左へ $|\alpha|$ の加速度で動いていくので，以下，左向きを正とすると

$$l=\frac{1}{2}|\alpha|t^2$$

$$\therefore \quad t=\sqrt{\frac{2l}{|\alpha|}}=\sqrt{\frac{\boldsymbol{2Ml}}{\boldsymbol{F_1-\mu(m+M)g}}}$$

(参考)　48 より $F_1>\mu_0(m+M)g$
また，$\mu_0 \geqq \mu$ だから　$F_1>\mu(m+M)g$
よって t の平方根の中は正の値である。

50　(1)

Miss　定義式を用いた積(つ)もりで
$mgl\cos\theta$
定義式の角度は力と移動の向き $\overrightarrow{AC}$ のなす角のことだからここでは $\theta+90°$ としなければいけない。それよりも…　重力の AC 方向の分力は $mg\sin\theta$　この分力と移動の向きが逆だから

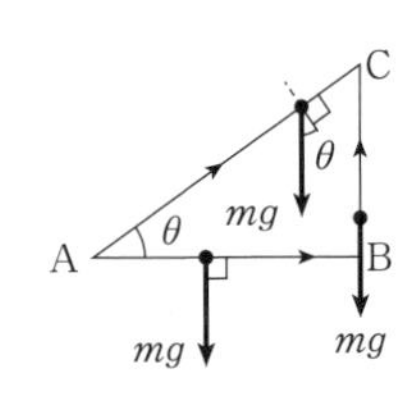

$$-mg\sin\theta\times l=\boldsymbol{-mgl\sin\theta}$$

(2)　AB 間では力の向きと移動の向きが直角をなすから仕事は 0。BC 間では力の向きと移動の向きが逆だから

$$-mg\times BC=\boldsymbol{-mgl\sin\theta}$$

(1)と同じ答えが得られる。このように重力のする仕事は移動の経路によらない。

51　(1)　$W_1=F_0\cos30°\times l=\boldsymbol{\frac{\sqrt{3}}{2}F_0 l}$

(2)　$W_2=\boldsymbol{0}$　　(3)　$W_3=\boldsymbol{0}$

(4)　鉛直方向のつり合いより

$$N+F_0\sin30°=mg$$

$$\therefore \quad N=mg-\frac{F_0}{2}$$

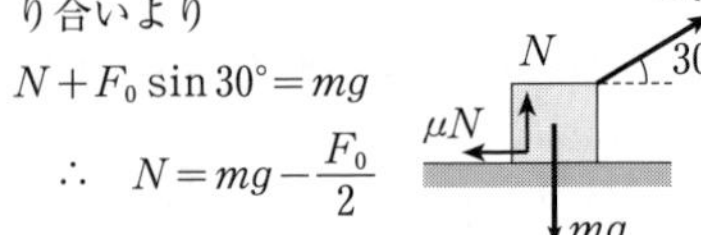

求める仕事は

$$W_4 = -\mu N \times l = -\boldsymbol{\mu l\left(mg - \frac{F_0}{2}\right)}$$

52　「仕事＝運動エネルギーの変化」より

$$W_1 + W_2 + W_3 + W_4 = \frac{1}{2}mv^2 - 0$$

$$\frac{\sqrt{3}}{2}F_0\, l - \mu l\left(mg - \frac{F_0}{2}\right) = \frac{1}{2}mv^2$$

$$\therefore\quad v = \boldsymbol{\sqrt{(\sqrt{3}+\mu)\frac{F_0\, l}{m} - 2\mu g l}}$$

実は，この問題は **41** と同じ内容である。**41** で求めた加速度 a を用いて $v^2 - 0^2 = 2al$ からも v が得られることを確かめてみるとよい。

53　最下点での速さを v_0 とおくと，最高点での位置エネルギー $mg\cdot 2r$ が必要だから

$$\frac{1}{2}mv_0{}^2 > mg\cdot 2r \qquad \therefore\quad v_0 > \boldsymbol{2\sqrt{gr}}$$

等号のときは最高点で止まってしまうので除外した。

54　$mgl = \frac{1}{2}mv_A{}^2 \qquad \therefore\quad v_A = \boldsymbol{\sqrt{2gl}}$

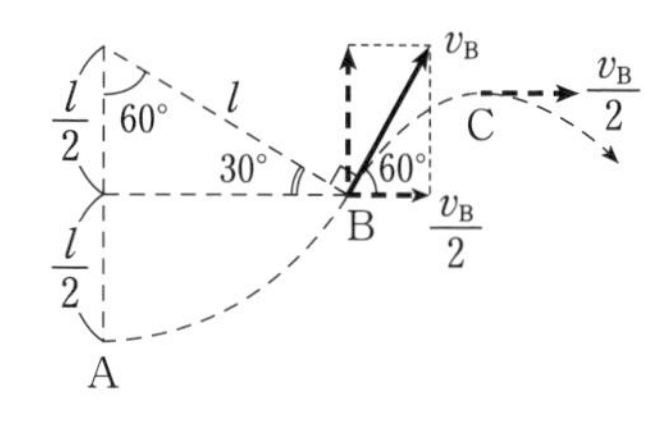

$$mgl = \frac{1}{2}mv_B{}^2 + mg\cdot\frac{l}{2} \qquad \therefore\quad v_B = \boldsymbol{\sqrt{gl}}$$

B 以後は放物運動に入る。水平成分 $v_B/2 = \sqrt{gl}/2$ は最高点 C でも残るので

$$mgl = \frac{1}{2}m\left(\frac{\sqrt{gl}}{2}\right)^2 + mgh \qquad \therefore\quad h = \boldsymbol{\frac{7}{8}l}$$

いずれも出発点との間で力学的エネルギー保存則をつくってみた。

55　$\frac{1}{2}mv^2 + \frac{1}{2}kx^2 = $一定　より

$$\frac{1}{2}kl^2 = \frac{1}{2}mv_1{}^2 \qquad \therefore\quad v_1 = \boldsymbol{l\sqrt{\frac{k}{m}}}$$

$$\frac{1}{2}kl^2 = \frac{1}{2}mv_2{}^2 + \frac{1}{2}k\left(\frac{l}{2}\right)^2$$

$$\therefore\quad v_2 = \boldsymbol{\frac{l}{2}\sqrt{\frac{3k}{m}}}$$

ばねが最も縮むのは P が一瞬静止するときだから

$$\frac{1}{2}kl^2 = \frac{1}{2}kx_m{}^2$$

$$\therefore\quad x_m = \boldsymbol{l}$$

56　自然長までは板と P を一体化して考えればよい。自然長での速さを v_0 とすると

$$\frac{1}{2}kl^2 = \frac{1}{2}(M+m)v_0{}^2$$

$$\therefore\quad v_0 = l\sqrt{\frac{k}{M+m}}$$

その後は P 単独での力学的エネルギー保存に入る。

$$\frac{1}{2}mv_0{}^2 = mgh$$

$$\therefore\quad h = \frac{v_0{}^2}{2g} = \boldsymbol{\frac{kl^2}{2(M+m)g}}$$

P が板と力を及ぼし合っている間は全体として保存し，離れれば単独で保存する。

57　自然長位置以後，板は板で力学的エネルギー保存に入っている。ばねが最大に伸びたときには，板の速度は 0 だから

$$\frac{1}{2}Mv_0{}^2 = \frac{1}{2}kx^2$$

$$\therefore\quad x = v_0\sqrt{\frac{M}{k}} = \boldsymbol{l\sqrt{\frac{M}{M+m}}}$$

58　Q が失った位置エネルギー Mgh のお陰で P，Q は運動エネルギーをもち，かつ，P は mgh だけ位置エネルギーを増すことができたとみて

$$Mgh=\frac{1}{2}Mv^2+\frac{1}{2}mv^2+mgh$$

$$\therefore\quad v=\sqrt{\frac{2(M-m)gh}{M+m}}$$

P，Q 全体で失った位置エネルギー $(Mgh-mgh)$ が2つの運動エネルギーに変わったとみて立式してもよい。

なお，P，Q ははじめ並んでいる必要はない。

59　P が最も下がったときは，P，Q が一瞬止まるときである。失ったのは，はじめの P，Q の運動エネルギーと，P の位置エネルギー mgx，一方，現れたのは Q の位置エネルギーの増加 Mgx

$$\frac{1}{2}mv_0{}^2+\frac{1}{2}Mv_0{}^2+mgx=Mgx$$

$$\therefore\quad x=\frac{(M+m)v_0{}^2}{2(M-m)g}$$

$\frac{1}{2}mv_0{}^2+\frac{1}{2}Mv_0{}^2=Mgx-mgx$ とすれば，全体が失った運動エネルギーが全体での位置エネルギーの増加になったとみていることになる。

60　「静かに」は速度0でということで運動エネルギーは0のままだから，手の仕事は位置エネルギーの増加に等しい。

$$W_1=mgh$$

W_2 は運動エネルギーも考慮して

$$W_2=\frac{1}{2}mv^2+mgh$$

61　位置エネルギー

$$U=mgh+\frac{1}{2}kx^2$$

の変化を調べればよい。

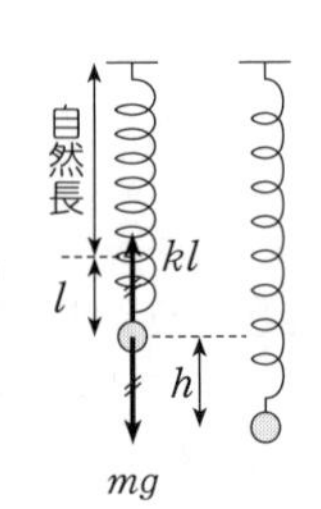

引き下げた位置を重力の位置エネルギーの基準とし，弾性エネルギーの x は自然長からの伸び・縮みを用いることに注意して，はじめの伸びを l とする。

$$U_{後}-U_{前}$$
$$=\left\{0+\frac{1}{2}k(l+h)^2\right\}-\left(mgh+\frac{1}{2}kl^2\right)$$
$$=klh+\frac{1}{2}kh^2-mgh$$

ところで，はじめ静止していた位置はつり合い位置だから　$kl=mg$

$$\therefore\quad U_{後}-U_{前}=\frac{1}{2}kh^2$$

Miss　弾性エネルギーが $\frac{1}{2}kh^2$ 増加したとするのは誤りである。上のように $klh+\frac{1}{2}kh^2$ の増加になっている。

(別解)　単振動の位置エネルギー(p 81)を用いると，つり合い位置(振動中心)から h だけずらしたときの位置エネルギーの増加は $\frac{1}{2}kh^2$ と即答できる。

62　はじめの運動エネルギーのすべてが摩擦熱になったので

$$\frac{1}{2}mv_0{}^2=\mu mgL$$

$$\therefore\quad L=\frac{v_0{}^2}{2\mu g}$$

もちろん，運動方程式で解くこともできる(40 参照)が，エネルギー保存の方がはやい。

63　$l\sin\theta$ の高さを降り，位置エネルギーが運動エネルギーと摩擦熱に変わったから

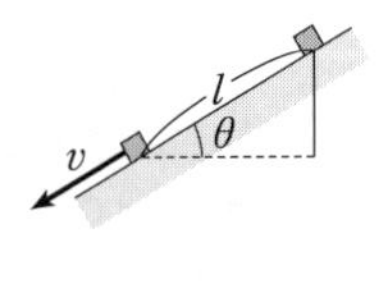

$$mg\cdot l\sin\theta=\frac{1}{2}mv^2+\mu mg\cos\theta\cdot l$$

$$\therefore\quad v=\sqrt{2gl(\sin\theta-\mu\cos\theta)}$$

64　はじめの運動エネルギーが，位置エネルギー(の増加)と摩擦熱になったので

$$\frac{1}{2}mv_0{}^2 = mg\cdot l\sin\theta + \mu mg\cos\theta\cdot l$$

$$\therefore\quad l = \boldsymbol{\frac{v_0{}^2}{2g(\sin\theta+\mu\cos\theta)}}$$

65　Qの失った位置エネルギーがP，Qの運動エネルギーとPの位置エネルギーの増加，さらには摩擦熱に変わるから

$$Mg\cdot l\sin 30° = \frac{1}{2}mv^2 + \frac{1}{2}Mv^2 + mgl + \mu Mg\cos 30°\times l$$

$$\therefore\quad v = \boldsymbol{\sqrt{\frac{(1-\sqrt{3}\,\mu)M-2m}{M+m}gl}}$$

66　はじめの弾性エネルギー $\frac{1}{2}ka^2$ が弾性エネルギー $\frac{1}{2}kl^2$ と摩擦熱に変わっているので

$$\frac{1}{2}ka^2 = \frac{1}{2}kl^2 + \mu mg(a+l)$$

$$\frac{1}{2}k(a^2-l^2) = \mu mg(a+l)$$

a^2-l^2 を $(a+l)(a-l)$ として両辺を $a+l$ で割ると

$$\frac{1}{2}k(a-l) = \mu mg$$

$$\therefore\quad l = \boldsymbol{a-\frac{2\mu mg}{k}}$$

似た項は集める――これがテクニック。
　2次方程式の解の公式でも解けるが，計算はかなり手間取る。

(参考)　p 87 **High** の方法
　この運動は自然長から $\mu mg/k$ だけ左の位置を中心とする単振動となる。次図のように，振幅は $a-\mu mg/k$

$$\therefore\quad a+l = 2\times\left(a-\frac{\mu mg}{k}\right)$$

$$\therefore\quad l = a-\frac{2\mu mg}{k}$$

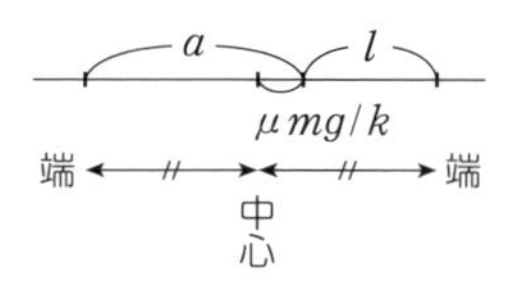

67　右向きを正として運動量の変化を求めると

$$-m\cdot eu - mu = -(1+e)mu$$

マイナスは衝突時，面から左向きの力を受けることに対応している。力積の大きさは　$\boldsymbol{(1+e)mu}$

68　面に平行な速度成分は変わらないから，垂直成分の変化だけを追えばよい。左向きを正とすると

$$m\cdot eu\cos\theta - (-m\cdot u\cos\theta)$$
$$= \boldsymbol{(1+e)mu\cos\theta}$$

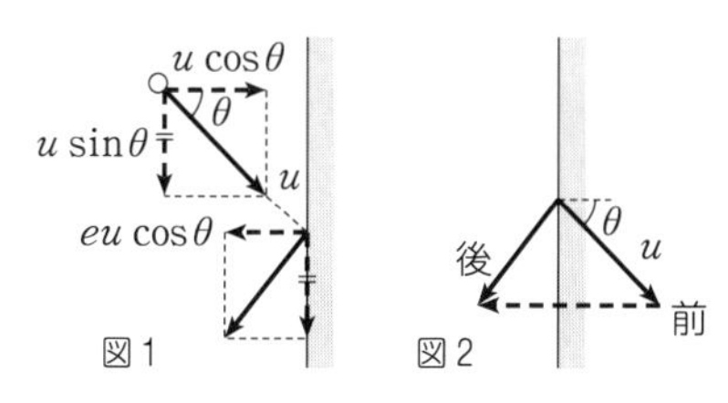

　図2のように，速度ベクトル(または m 倍した運動量ベクトル)の変化を追ってもよい。面に平行な成分が共通なので，結局，垂直成分の変化を調べることになる。

69　$60\,\text{km/h} = \frac{60\times10^3}{3600}\,\text{m/s} = \frac{100}{6}\,\text{m/s}$

力積＝運動量の変化　より

$$F\times10 = 1200\times\frac{100}{6} - 0$$

$$\therefore\quad F = \mathbf{2000\ N}$$

70　力積＝グラフの面積

$$= \frac{1}{2}\times4\times6 = 12\ \text{N}\cdot\text{s}$$

$12=3v-0 \quad \therefore \quad v=\mathbf{4\,m/s}$

71 右向きを正とした運動量保存則より

$2\times6+10\times(-3)=2\times(-3)+10v$

$v=-1.2$ よって **左向きに 1.2 m/s**

72 衝突後は一体として扱えばよい。

$$mv_0=(m+M)v \quad \therefore \quad v=\frac{\boldsymbol{m}}{\boldsymbol{m+M}}\boldsymbol{v_0}$$

失われた力学的エネルギーといっても，位置エネルギーは変わらないから，運動エネルギーの減少分を調べればよい。

$$E=\frac{1}{2}mv_0{}^2-\frac{1}{2}(m+M)v^2$$

$$=\frac{1}{2}mv_0{}^2-\frac{m^2v_0{}^2}{2(m+M)}$$

$$=\frac{1}{2}mv_0{}^2\left(1-\frac{m}{m+M}\right)=\frac{\boldsymbol{mMv_0{}^2}}{\boldsymbol{2(m+M)}}$$

このように衝突すると，一般に全運動エネルギーが減り，代わりに熱などが発生する。

73 これも最後は一体として扱う。

$$mv_0=(m+M)v \quad \therefore \quad v=\frac{\boldsymbol{m}}{\boldsymbol{m+M}}\boldsymbol{v_0}$$

状況は異なるが 72 と同じことになる。

なお，p 44 EX 3 を見直してみるとよい。最終の速さを運動方程式で決めるのはかなり手間(てま)がかかる。運動方程式のよさは時間変化が扱えることである。

74 はじめの運動量は 0 である。右向きを正とした運動量保存則は

$$0=-mv+MV \quad \cdots\cdots①$$

$-mv$ は運動量の大きさが mv で左向きだからマイナスを付けたもの。速度が $-v$ だから $m\times(-v)$ とみてもよい。

①を移項すると

$$mv=MV \quad \cdots\cdots②$$

慣れたら，いきなりこの式からスタートするとよい。運動量のベクトル和が 0 だから，左向きの運動量の大きさ mv と右向きの運動量の大きさ MV が等しいという観点で立式するのである。この見方に立つと，**静止状態で 2 つに分裂すると，正反対の方向に飛ぶ**という大切な事実も納得がいく。

②より $\quad \dfrac{v}{V}=\dfrac{\boldsymbol{M}}{\boldsymbol{m}}$

$$\frac{mv^2/2}{MV^2/2}=\frac{(mv)^2}{(MV)^2}\cdot\frac{M}{m}=\frac{\boldsymbol{M}}{\boldsymbol{m}}$$

ここでも②を利用した。

この結果は軽い方が速いし，運動エネルギーも大きい(質量の逆比)ということを示している。拳銃から発射された弾丸がその例である。拳銃も反動で動くが決して弾丸ほどではない！

75

噴射後の両者の速度を v，V とする。v は左向きかもしれないが，未知数なので正の向きとして考えると分かりやすい。

運動量保存則は

$$MV_0=mv+(M-m)V \quad \cdots\cdots①$$

保存則での速度は地面に対する速度。相対速度は用いられない。

速度 V のロケットから見てガスは後方に u で見えたことから $V+(-u)$ がガスの速度 v にあたる。①に代入すると

$$MV_0=m(V-u)+(M-m)V$$

$$\therefore \quad V=\boldsymbol{V_0}+\frac{\boldsymbol{m}}{\boldsymbol{M}}\boldsymbol{u}$$

v を求めるのには，ロケットから見た

相対速度が $-u$（マイナスは後方，左向きを表す）であるから，$-u=v-V$ として考えてもよい。

なお v を求めてみると

$$v=V-u=V_0-\left(1-\frac{m}{M}\right)u$$

v は正の場合も負の場合もある。

76　一体となった後の速度成分を v_x，v_y とすると，各方向での運動量保存則は

x 方向　…　$2\times3=(2+4)v_x$　$\therefore$　$v_x=1$

y 方向　…　$4\times2=(2+4)v_y$　$\therefore$　$v_y=\frac{4}{3}$

$$\therefore\quad v=\sqrt{v_x{}^2+v_y{}^2}=\sqrt{1+\frac{16}{9}}$$

$$=\frac{5}{3}\fallingdotseq\mathbf{1.67\ m/s}$$

(別解)　一体となった後の運動量は点線の矢印で示され，三平方の定理より

$$\sqrt{6^2+8^2}=10$$

これが $(2+4)v$ に等しいことから v が求まる。

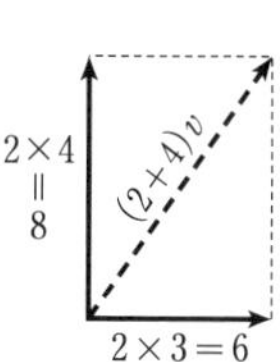

77　運動量保存則より

$$2v_P+3v_Q=2\times4+3\times(-2)$$
$$=2\qquad\cdots\cdots①$$

反発係数の式より

$$v_P-v_Q=-0.5\times\{4-(-2)\}$$
$$=-3\qquad\cdots\cdots②$$

①＋3×②　$5v_P=-7$

$\therefore$　$v_P=-1.4$　　**P は左へ 1.4 m/s**

②より　$v_Q=v_P+3=1.6$

Q は右へ 1.6 m/s

78　運動量保存則より

$$mv_1'+Mv_2'=mv_1+Mv_2\quad\cdots①$$

弾性衝突より $e=1$ であり

$$v_1'-v_2'=-(v_1-v_2)\qquad\cdots\cdots②$$

①＋M×②

$$(m+M)v_1'=(m-M)v_1+2Mv_2$$

$$\therefore\quad v_1'=\boldsymbol{\frac{(m-M)v_1+2Mv_2}{m+M}}$$

①－m×②

$$(M+m)v_2'=2mv_1+(M-m)v_2$$

$$\therefore\quad v_2'=\boldsymbol{\frac{2mv_1+(M-m)v_2}{m+M}}$$

問題の図では，はじめの P，Q の速度が右向きに描かれているが，どんなケースであれ，この結果は通用する。

$M=m$ のときは，$v_1'=v_2$，$v_2'=v_1$ となって，速度の入れ替わりが起こる。ただ，「等質量」で「弾性衝突」という二重の条件が必要であることを忘れないように。

79　(1)　$e=0$ は完全非弾性衝突ともよばれ，衝突後の速度差が 0，つまり一体化する（ひっつく）ケースである。衝突直後の両者の速度を v とすると

$$mv_0=(m+M)v\quad より\quad v=\frac{m}{m+M}v_0$$

このときの運動エネルギーがばねの弾性エネルギーに変わっていくから

$$\frac{1}{2}(m+M)v^2=\frac{1}{2}kx^2$$

$$\therefore\quad x=v\sqrt{\frac{m+M}{k}}=\boldsymbol{\frac{mv_0}{\sqrt{k(m+M)}}}$$

衝突の直前・直後を力学的エネルギー保存で結ぶことはできないが，衝突後は成り立つという見極め（みきわ）めが大切。

(2)　衝突後の m，M の速度を v，V とする。

$$mv+MV=mv_0\qquad\cdots\cdots①$$

$$v-V=-\frac{1}{2}(v_0-0)\qquad\cdots\cdots②$$

①－m×② より

$$V=\frac{3m}{2(m+M)}v_0$$

今度は板だけがばねを縮めていくので

$$\frac{1}{2}MV^2=\frac{1}{2}kx^2$$

$$\therefore\quad x=V\sqrt{\frac{M}{k}}=\boldsymbol{\frac{3mv_0}{2(m+M)}\sqrt{\frac{M}{k}}}$$

ちなみに $v=\dfrac{2m-M}{2(m+M)}v_0<0$ となるから m は左へはね返っている。

80

速さを v，V とする。(速度にしないのは向きが歴然(れきぜん)としているため)

運動量保存則は　　$mv=MV$　…①

力学的エネルギー保存則は

$$\frac{1}{2}kl^2=\frac{1}{2}mv^2+\frac{1}{2}MV^2\quad\cdots\cdots②$$

①の V を②へ代入し

$$\frac{1}{2}kl^2=\frac{1}{2}mv^2+\frac{m^2v^2}{2M}$$

$$=\frac{1}{2}mv^2\left(1+\frac{m}{M}\right)$$

$$\therefore\quad v=\boldsymbol{l\sqrt{\frac{kM}{m(m+M)}}}$$

この場合，「物体系はどれとどれ？」と尋ねると，「PとQ」という答えが圧倒的だ。それでは，ばねの力が外力として働いてしまう。それでも，ばねの力はPとQに対して，逆向きで同じ大きさなので，外力の和が0ということでセーフなのだが，「PとQとばね」を物体系ととらえるとよい。ばねの力は内力(グループを構成するメンバー間の力)となって気にならないし，ばねには質量がないので，運動量は常に0で，保存則の式に顔を出してこない。

81　水平方向には外力がないので，水平方向については運動量が保存する。初め全体が静止していたので，全運動量は0であり，Pが左に動けば，台は右に動く。Pが点Bを通るときの，Pの速さを v，台の速さを V とすると，運動量保存則は

$$mv=MV\qquad\cdots\cdots①$$

力学的エネルギー保存則は

$$mgh=\frac{1}{2}mv^2+\frac{1}{2}MV^2\quad\cdots\cdots②$$

①の V を②へ代入し，整理すると

$$mgh=\frac{1}{2}mv^2\left(1+\frac{m}{M}\right)$$

$$\therefore\quad v=\boldsymbol{\sqrt{\frac{2Mgh}{m+M}}}$$

最下点BではPの速度が水平(左向き)になっているので，①が成立。途中の位置だと，v を速度の水平成分に置き換える必要がある。

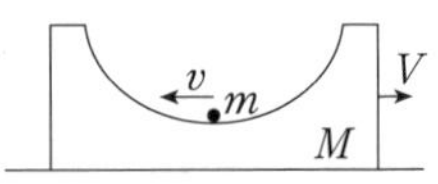

82　最も高い位置にきたかどうかは，台上の人に判断させればよい。その人が見てPの速度が0になったときにあたる。なぜなら，動いて見えている限り，まだ上昇中か，あるいは既に下りに入ったかのどちらかになってしまうからだ。

台上の人に対する相対速度が0だから，Pの速度は台の速度 V に一致していることになる。台の速度は水平方向だから，このときPの速度も水平で V ということになる。

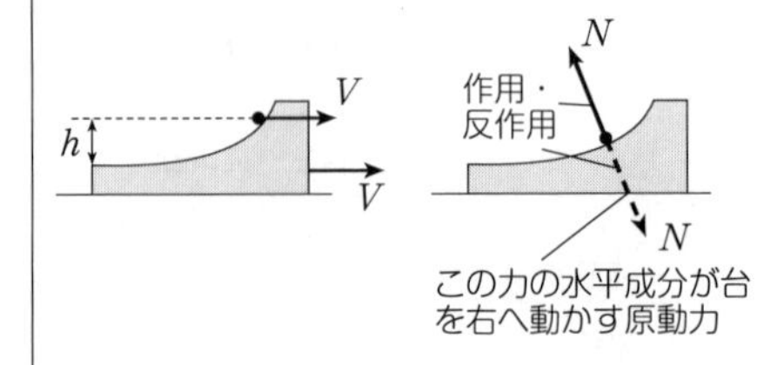

水平方向には外力がないので，運動量

保存則が成り立つ(鉛直方向は重力があるのでダメ)。幸い，最高点のときの両者の速度は水平方向なので

$$mv_0 = mV + MV$$

$$\therefore \quad V = \frac{\boldsymbol{m}}{\boldsymbol{m+M}}\boldsymbol{v_0}$$

力学的エネルギー保存則より

$$\frac{1}{2}mv_0{}^2 = \frac{1}{2}mV^2 + \frac{1}{2}MV^2 + mgh$$

$$= \frac{m^2v_0{}^2}{2(m+M)} + mgh$$

$$\frac{1}{2}mv_0{}^2\left(1 - \frac{m}{m+M}\right) = mgh$$

$$\therefore \quad h = \frac{\boldsymbol{Mv_0{}^2}}{\boldsymbol{2(m+M)g}}$$

83　Pと台の速度を u，U とすると **EX** の(3)の解答の式①，②と全く同じ式が成り立つ。ただし，求めるのは速さだから

$$|u| = \frac{\boldsymbol{|m-M|}}{\boldsymbol{m+M}}\boldsymbol{v_0}$$

①と u より　$U = \dfrac{m}{M}(v_0 - u)$

$$= \frac{\boldsymbol{2m}}{\boldsymbol{m+M}}\boldsymbol{v_0}$$

(別解)　①と，$e=1$ の式，

$$u - U = -(v_0 - 0)$$

を連立させて解く。

84

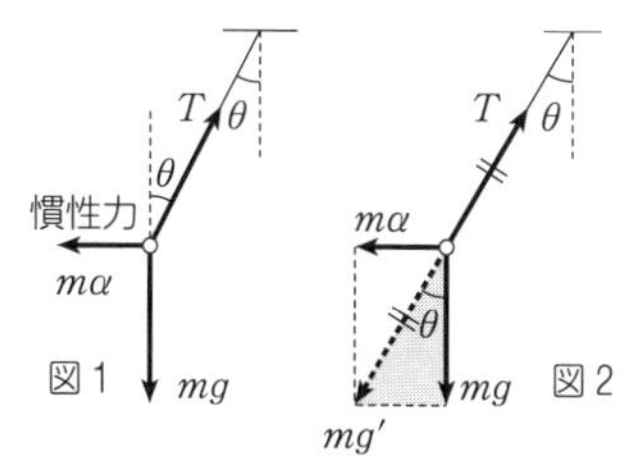

力のつり合いは

水平　…　$T\sin\theta = m\alpha$　……①

鉛直　…　$T\cos\theta = mg$　……②

$\dfrac{①}{②}$ より　$\tan\theta = \dfrac{\boldsymbol{\alpha}}{\boldsymbol{g}}$

①^2+②^2　より　$(\sin^2\theta + \cos^2\theta = 1)$

$$T^2 = (m\alpha)^2 + (mg)^2$$

$$\therefore \quad T = \boldsymbol{m\sqrt{g^2+\alpha^2}}$$

(別解)　重力と慣性力の合力である見かけの重力 mg' をつくって考えてもよい(図2)。これと T がつり合うから，灰色の直角三角形に目をつければ

$$\tan\theta = \frac{m\alpha}{mg} = \frac{\boldsymbol{\alpha}}{\boldsymbol{g}}$$

T は斜辺の長さに等しい。

糸を切ると，おもりは mg' によって“自由落下”をし，直線的に(θ 方向に)床に落ちる。

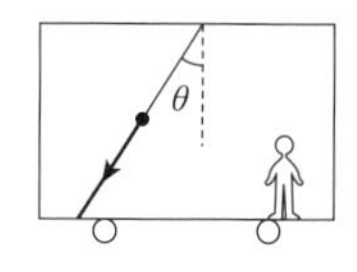

なお，地上で静止している人が見れば，おもりは水平方向に動いている状態で糸が切られるので，水平投射に入り，放物線を描いて落ちていく(下図)。

このように運動は誰が見るかでまるで変わる。だから「観測者」が重視される。

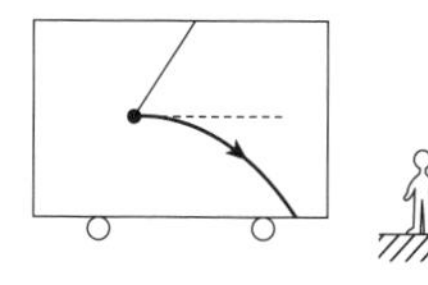

この間，電車も右へ動く

85　力のつり合いより

$$N + m\alpha = mg$$

$$\therefore \quad N = \boldsymbol{m(g-\alpha)}$$

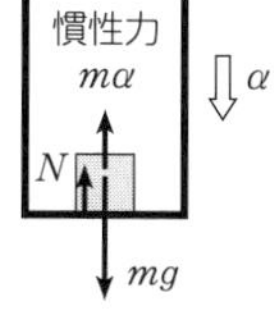

$m(g-\alpha)$ は見かけの重力で，もし $\alpha=g$ とすると(箱を自由落下させると)，$N=0$ となり無重力(無重量)状態に入る。

86　箱の中で見れば P は慣性力 $m\alpha$ によって引きずられることになる。運動方程式は，箱に対する加速度を a として

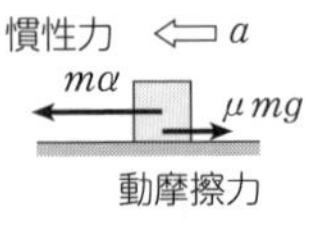

$$ma = m\alpha - \mu mg$$

$$\therefore\quad a = \alpha - \mu g$$

$l = \dfrac{1}{2}(\alpha - \mu g)t^2$ より

$$t = \sqrt{\frac{\mathbf{2}\boldsymbol{l}}{\boldsymbol{\alpha - \mu g}}}$$

(参考)　もともと慣性力 $m\alpha$ が最大摩擦力 $\mu_0 mg$ をこえないと動き出さないから　$m\alpha > \mu_0 mg$

$$\therefore\quad \alpha > \mu_0 g \geqq \mu g$$

答えの平方根の中は正となる。

87

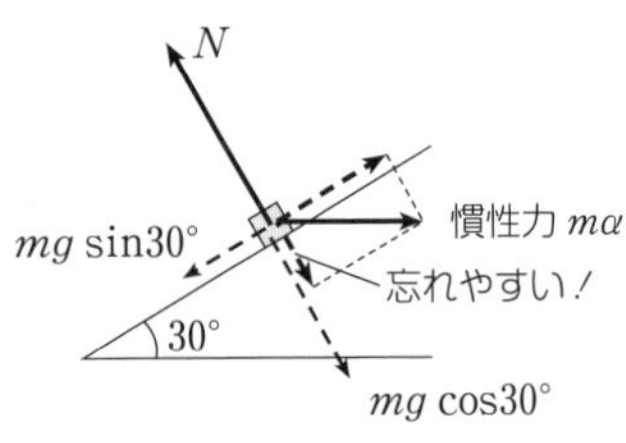

上るためには，斜面方向に着目して

$$mg\sin 30° < m\alpha\cos 30°$$

$$\therefore\quad \alpha > \frac{\boldsymbol{g}}{\sqrt{\mathbf{3}}}$$

垂直方向の力のつり合いより

$$N = mg\cos 30° + m\alpha\sin 30°$$

$$= \frac{\boldsymbol{m}}{\mathbf{2}}(\sqrt{\mathbf{3}}\,\boldsymbol{g} + \boldsymbol{\alpha})$$

Miss　$m\alpha\sin 30°$ の存在が忘れられがち。とくに，動摩擦力が働くとき，μN の N は上の値を用いること。

運動方程式は，斜面に対する加速度を a として

$$ma = m\alpha\cos 30° - mg\sin 30°$$

$$\therefore\quad a = \frac{\sqrt{3}\,\alpha - g}{2}$$

$l = \dfrac{1}{2}at^2$ より

$$t = \sqrt{\frac{2l}{a}} = \mathbf{2}\sqrt{\frac{\boldsymbol{l}}{\sqrt{\mathbf{3}}\,\boldsymbol{\alpha - g}}}$$

はじめに求めた $\alpha > g/\sqrt{3}$ より平方根の中は正の値となっている。

88　N を分解して考えると分かりやすい。鉛直方向には微動(びどう)だにしないから，つり合いが成り立つ。

Miss　斜面を上り下りする物体のときのように，斜面に垂直な方向でのつり合い式をつくる人がいる。

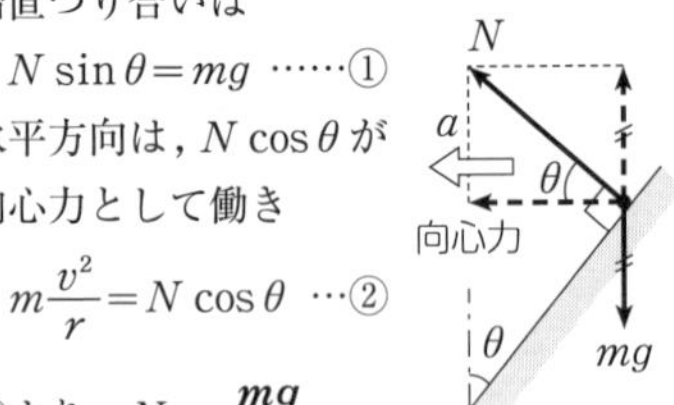

鉛直つり合いは

$$N\sin\theta = mg \quad \cdots\cdots①$$

水平方向は，$N\cos\theta$ が向心力として働き

$$m\frac{v^2}{r} = N\cos\theta \quad \cdots②$$

①より　$N = \dfrac{\boldsymbol{mg}}{\mathbf{sin}\,\boldsymbol{\theta}}$

②へ代入　$m\dfrac{v^2}{r} = \dfrac{mg}{\sin\theta}\cos\theta$

$$\therefore\quad v = \sqrt{\frac{\boldsymbol{gr}\,\mathbf{cos}\,\boldsymbol{\theta}}{\mathbf{sin}\,\boldsymbol{\theta}}} = \sqrt{\frac{\boldsymbol{gr}}{\mathbf{tan}\,\boldsymbol{\theta}}}$$

89　遠心力を取り入れると，完全な力のつり合いとなる。

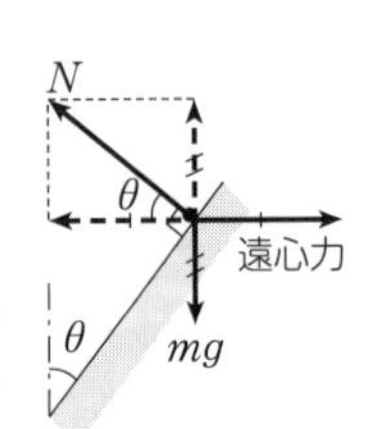

88の解答の式①は鉛直方向のつり合い式として，また，式②は水平方向のつり合い式として登場する。なお，水平･鉛直方向に限らず，任意の方向(斜面方向と斜面に垂直な方向など)についてつり合い式を立ててよい。

それこそ，遠心力を用いる大きなメリットだ。

周期 T は，1周 $2\pi r$ の距離を速さ v で回るのに要する時間だから（速さ v〔m/s〕は1s間に円弧の長さ v〔m〕を動くということ）

$$T=\frac{2\pi r}{v}=\mathbf{2\pi\sqrt{\frac{r}{g}\tan\theta}}$$

90　遠心力で外へ飛び出すのを静止摩擦力で支えている。ω が大きくなるほど遠心力は大きくなり，ω_0 は最大摩擦力のときにあたる。

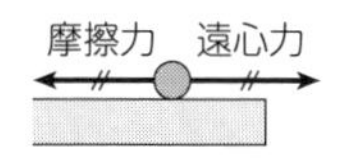

$$\mu mg=mr{\omega_0}^2$$

$$\therefore\quad \omega_0=\mathbf{\sqrt{\frac{\mu g}{r}}}$$

91

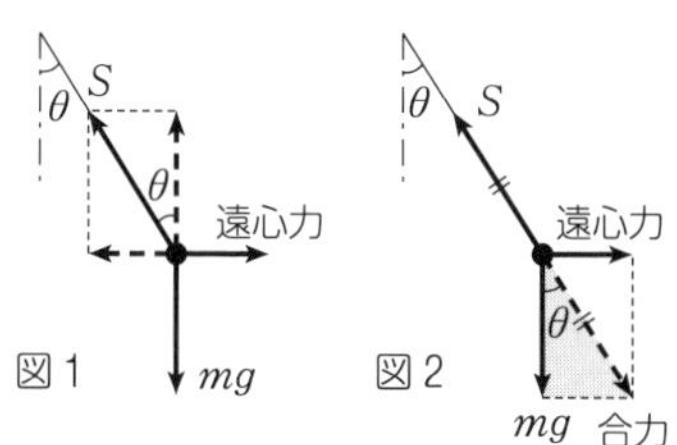

図1　図2

半径 $r=l\sin\theta$ の円運動だから遠心力を考えて力のつり合い式を立てていく（図1）。

鉛直つり合いより　$S\cos\theta=mg$

$$\therefore\quad S=\mathbf{\frac{mg}{\cos\theta}}$$

水平つり合いより　$S\sin\theta=m\dfrac{v^2}{l\sin\theta}$

S を代入して　$v=\mathbf{\sqrt{\dfrac{gl}{\cos\theta}}\sin\theta}$

$$T=\frac{2\pi r}{v}=\frac{2\pi l\sin\theta}{v}$$

$$=\mathbf{2\pi\sqrt{\frac{l\cos\theta}{g}}}$$

この周期は公式にもなっているが，覚えるより出せることが大切。

図2のように，重力と遠心力の合力をつくって考えてもよい。この合力が S とつり合うから，灰色の直角三角形に目を向けて解くこともできる。

92

$$r=\sqrt{R^2-(R-h)^2}$$
$$=\sqrt{(2R-h)h}$$

$$\cos\theta=\frac{R-h}{R}$$

$$\sin\theta=\frac{r}{R}$$
$$=\frac{\sqrt{(2R-h)h}}{R}$$

鉛直つり合い　$N\cos\theta=mg$

$$\therefore\quad N=\frac{mg}{\cos\theta}=\mathbf{\frac{R}{R-h}mg}\quad\cdots\cdots①$$

水平つり合い　$N\sin\theta=m\dfrac{v^2}{r}$

①と $\sin\theta$ を代入して

$$\frac{R}{R-h}mg\cdot\frac{r}{R}=m\frac{v^2}{r}$$

$$\therefore\quad v=r\sqrt{\frac{g}{R-h}}\quad\cdots\cdots②$$

$$=\mathbf{\sqrt{\frac{gh(2R-h)}{R-h}}}$$

$$T=\frac{2\pi r}{v}=\mathbf{2\pi\sqrt{\frac{R-h}{g}}}\quad(\because\ ②)$$

このように，θ や r など考えを進めるために必要な量は自分でどんどん用意していくことが1つのテクニック。

(参考)　91と類似の状況。張力 S に代わって垂直抗力 N，そして l に代わって R となったと見てもよい。周期の式で $l\cos\theta$ は $R\cos\theta=R-h$ と対応している。

93　水平方向では

$$S\sin\theta = mr\omega^2$$

$$S\frac{r}{l} = mr\omega^2$$

$$\therefore\quad S = \boldsymbol{ml\omega^2}$$

鉛直方向では

$$S\cos\theta + N = mg$$

上の S と $\cos\theta = h/l$ を代入して

$$ml\omega^2\cdot\frac{h}{l} + N = mg$$

$$\therefore\quad N = \boldsymbol{m(g - h\omega^2)}\quad\cdots①$$

面から離れれば接触による力 N は消えてなくなる。つまり $N=0$ のときを考え

$$m(g - h\omega_0{}^2) = 0\qquad\therefore\quad \omega_0 = \sqrt{\boldsymbol{\frac{g}{h}}}$$

High　式①で ω を増していくと，$N=0$ をへて $N<0$ となる。このように $N=0$ から計算上 $N<0$（物理的にあり得ない）となるときが，厳密な意味で面から離れるときである。

94　点Aでの速さ v_A は

$$mgh = \frac{1}{2}mv_A{}^2$$

$$\therefore\quad v_A = \sqrt{2gh}$$

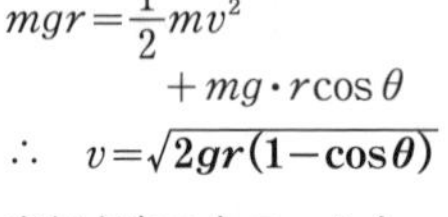

$$N_A = mg + m\frac{v_A{}^2}{r}$$

$$= mg + 2mg\cdot\frac{h}{r}$$

$$= \boldsymbol{\left(1 + \frac{2h}{r}\right)mg}$$

$$mgh = \frac{1}{2}mv_B{}^2 + mgr$$

$$\therefore\quad v_B{}^2 = 2g(h - r)$$

$$N_B = m\frac{v_B{}^2}{r}$$

$$= \boldsymbol{2mg\frac{h-r}{r}}$$

点Cで必要な速さを v_C とすると

$$m\frac{v_C{}^2}{r} = mg\quad より\quad v_C{}^2 = gr$$

力学的エネルギー保存則より

$$mgh \geqq \frac{1}{2}mv_C{}^2 + mg\cdot 2r = \frac{5}{2}mgr$$

$$\therefore\quad h \geqq \boldsymbol{\frac{5}{2}r}$$

95　離れる位置での速さを v とする。離れるときは $N=0$ だから半径方向のつり合いより

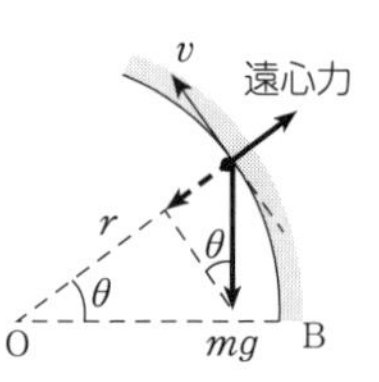

$$mg\sin\theta = m\frac{v^2}{r}\quad\cdots①$$

力学的エネルギー保存則より

$$mg\cdot 2r = \frac{1}{2}mv^2 + mg(r + r\sin\theta)\quad\cdots②$$

①の v^2 を代入すると

$$2mgr = \frac{1}{2}mgr\sin\theta + mgr(1 + \sin\theta)$$

$$\therefore\quad \sin\theta = \boldsymbol{\frac{2}{3}}$$

96　力学的エネルギー保存則より

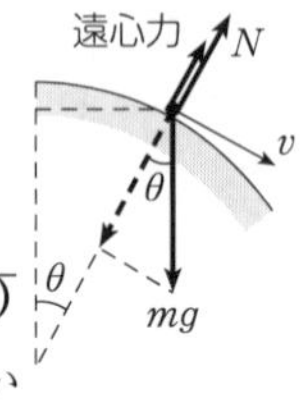

$$mgr = \frac{1}{2}mv^2 + mg\cdot r\cos\theta$$

$$\therefore\quad v = \boldsymbol{\sqrt{2gr(1 - \cos\theta)}}$$

半径方向の力のつり合いより

$$N + m\frac{v^2}{r} = mg\cos\theta$$

$$\therefore\quad \boldsymbol{N = mg(3\cos\theta - 2)}$$

θ が増すと，$\cos\theta$ は減少するので，この結果より N は小さくなっていくことがわかる。

球面から離れるのは $N=0$ のときで

$$0 = mg(3\cos\theta - 2)\qquad\therefore\quad \cos\theta = \frac{2}{3}$$

$$h = r\cos\theta = \boldsymbol{\frac{2}{3}r}$$

97　自然長が端で，つり合い位置Oが振動中心だから，振幅は l に等しい。するとばねの伸びは最大 $2l$ となる。ばね全体の最大の長さは

$$l_0+2l=\boldsymbol{l_0+\frac{2mg}{k}}$$

端から端に至る時間は半周期で

$$\frac{T}{2}=\frac{1}{2}\times2\pi\sqrt{\frac{m}{k}}=\boldsymbol{\pi\sqrt{\frac{m}{k}}}$$

$$v_{\max}=l\omega=\frac{mg}{k}\sqrt{\frac{k}{m}}=\boldsymbol{g\sqrt{\frac{m}{k}}}$$

98　p 24で扱った合成ばね定数を用いるとよい。

図a：$k_T=k+2k=3k$

$$\therefore\quad T=2\pi\sqrt{\frac{m}{k_T}}=\boldsymbol{2\pi\sqrt{\frac{m}{3k}}}$$

$$v_{\max}=d\omega=d\cdot\frac{2\pi}{T}=\boldsymbol{d\sqrt{\frac{3k}{m}}}$$

図b：$\dfrac{1}{k_T}=\dfrac{1}{k}+\dfrac{1}{2k}=\dfrac{3}{2k}$

$$\therefore\quad k_T=\frac{2}{3}k$$

$$\therefore\quad T=2\pi\sqrt{\frac{m}{k_T}}=\boldsymbol{2\pi\sqrt{\frac{3m}{2k}}}$$

$$v_{\max}=d\cdot\frac{2\pi}{T}=\boldsymbol{d\sqrt{\frac{2k}{3m}}}$$

図c：$k_T=2k+(k+k)=4k$

$$\therefore\quad T=2\pi\sqrt{\frac{m}{4k}}=\boldsymbol{\pi\sqrt{\frac{m}{k}}}$$

$$v_{\max}=d\frac{2\pi}{T}=\boldsymbol{2d\sqrt{\frac{k}{m}}}$$

99　右の球Pに注目してみる。力のつり合い位置はもちろんばねの自然長位置だから，そこを原点として座標軸をとり，Pの座標が x のときを考える。

Q　自然長　F　P
x　A　0　x

このときPに働く力 F は，ばねの自然長からの伸びが $2x$ だから

$$F=-k(2x)=-(2k)x$$

$K=2k$ のケースだから　$T=\boldsymbol{2\pi\sqrt{\frac{m}{2k}}}$

Miss　$F=-kx$ とするのは誤り。
左右の球は対称的に動き，ばねの全長は自然長より $2x$ だけ伸びている。

(別解)　2球の中点Aは対称性より不動点となっているから，ばねは点Aで固定されているのと同等(Aでピン止めしても運動に影響を与えないはず)。すると，Pは右半分のばねによる単純なばね振り子とみなせる。ばね定数はばねの自然長に反比例する(p 25)から，この場合は $2k$

よって　$T=\boldsymbol{2\pi\sqrt{\frac{m}{2k}}}$

High　P，Qの質量が異なるときは重心が不動点となる(p 68)。これを利用して，別解の方法で周期を求めてみよ。P，Qの質量を m，M とする。

(解答)　ばねの自然長を l_0 とする。静止状態で，重心Gは P から $l=\dfrac{M}{m+M}l_0$ の距離にある。

Q　自然長 l_0　P
M　G　l　m
自然長

すると，GP間のばねのばね定数 k_P は

$$k_P=\frac{1}{l/l_0}k=\frac{m+M}{M}k$$

よって，Pの周期は

$$T=2\pi\sqrt{\frac{m}{k_P}}=2\pi\sqrt{\frac{mM}{k(m+M)}}\quad\text{(答)}$$

Qに注目しても同じ結果になるので試みてみるとよい(PとQは同時に一瞬静止するので周期 T は同じになる)。

100　I．点Aを重力の位置エネルギーの基準とする。点Aと点Oとで

$$0+0+\frac{1}{2}k(l+d)^2=\frac{1}{2}mv^2+mgd+\frac{1}{2}kl^2$$

$$kld+\frac{1}{2}kd^2=\frac{1}{2}mv^2+mgd$$

つり合いの式 $kl=mg$ を用いると

$$\frac{1}{2}kd^2=\frac{1}{2}mv^2 \quad \therefore \quad v=\boldsymbol{d\sqrt{\frac{k}{m}}}$$

II．$0+\frac{1}{2}kd^2=\frac{1}{2}mv^2+0$

$$\therefore \quad v=\boldsymbol{d\sqrt{\frac{k}{m}}}$$

101　IIの方法が速い。

まず，つり合い位置Oを調べる。

CO$=l$ とおくと

$$mg\sin 30°=kl$$

$$\therefore \quad l=\frac{mg}{2k}$$

Cと下の端Dとで

$$\frac{1}{2}mv_0{}^2+\frac{1}{2}kl^2=\frac{1}{2}kA^2$$

$$\therefore \quad A=\sqrt{l^2+\frac{mv_0{}^2}{k}}=\boldsymbol{\sqrt{\left(\frac{mg}{2k}\right)^2+\frac{mv_0{}^2}{k}}}$$

(別解)　Iの方法。点Dを重力の位置エネルギーの基準にすると，CとDで

$$\frac{1}{2}mv_0{}^2+mg(A+l)\sin 30°+0=0+0+\frac{1}{2}k(A+l)^2$$

$$\frac{1}{2}mv_0{}^2+\frac{1}{2}mgA+\frac{1}{2}mgl=\frac{1}{2}kA^2+kAl+\frac{1}{2}kl^2$$

lを代入すると

$$\frac{1}{2}mv_0{}^2+\frac{1}{2}mgA+\frac{m^2g^2}{4k}=\frac{1}{2}kA^2+\frac{1}{2}mgA+\frac{m^2g^2}{8k}$$

$$\frac{1}{2}mv_0{}^2+\frac{m^2g^2}{8k}=\frac{1}{2}kA^2$$

$$\therefore \quad A=\boldsymbol{\sqrt{\frac{mv_0{}^2}{k}+\frac{m^2g^2}{4k^2}}}$$

102　dが振幅になるから

$$v_{\max}=d\omega=d\frac{2\pi}{T}=\boldsymbol{d\sqrt{\frac{g}{h}}}$$

単振動の位置エネルギー

$$\frac{1}{2}Kx^2=\frac{1}{2}(\rho Sg)x^2$$

を用いた力学的エネルギー保存則より

$$\frac{1}{2}(\rho Sg)d^2=\frac{1}{2}mv^2+\frac{1}{2}(\rho Sg)\left(\frac{d}{2}\right)^2$$

$m=\rho_1 Sl=\rho Sh$ を代入して，整理すると

$$gd^2=hv^2+\frac{1}{4}gd^2 \quad \therefore \quad v=\boldsymbol{\frac{d}{2}\sqrt{\frac{3g}{h}}}$$

単振動の位置エネルギーの威力！

103　(1)　等温変化だから $PV=$一定

$$P_0SL=PS(L-x) \quad \therefore \quad P=\boldsymbol{\frac{L}{L-x}P_0}$$

(2)　ピストンに働く力Fは

$$F=P_0S-PS=P_0S-\frac{L}{L-x}P_0S=-\frac{x}{L-x}P_0S=-\frac{x}{L\left(1-\frac{x}{L}\right)}P_0S$$

$|x|\ll L$ より　$F\fallingdotseq-\frac{x}{L}P_0S=-\frac{P_0S}{L}x$

よって，ピストンは単振動をする。その周期Tは

$$T=2\pi\sqrt{\frac{M}{P_0S/L}}=\boldsymbol{2\pi\sqrt{\frac{ML}{P_0S}}}$$

104　Pには重力 mg と垂直抗力 N が働く。N の向きはたえず円の中心を向き，単振り子の張力と同じ役割をする。そこでこの場合も $mg\sin\theta$ が復元力となり，周期の式は単振り子の式を応用すればよい。糸の長さ l に当たるのが半径 r だから

$$T=2\pi\sqrt{\frac{r}{g}}$$

105　滑らかな斜面上での現象は g を $g\sin\theta$ に置き換えれば，鉛直面内の現象の知識が応用できる(9 参照)。

$$T=2\pi\sqrt{\frac{l}{g\sin\theta}}$$

106　エレベーター内での見かけの重力は $mg+m\alpha=m(g+\alpha)$ で，見かけの重力加速度は $g+\alpha$　よって単振り子の周期 T_1 は

$$T_1=2\pi\sqrt{\frac{l}{g+\alpha}}$$

ばね振り子は水平にしても，鉛直にしても周期が変わらなかったことを思い出したい。周期は重力の影響を受けないのである。

$$T_2=2\pi\sqrt{\frac{m}{k}}$$

この公式には g が現れないことから g が $g+\alpha$ になっても変わらないと判断してもよい。

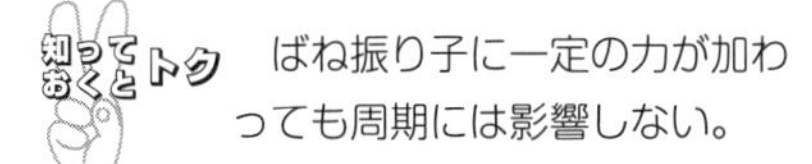

理由は，一定の力を C とし，自然長位置を原点とすると，合力が $F=-kx+C$ となるから(p 83 **High**)。

107　見かけの重力は

$$\sqrt{(mg)^2+(m\alpha)^2}=m\sqrt{g^2+\alpha^2}$$

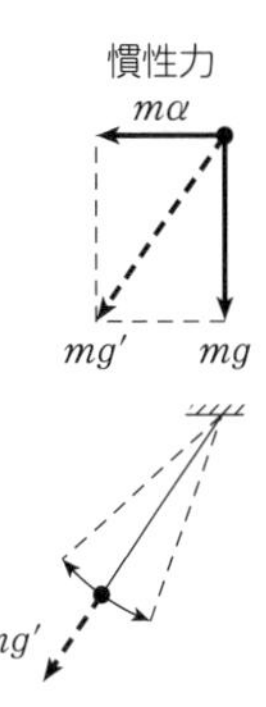

見かけの重力加速度 g' が $\sqrt{g^2+\alpha^2}$ だから

$$T=2\pi\sqrt{\frac{l}{\sqrt{g^2+\alpha^2}}}$$

ただし，この場合の振り子は傾いて振れる。

mg'

108　地球の半径を R，質量を M とし，月のそれを R_M，M_M とすると，**Ex 1** と同様に

$$g=\frac{GM}{R^2}\qquad g_M=\frac{GM_M}{{R_M}^2}$$

$$\therefore\quad \frac{g_M}{g}=\frac{M_M}{M}\left(\frac{R}{R_M}\right)^2=\frac{1}{80}\times 4^2=\frac{1}{5}\text{ 倍}$$

より正確には $\frac{1}{6}$ 倍であり，月での重力 mg_M は地球での mg の $\frac{1}{6}$ 倍となっている。重力(重さ)は天体ごとに異なるが，質量 m は不変の量である。

109　最高点での速度は0だから，力学的エネルギー保存則より

$$\frac{1}{2}m{v_0}^2+\left(-\frac{GMm}{R}\right)=0+\left(-\frac{GMm}{R+h}\right)$$

$$\frac{1}{2}m{v_0}^2=GMm\frac{h}{R(R+h)}$$

$$\therefore\quad v_0=\sqrt{\frac{2GMh}{R(R+h)}}$$

110　地表と無限遠(位置エネルギーは0)を力学的エネルギー保存則で結ぶと

$$\frac{1}{2}mu^2+\left(-\frac{GMm}{R}\right)=0+0$$

$$\therefore\quad u=\sqrt{\frac{2GM}{R}}$$

ここでは，ぎりぎり無限遠にたどり着

くケースで無限遠での速度0を想定している。u より大きな速度を与えれば無限遠でも速度をもつことになる。なお，地表に垂直に打ち上げる必要はない。

111　万有引力に限らず，2点間の位置エネルギーの差は基準点の取り方によらないことは大切。無限遠を基準にしたとき，万有引力による位置エネルギー $U(r)$ は

地表では　$U(R)=-\dfrac{GMm}{R}$

高さ h の点では　$U(R+h)=-\dfrac{GMm}{R+h}$

地表を基準にすると，すべての場所での位置エネルギーは $U(R)$ だけ差し引かれることになる。高さ h の点では

$$U(R+h)-U(R)$$
$$=-\frac{GMm}{R+h}-\left(-\frac{GMm}{R}\right)$$
$$=\boldsymbol{\frac{GMmh}{R(R+h)}}>0$$

位置エネルギーの低い地表を基準にしたため地表より上はすべて正の値になっている。

$$\frac{GMmh}{R(R+h)}=\frac{GMmh}{R^2\left(1+\dfrac{h}{R}\right)}\fallingdotseq\boldsymbol{\frac{GMmh}{R^2}}$$

p 90 の EX 1 のように $g=\dfrac{GM}{R^2}$ の関係があるから，この結果は実は mgh を表しているのである。地表近くでは万有引力は mg そのものだから当然の帰結ではある。

112　$mr\omega^2=G\dfrac{Mm}{r^2}$

$\omega=\dfrac{2\pi}{T}$ を代入し，r について解くと

$$r=\left(\boldsymbol{\frac{GMT^2}{4\pi^2}}\right)^{\frac{1}{3}}$$

113　G や M が与えられていないが，p 90 の EX 1 でみたように

$$mg=\frac{GMm}{R^2}\quad\therefore\quad GM=gR^2$$
$$\therefore\quad r=\left(\frac{gR^2T^2}{4\pi^2}\right)^{\frac{1}{3}}$$
$$\therefore\quad \frac{r}{R}=\left(\frac{gT^2}{4\pi^2R}\right)^{\frac{1}{3}}$$

$T=1$〔日〕$=24\times60\times60$〔s〕より

$$\frac{r}{R}=\left(\frac{10\times(24\times60\times60)^2}{4\times3^2\times6.4\times10^3\times10^3}\right)^{\frac{1}{3}}$$
$$=\left(\frac{10\times24^2\times60^4}{4\times3^2\times64\times10^5}\right)^{\frac{1}{3}}=324^{\frac{1}{3}}$$

$6^3=216$，$7^3=343$　より　$\dfrac{r}{R}\fallingdotseq$ **7倍**

このように3乗根は逆算で求めればよい。

$\dfrac{r}{R}=6\left(\dfrac{3}{2}\right)^{\frac{1}{3}}$ とも表せる。

$1.5^{\frac{1}{3}}\fallingdotseq1.1\sim1.2$ を逆算で求めてもよい。

(参考)　近似式(p 159)を用いると

$$324^{\frac{1}{3}}=(7^3-19)^{\frac{1}{3}}=7\left(1-\frac{19}{7^3}\right)^{\frac{1}{3}}$$
$$\fallingdotseq7\left(1-\frac{1}{3}\times\frac{19}{7^3}\right)=7-\frac{19}{3\times7^2}$$
$$\fallingdotseq7-0.13=6.87$$

この方法を用いるためには，まず近い値(この場合は7)を捜(さが)すのがコツ。
なお，正確な値は6.868…。

114　月も地球のまわりを回るから，人工衛星と第3法則で結ぶことができる。月までの距離を a，静止衛星の半径を r とすると

$$\frac{27^2}{a^3}=\frac{1^2}{r^3}$$
$$\therefore\quad \frac{a}{r}=(27^2)^{\frac{1}{3}}=(3^6)^{\frac{1}{3}}=3^2=\textbf{9 倍}$$

(参考)　**113** の結果と組み合わせると月までの距離は地球半径 R の $7\times9=63$ 倍。$R=6.4\times10^3$ km より $a\fallingdotseq40$ 万 km とでる。(正確な値は38万 km)

115　面積速度一定より

$$\frac{1}{2}rv=\frac{1}{2}\cdot 2r\cdot u$$

$$\therefore\quad u=\boldsymbol{\frac{v}{2}}$$

力学的エネルギー保存則より

$$\frac{1}{2}mv^2-\frac{GMm}{r}=\frac{1}{2}mu^2-\frac{GMm}{2r}$$

$$\frac{1}{2}v^2-\frac{1}{2}\left(\frac{v}{2}\right)^2=\frac{GM}{2r}$$

$$\therefore\quad v=\boldsymbol{2\sqrt{\frac{GM}{3r}}}$$

Miss　点 A で $m\frac{v^2}{r}=\frac{GMm}{r^2}$ としてはいけない。この式を満たす v なら半径 r の円運動をしてしまう。

116　半長軸（長半径ともいう）a は

$$a=\frac{\mathrm{AB}}{2}=\frac{r+2r}{2}=\frac{3}{2}r$$

第 3 法則を用い円運動（半径 r，周期 T）と結ぶと

$$\frac{T'^2}{\left(\frac{3}{2}r\right)^3}=\frac{T^2}{r^3}$$

$$\therefore\quad T'=\frac{3}{2}\sqrt{\frac{3}{2}}\,T$$

$$=\frac{3}{2}\sqrt{\frac{3}{2}}\cdot 2\pi r\sqrt{\frac{r}{GM}}$$

$$=\boldsymbol{3\pi r\sqrt{\frac{3r}{2GM}}}$$

波　動

1　振幅は **2 cm**，$t=0$ の波形から波長 λ は **0.4 m**。$t=0$ に原点にあった山は $t=5\mathrm{s}$ に $x=0.1$ に来たように見えるが，それでは，その間に原点が谷になることはあり得ない。そこで，もう 1 つ先の山（図には描かれていないが，$x=0.1+0.4=0.5$ にある）に目を移す。$x=0.3$ にある谷こそ，原点を通ってきた問題の谷とわかる（下図）。

結局，5 s 間に原点の山は $x=0.5$ まで進んでいるから　$v=0.5\div 5=$ **0.1 m/s**

$v=f\lambda$　より　$f=\frac{v}{\lambda}=\frac{0.1}{0.4}=$ **0.25 Hz**

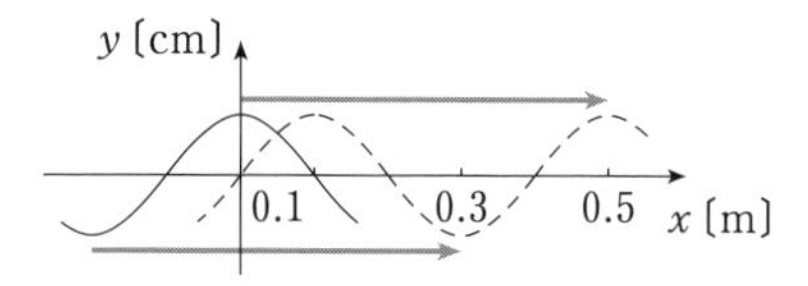

$x=0.3\,\mathrm{m}$ では，はじめ $y=0$ で，少したつと $y<0$ になることから次図のようになる。　$T=1/f=1/0.25=4\,\mathrm{s}$

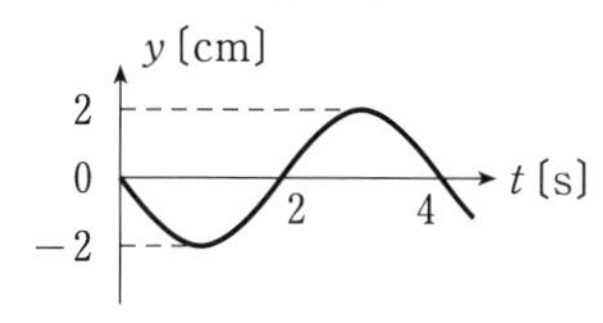

2　(1)　図より波長は　$\lambda=4\,\mathrm{m}$

$x=15=3\lambda+3$ より $x=3\,\mathrm{m}$ の変位を調べればよく，　$y=$ **0.2 m**

(2)　周期 T は，$v=f\lambda=\lambda/T$ より

$$T=\frac{\lambda}{v}=\frac{4}{1}=4\,\mathrm{s}\quad\therefore\quad t=1=\frac{T}{4}$$

$x=3$ では $t=0$ に山（単振動の端）だから，$T/4$ 後の変位は振動中心　$y=$ **0 m**

波形を $vt=1\times 1=1\,\mathrm{m}$ 左へずらして判断してもよい。

(3)　$x=22=5\lambda+2$ より $x=2$ での変動と同じ。

$$t=11=2\times4+3=2T+\frac{3}{4}T$$

よって，$x=2$ での $\frac{3}{4}T$ 後を調べればよいことになる。$t=0$ では $y=0$ で，波が左へ進むので少したつと $y>0$ となるから，右の図のように単振動をして 3/4 周期後には，下の端つまり，$y=-\mathbf{0.2\ m}$ となっている。

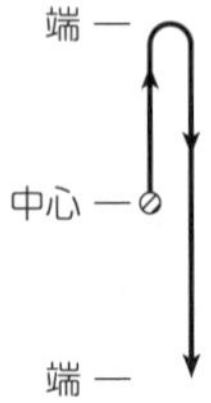

端
中心
端

3　(1)　速度 0 は単振動の端で，山と谷に対応するので **C，E，G**

(2)　振動中心，$y=0$ の点が媒質の速さが最大となっている点で，負の速度は，少し時間がたったとき $y<0$ となる位置だから，**B，F**

1つ見つかったら，1波長前後にも注意すること。

(3)　$u_{\max}=A\omega=A\cdot\frac{2\pi}{T}=\boldsymbol{\frac{2\pi A}{T}}$

4

F
H
B

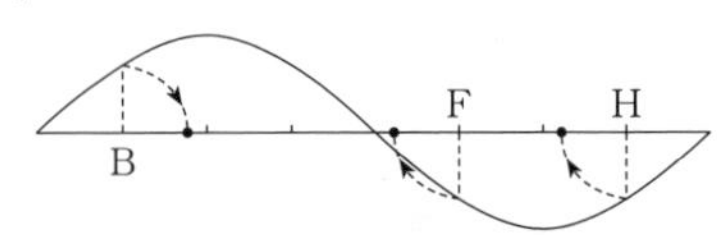

速度が正となっているのは，波形を少し右に動かしたとき，変位 y が増加する点をさがす。　　**D，E，F**

C，G は実線の瞬間では速度 0 である。

A
F
G
H
I
B
C
D
E

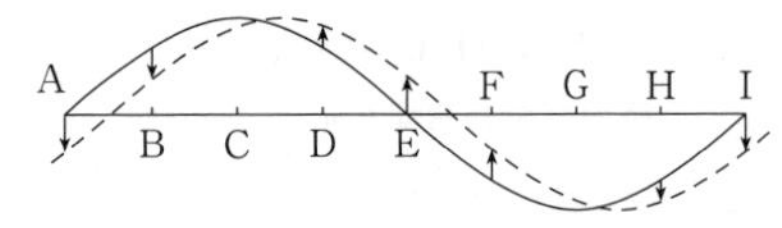

$-x$ 方向に最大の速さの点は，$y=0$ で，かつ少したつと $y<0$ となる点をさがす。

A，I

5

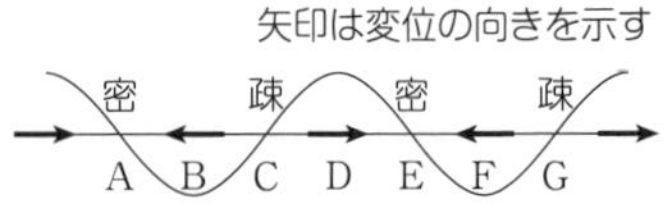

矢印は変位の向きを示す
密
疎
密
疎
A
B
C
D
E
F
G

(1)　**A，E**　　(2)　**C，G**

(3)　A にある密が D にくるまでの時間を調べる。AD 間は $\frac{3}{4}\lambda$ だから，かかる時間は　$\boldsymbol{\frac{3}{4}T}$

疎·密の入れかわる時間が $T/2$ になることも見ておくとよい(疎と密の間隔 $\lambda/2$ より)。

6

(1)

反射波
入射波
R
1
合成波
3

(2)　$vt=2\times1=2\ \mathrm{cm}$

入射波は 2 cm 右へ

R

(3)　$vt=2\times2.5=5\ \mathrm{cm}$

R

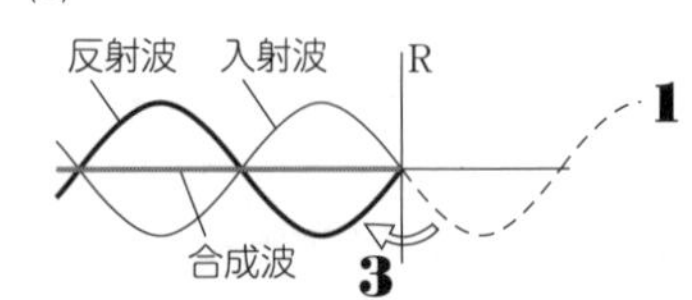

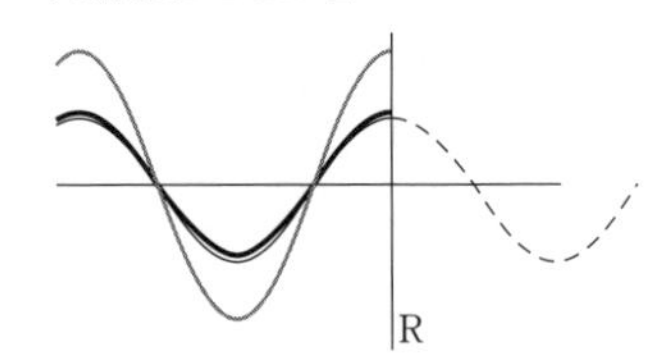

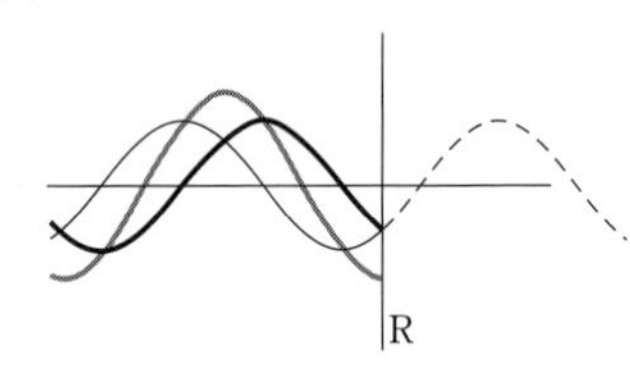

7

(1)

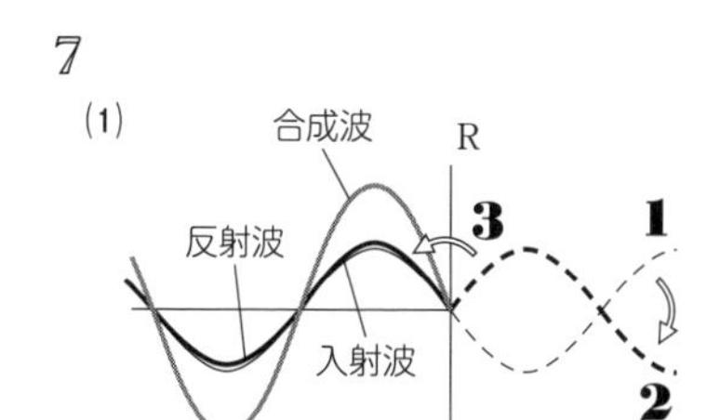

(2)

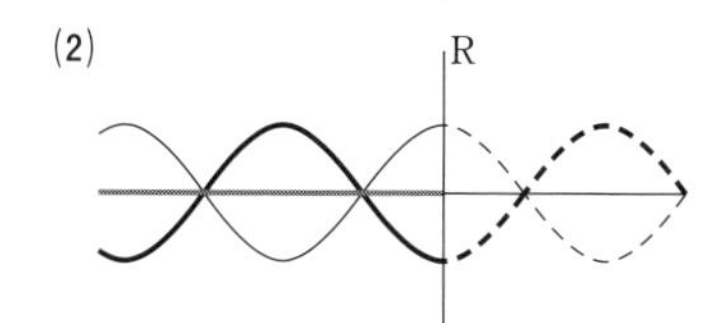

(3)

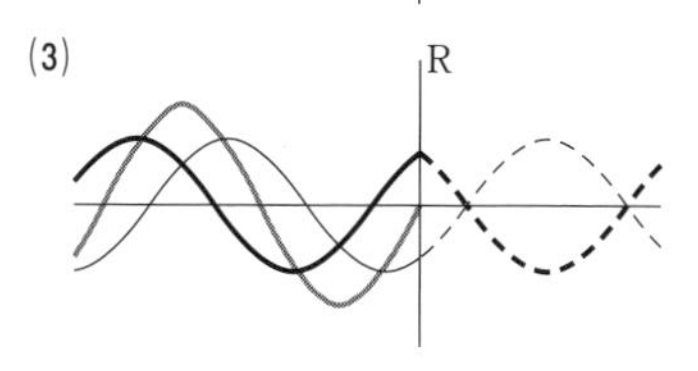

8

(1)　$vt=1\times4=4\text{ cm}$

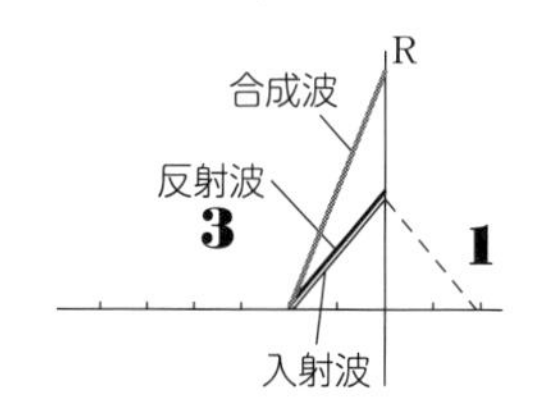

(2)　$vt=1\times5=5\text{ cm}$

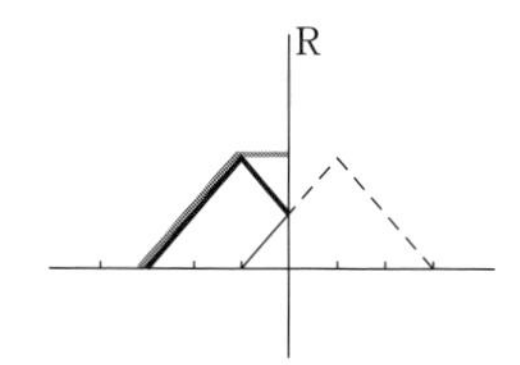

(3)　$vt=1\times8=8\text{ cm}$

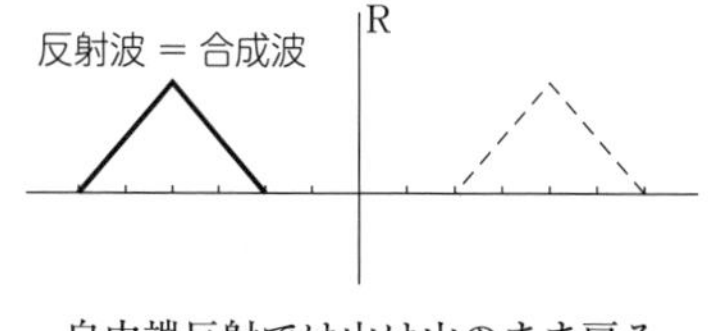

自由端反射では山は山のまま戻る。

9

(1)

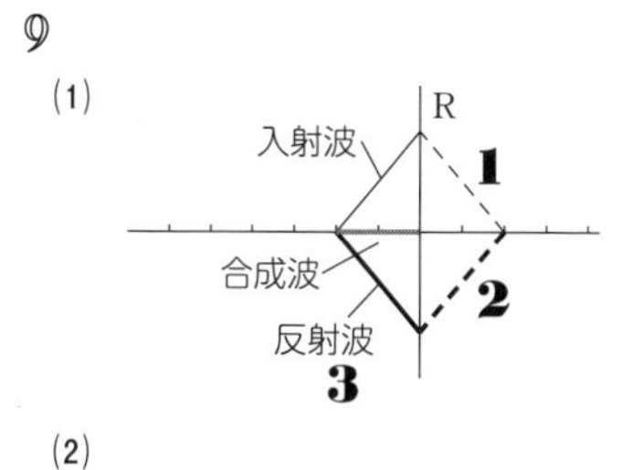

(2)

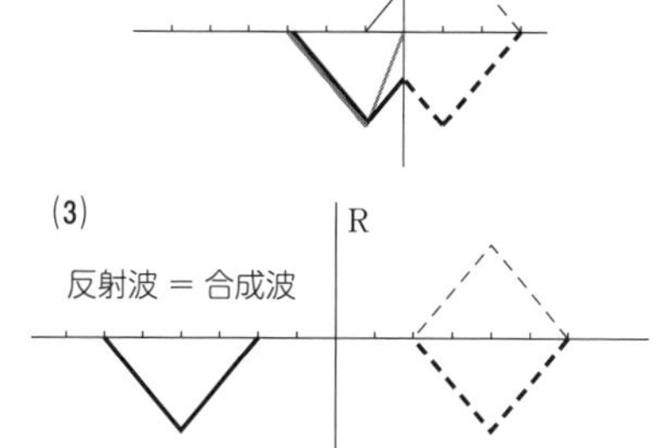

(3)

固定端反射すると，山は谷に変わる。

10

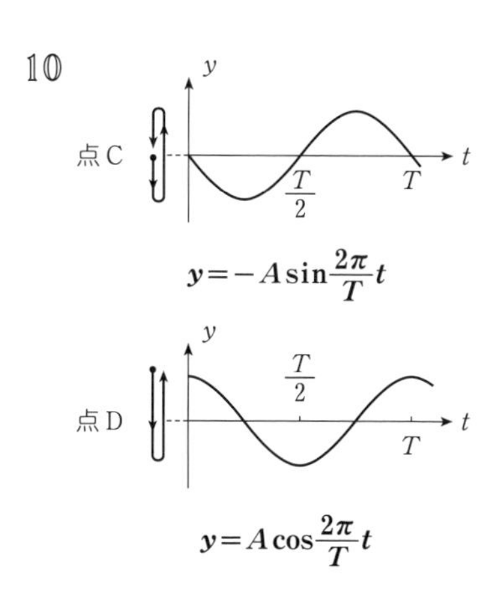

$$\boldsymbol{y=-A\sin\frac{2\pi}{T}t}$$

$$\boldsymbol{y=A\cos\frac{2\pi}{T}t}$$

11

(a)　原点 O では $y=0$ から $y<0$ となっていくから，$-\sin$ 型

$$y_0=-A\sin\frac{2\pi}{T}t=-A\sin 2\pi ft$$

$$\therefore \quad y=-A\sin 2\pi f\left(t-\frac{x}{v}\right)$$

$v=f\lambda$ より

$$y=-A\sin 2\pi\left(ft-\frac{x}{\lambda}\right)$$

Miss　波形が sin の形をしているからと公式(？)

$$y=A\sin 2\pi\left(\frac{t}{T}-\frac{x}{\lambda}\right)$$

を持ち出す人が大多数だ。もしそうなら $t=0$ とおくと

$$y=A\sin\left(-\frac{2\pi x}{\lambda}\right)$$

$$=-A\sin\frac{2\pi}{\lambda}x$$

波形は −sin 型になってしまう！この公式(？)のもとになった波形の図(p 105)を見直してほしい。

(b)　原点 O では $y=A$ から減少していくから，+cos 型。　$y_0=A\cos 2\pi ft$

$$\therefore \quad y=A\cos 2\pi f\left(t-\frac{x}{v}\right)$$

$$=A\cos 2\pi\left(ft-\frac{x}{\lambda}\right)$$

(c)　原点 O では，$y=-A$ から増加していくので，−cos 型。 $y_0=-A\cos 2\pi ft$

$-x$ 方向に進む波だから

$$y=-A\cos 2\pi f\left(t-\frac{-x}{v}\right)$$

$$=-A\cos 2\pi\left(ft+\frac{x}{\lambda}\right)$$

12　t と x の間が − で結ばれているから，進む向きは **$+x$ 方向**。

(別解)　$Bt-Cx=\theta$ とおく。位相 θ が一定(たとえば $\theta=\pi/2$ で山)の位置の移動を追ってみる。時間 t が増すと，θ 一定より x も増す。つまり，$+x$ 方向へ移動していることが分かる。

振幅は A　波長 λ は

$$C=\frac{2\pi}{\lambda}\quad より\quad \lambda=\frac{2\pi}{C}$$

周期 T は

$$B=\frac{2\pi}{T}\quad より\quad T=\frac{2\pi}{B}$$

$$\therefore \quad v=f\lambda=\frac{\lambda}{T}=\frac{B}{C}$$

13　$\dfrac{\lambda}{2}=2\text{ cm}$

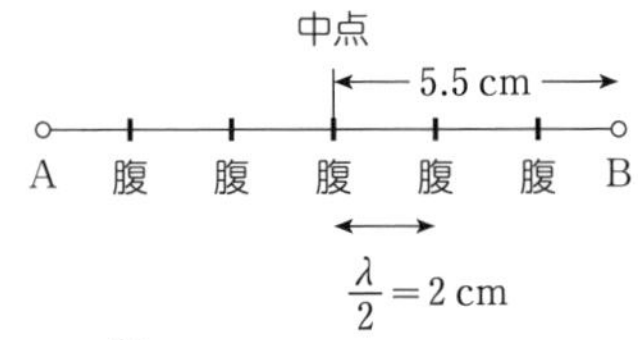

中点の腹(はら)から 2 cm ごとに順次たどってみると，**5 個**

14

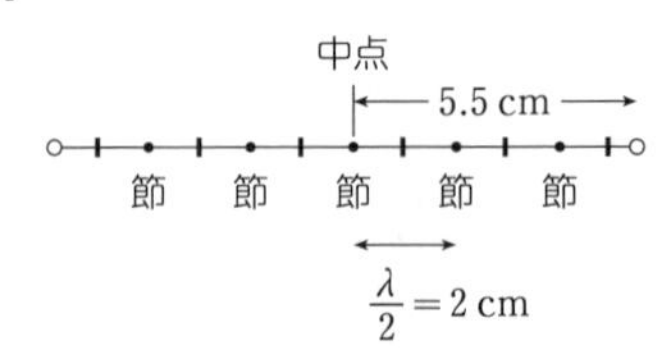

まず，中点から順次，節(ふし)の位置を 2 cm ごとにマークしていく。その間の腹の位置を数えると，**6 個**

15　$\dfrac{\lambda}{2}=4\text{ cm}$

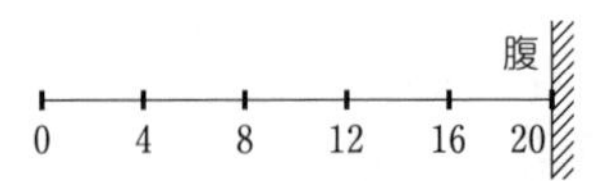

壁の位置が腹になる。4 cm ずつ戻ってマークしていくと，上図のように **6 個**，節はその間にあるから **5 個**

16　$\frac{\lambda}{2}=3\,\text{cm}$

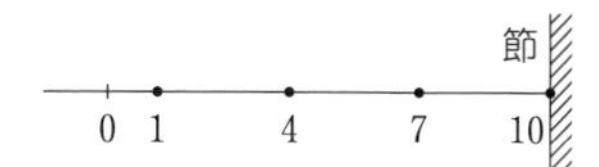

壁の位置が節（ふし）になる。$\lambda/2=3\,\text{cm}$ ずつ戻してマークする。節は **4 個**。腹は **3 個**（$x=0$ と 1 の間にはないことを確かめる。$x=-0.5$ にできる。）

17　**Miss**　　$x=3,\ 9,\ 15$〔cm〕

与えられた図が定常波だと思ってしまうと上の答になる。図の瞬間，合成波（定常波）はすべての位置 x で変位 $y=0$ となっている。このままでは腹や節が分からない。そこで元の 2 つの波を見て考える。$x=0$ の山と $x=6$ の山が出合う位置は $x=3$，これで腹の位置が 1 つ決まる。あとは $\lambda/2=6\,\text{cm}$ ごとに腹を決めれば，節の位置は　$x=$ **0，6，12〔cm〕**

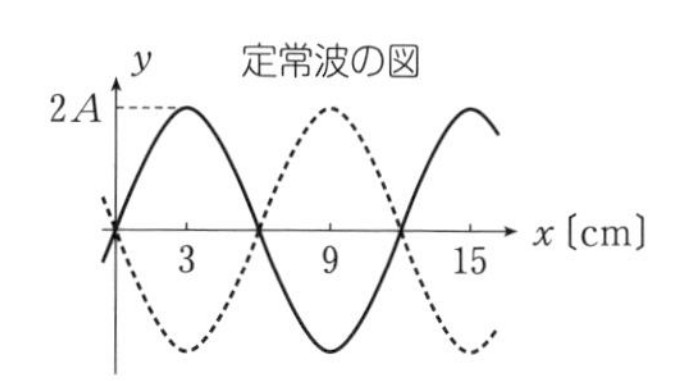

$x=3$ は腹だから振幅は　**2*A***

$x=1.5$ は位相では $\pi/4$ に相当するから

$$2A\sin\frac{\pi}{4}=2A\cdot\frac{1}{\sqrt{2}}=\boldsymbol{\sqrt{2}\,A}$$

$2\pi x/\lambda=2\pi\times1.5/12=\pi/4$ として位相を決めてもよい。

同じく $x=1$ は $\pi/6$ に相当し

$$2A\sin\frac{\pi}{6}=2A\cdot\frac{1}{2}=\boldsymbol{A}$$

High　定常波の式

腕に覚えのある人は，問題文の図の瞬間を $t=0$ として，y_1，y_2 の波の式をへて定常波の式を A，λ，T を用いて文字式で求めてみてほしい。

(解答)　原点 O での媒質の振動は

$$y_1=A\cos\frac{2\pi}{T}t,\quad y_2=-A\cos\frac{2\pi}{T}t$$

波の式は，進む向きに注意して

$$y_1=A\cos\frac{2\pi}{T}\left(t-\frac{x}{v}\right) \qquad \cdots\cdots①$$

$$y_2=-A\cos\frac{2\pi}{T}\left(t+\frac{x}{v}\right) \qquad \cdots\cdots②$$

合成波（定常波）y は

$$y=y_1+y_2$$
$$=-2A\sin\frac{2\pi}{T}t\,\sin\left(-\frac{2\pi}{T}\cdot\frac{x}{v}\right)$$
$$=2A\sin\frac{2\pi}{\lambda}x\,\sin\frac{2\pi}{T}t \quad \text{(答)}$$

位置 x での単振動の振幅は

$\left|2A\sin\frac{2\pi}{\lambda}x\right|$　であり，位置によって振幅が異なることが分かる。

特に，$\sin\frac{2\pi}{\lambda}x=0$ を満たす位置 x は，時間 t によらず $y=0$，つまり，節の位置に該当している。n を整数として

$$\frac{2\pi}{\lambda}x=n\pi \quad より \quad x=\frac{\lambda}{2}\cdot n$$

原点とそこから $\lambda/2$ ずつ離れた点が節であることが分かる。

波（進行波）の式は，①や②のように cos（あるいは sin）の中に x と t が同居しているのに対し，定常波の式は x と t が別居型になるのが特徴である。

18　(1)

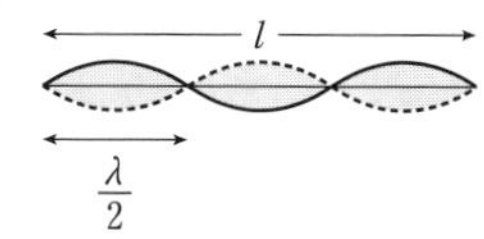

f も $v=\sqrt{Mg/\rho}$ も変わらないので，波長 λ や節と節の間隔 $\lambda/2$ は変わらない。

はじめ　$\frac{\lambda}{2}\times3=l$　　$\cdots\cdots①$

あと　$l'=\frac{\lambda}{2}\times 5=\frac{\mathbf{5}}{\mathbf{3}}\boldsymbol{l}$

(2)　基本振動になると　$\frac{\lambda'}{2}=l$　…②

①，②より　$\lambda'=3\lambda$

$v=f\lambda$ において，f 一定で λ を 3 倍にするには，$v=\sqrt{Mg/\rho}$ を 3 倍にすればよい。よって，M は 9 倍の **9*M***

(3)　v 一定で，振動数 f'' が小さくなるから，波長 λ'' が長くなる。すると次の共振は腹が 2 つになるはず。

$l=(\lambda''/2)\times 2$　より　$\lambda''=l$

$v=f''\lambda''$ と，はじめの $v=f\lambda$ より

$$f''=\frac{\lambda}{\lambda''}f=\frac{2l/3}{l}f \quad \therefore \quad \frac{\mathbf{2}}{\mathbf{3}}\text{ 倍}$$

19　$V=f\lambda$ において，V が一定で f を小さくするのだから，λ が大きくなる。したがって，次に起こる共鳴は図のようになる。波長を λ' とすると

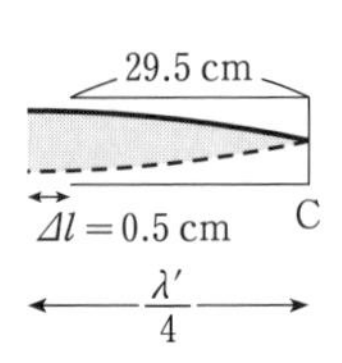

$$\frac{\lambda'}{4}=0.5+29.5 \qquad \therefore \quad \lambda'=120\text{ cm}$$

求める振動数 f' は

$$f'=\frac{V}{\lambda'}=\frac{342}{1.2}=\mathbf{285\ Hz}$$

(別解)　管の長さを一定にしたから，p 114 の解の図は 3 倍振動に，上図は基本振動にあたる。

$$\therefore \quad f'=\frac{f}{3}=\frac{855}{3}=\mathbf{285\ Hz}$$

開口端補正 Δl まで含めたものが管の長さだとみなすと，p 113 の「知っておくとトク」が活きる。

20　$V=f\lambda$ において，V は一定で f を増すから，λ が減少していく。すると，まずは最も波長の長い基本振動で共鳴するから 2 度目は次図 a のようになる。

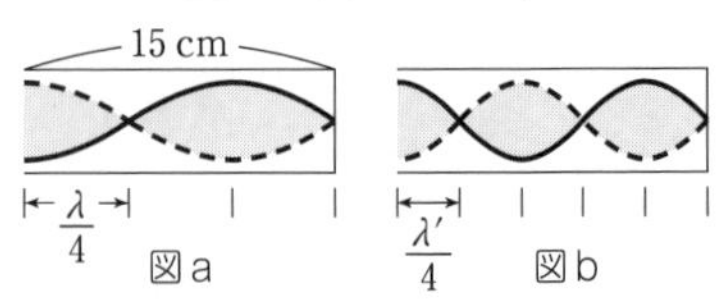

$15=\frac{\lambda}{4}\times 3$　より　$\lambda=20\text{ cm}$

$$f=\frac{V}{\lambda}=\frac{340}{0.2}=\mathbf{1700\ Hz}$$

$\lambda=0.2$ m と単位を直すことを忘れないように。

次の共鳴は図 b のようになる。

$15=\frac{\lambda'}{4}\times 5$　より　$\lambda'=12\text{ cm}$

$$f'=\frac{V}{\lambda'}=\frac{340}{0.12}\fallingdotseq\mathbf{2833\ Hz}$$

(別解)　f は 3 倍振動数，f' は 5 倍振動数だから

$$f'=\frac{5}{3}f=\frac{5}{3}\times 1700\fallingdotseq\mathbf{2833\ Hz}$$

21　まず，弦の振動について

$\sqrt{\frac{S}{\rho}}=f\lambda,\quad \frac{\lambda}{2}=l$ (基本振動)

$\therefore \quad f=\frac{1}{2l}\sqrt{\frac{S}{\rho}}$

気柱もこの f で共鳴する。最も短い管は基本振動のときで，音波の波長を λ' とすると

$V=f\lambda',\quad \frac{\lambda'}{4}=L$

$$\therefore \quad V=f\cdot 4L=\frac{1}{2l}\sqrt{\frac{S}{\rho}}\cdot 4L$$

$$\therefore \quad L=\frac{\boldsymbol{Vl}}{\mathbf{2}}\sqrt{\frac{\boldsymbol{\rho}}{\boldsymbol{S}}}$$

22　開管では，管の長さが $\lambda/2$ 長くなるごとに共鳴が起こるから(閉管も同様)，

$\frac{\lambda}{2}=20-15 \qquad \therefore \quad \lambda=10\text{ cm}$

もちろん，その背景には V と f が一定だ

から λ 一定という認識がある。

$$f=\frac{V}{\lambda}=\frac{340}{0.1}=\mathbf{3400\ Hz}$$

$\lambda/2=5$ cm より $l=15$ cm のときの定常波は

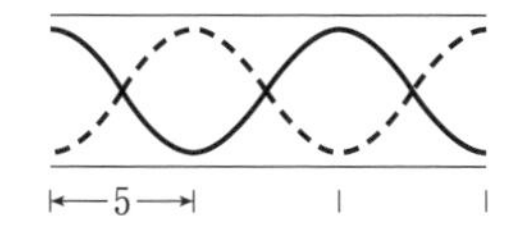

Miss　初めはいつも基本振動からと思うと大間違い。

23　1 s 間のうなりの回数は $15\div5=3$ 回/s。400 Hz との差が 3 Hz だから，S の振動数は 403 Hz か 397 Hz のどちらか。

次に，405 Hz の音さにしたら，うなりの回数が減ったことから，405 Hz との差は初めより少なくなったことが分かるから，S は 403 Hz。

うなりは　　$405-403=\mathbf{2\ Hz}$

周期と振動数は逆数の関係になるから

うなりの周期は　　$\dfrac{1}{2}=\mathbf{0.5\ s}$

24　(1)　右向きが正

$$\frac{340-10}{340-40}\times400=\mathbf{440\ Hz}$$

(2)　右向きが正

$$\frac{340-(-20)}{340-40}\times400=\mathbf{480\ Hz}$$

近づいているから振動数は確かに増している。(こうした定性的チェックを！)
(1)も相対的には近づきに当たる。

(3)　右向きが正

$$\frac{340-20}{340-(-60)}\times400=\mathbf{320\ Hz}$$

遠ざかっているから振動数は確かに減っている。

(4)　左向きが正

$$\frac{340-(-10)}{340-(-60)}\times400=\mathbf{350\ Hz}$$

25　音源の振動数は 1 s 間に出す波の数でもある。音源が 4 s 間に出した波の数は $400\times4=1600$ 個。このすべてが人の耳に入るわけである。人が聞いた音の振動数 440 Hz より t 秒間に人が受け取った波の数は　$440\times t$

$\therefore$　$400\times4=440\times t$　$\therefore$　$t\fallingdotseq\mathbf{3.6\ s}$ **間**

実は，音源の振動数 400 Hz には無関係に決まっている。

$$f_0\times4=\frac{340-10}{340-40}f_0\times t$$

のような計算をしていて，f_0 は消えてしまう。だから，問題文中に音源の振動数が与えられないこともある。

26　[2]段階でのドップラーは生じない(音源となる壁も，人も静止している)から，[1]段階だけを計算する。

右向きを正として

$$f_1=\frac{\boldsymbol{V}}{\boldsymbol{V-v}}\boldsymbol{f_0}=f_{反}$$

一方，音源から直接左の人へ伝わる音の振動数 $f_{直}$ は，左向きを正として

$$f_{直}=\frac{V}{V-(-v)}f_0$$

$$\therefore\quad f_{反}-f_{直}=\left(\frac{V}{V-v}-\frac{V}{V+v}\right)f_0$$

$$=\frac{\boldsymbol{2Vv}}{\boldsymbol{V^2-v^2}}\boldsymbol{f_0}$$

27

[1]　f_0　v　U　f_1

[2]　u　U　f_2　f_1

1 段階は右向きを正として

$$f_1=\frac{V-(-U)}{V-v}f_0$$

2 段階は左向きを正として

$$f_2=\frac{V-(-u)}{V-U}f_1$$

$$=\boldsymbol{\frac{(V+u)(V+U)}{(V-U)(V-v)}f_0}$$

28

A… $\dfrac{(340+10)}{(340+10)-20}\times 2310=$ **2450 Hz**

B… $\dfrac{(340-10)}{(340-10)-(-20)}\times 2310$

$=$ **2178 Hz**

29

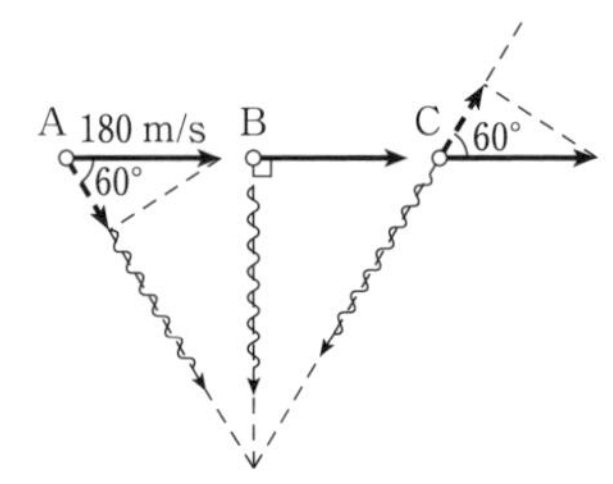

$f_{\mathrm{A}}=\dfrac{340}{340-180\cos 60^\circ}\times 1000=$ **1360 Hz**

$f_{\mathrm{B}}=$ **1000 Hz**

$f_{\mathrm{C}}=\dfrac{340}{340-(-180\cos 60^\circ)}\times 1000$

$\fallingdotseq$ **791 Hz**

Miss　右のようにしてしまっていないだろうか？音源と観測者を結ぶ直線と，それに垂直な方向に分解するのが鉄則！

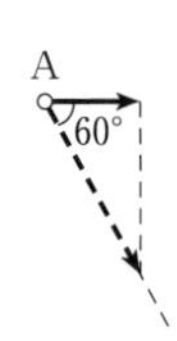

振動数は単調に減少していく。60° 以外の位置でも作図して，定性的に確かめてみてほしい。

30

音は振動数が大きいほど高い音になり，振動数が小さいほど低い音になる。

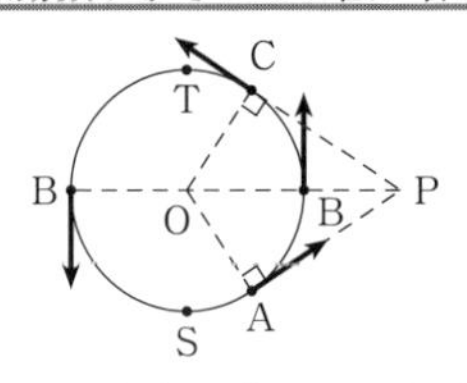

Miss　A でなく S を，C でなく T を選ぶ誤りが多い。また，B が 2 箇所あることも見落とされやすい。

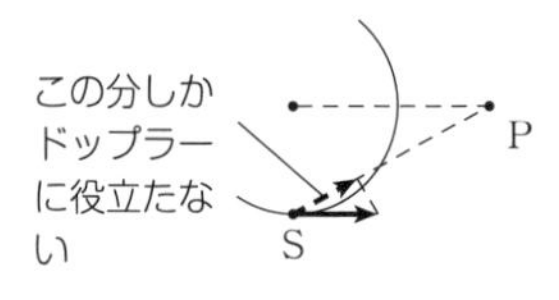

31

OP : OA $=2r$: $r=2$: 1

∴　∠AOP＝60°　また　∠AOC＝120°

A から C までの時間は $\dfrac{120^\circ}{360^\circ}T=\boldsymbol{\dfrac{1}{3}T}$

これが T_1 に等しい。

Miss　A から B まではその半分で $T_2=T/6$ としてしまいそう。

音源を出た音が P まで届くまでの時間は A と B では異なる(距離が異なるため)。そこで丁寧に調べなければいけない。A で音を出した時刻を $t=0$ とすると，その音が P に届く時刻 t_{A} は

$$t_{\mathrm{A}}=\frac{\mathrm{AP}}{V}=\frac{\sqrt{3}\,r}{V}$$

音源が B に達するのは時刻 $T/6$ のことで，その音が P に届く時刻 t_{B} は

$$t_{\mathrm{B}}=\frac{T}{6}+\frac{\mathrm{BP}}{V}=\frac{T}{6}+\frac{r}{V}$$

$$\therefore\quad T_2=t_{\mathrm{B}}-t_{\mathrm{A}}=\boldsymbol{\frac{T}{6}-(\sqrt{3}-1)\frac{r}{V}}$$

T_1 のときは，AP＝CP のため，同じ時間だけ遅れて音が届くため，影響しなかったのである。

32　$c=f\lambda$ で，光速 c は一定。波長が長くなっているから，振動数は減っている。よって，星雲は**遠ざかっている**。

$$f_1=\frac{c}{c-(-v)}f_0$$

$$\frac{c}{\lambda_1}=\frac{c}{c+v}\cdot\frac{c}{\lambda_0}\qquad\therefore\quad v=\boldsymbol{\frac{\lambda_1-\lambda_0}{\lambda_0}c}$$

33

(1)　　　　　　(2)

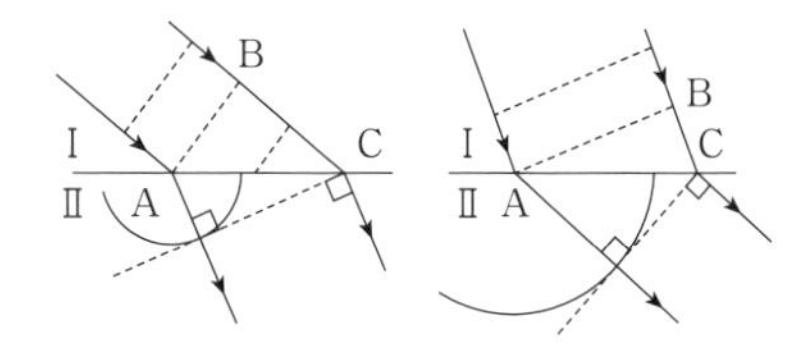

(1)は BC/2 を半径とする円を，(2)は 2BC を半径とする円を，A を中心として描く。C からこの円に接線を引くと，それが屈折した波の波面となる。この波面に垂直に射線を描く。

A，B には同時に同じ変位の波(たとえば“山”)が達する。B の山が C に達するまでの間に，A の山はⅡの中に素元波として広がっている。それが上図の円であり，Ⅰ，Ⅱでの波の速さの比から半径を決めている。AB 間の数多くの射線に対して，素元波を描くと包絡面(ほうらく)(共通に接する面)としての屈折波面がくっきりと現れてくる。一度試してみるとよい。

34　5.0 や 2.0 といった数字が登場するので有効数字(p 156)を考えて答える。

$$n=\frac{\sin 60^\circ}{\sin 30^\circ}=\frac{\sqrt{3}/2}{1/2}=\sqrt{3}\fallingdotseq\mathbf{1.7}$$

$\sqrt{3}=\dfrac{v_1}{v_2}=\dfrac{5.0}{v_2}$ より

$$v_2=\frac{5.0}{\sqrt{3}}=\frac{5.0\sqrt{3}}{3}\fallingdotseq\mathbf{2.9\ cm/s}$$

$\sqrt{3}=\dfrac{\lambda_1}{\lambda_2}=\dfrac{2.0}{\lambda_2}$ より

$$\lambda_2=\frac{2.0\sqrt{3}}{3}\fallingdotseq\mathbf{1.2\ cm}$$

$$f=\frac{v_1}{\lambda_1}=\frac{5.0}{2.0}=\mathbf{2.5\ Hz}$$

35　Ⅰの方が波の速さが速いから，**Ⅱから入射する場合**に全反射が起こる。逆行ルートで考えると

$$n=\sqrt{3}=\frac{\sin 90^\circ}{\sin\theta_0}$$

$$\therefore\quad \sin\theta_0=\frac{1}{\sqrt{3}}=\frac{\sqrt{3}}{3}\fallingdotseq\mathbf{0.58}$$

36　水中の方が速いから，**空気中から水中へ進む場合**，全反射が起こり得る。

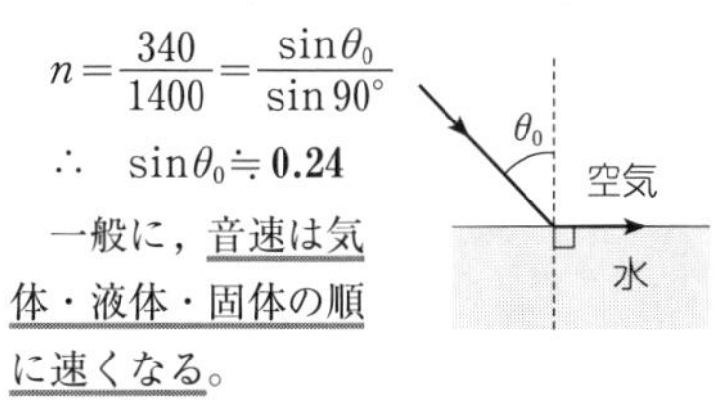

$$n=\frac{340}{1400}=\frac{\sin\theta_0}{\sin 90^\circ}$$

$\therefore\quad \sin\theta_0\fallingdotseq\mathbf{0.24}$

一般に，音速は気体・液体・固体の順に速くなる。

また，縦波はどこでも伝わるが，一方，横波は固体中しか伝わらない。

37　**Miss**　与えられた図が射線を表していると早合点(はやがてん)しやすい。

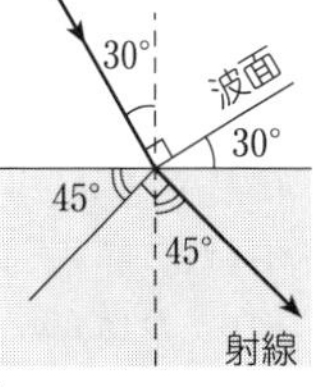

波面に垂直に射線を入れてみる。すると，入射角が30°，屈折角が45°であることが分かる。

$$n=\frac{\sin 30^\circ}{\sin 45^\circ}=\frac{1/2}{1/\sqrt{2}}=\boldsymbol{\frac{1}{\sqrt{2}}}$$

屈折の様子から全反射が起こるのはⅠ**から入射する場合**である。　$n<1$ より判断してもよい。

$$n = \frac{1}{\sqrt{2}} = \frac{\sin\theta_0}{\sin 90^\circ}$$

$$\therefore \quad \sin\theta_0 = \frac{1}{\sqrt{2}} \quad \text{よって} \quad \theta_0 = \mathbf{45^\circ}$$

38　分かりやすく，3層の空気を考えてみると，上の層ほど波の速さが速いから右図のように屈折していく。これが連続的に起こる。入射角は増加の一途をたどるから，やがて全反射し，波は戻ってくる。

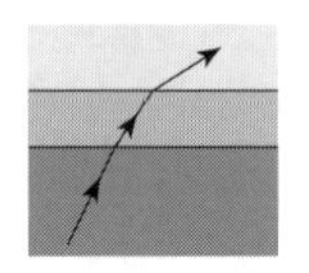

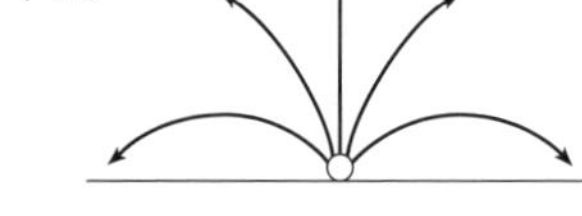

逆に，昼は地面が熱せられ，上空ほど温度が低くなるので右図のように音波が伝わる。

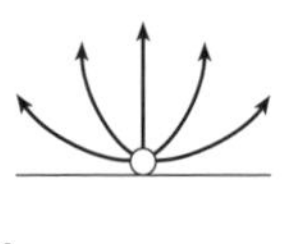

39　$v = \dfrac{c}{n} = \dfrac{3\times10^8}{4/3} = \mathbf{2.25\times10^8\ m/s}$

$\lambda' = \dfrac{\lambda}{n} = \dfrac{6\times10^{-7}}{4/3} = \mathbf{4.5\times10^{-7}\ m}$

$f = \dfrac{c}{\lambda} = \dfrac{3\times10^8}{6\times10^{-7}} = \mathbf{5\times10^{14}\ Hz}$

$f = v/\lambda'$ で求めてもよい。

40　逆行で考えれば

$$n = \frac{\sin 90^\circ}{\sin\theta_0} \qquad \therefore \quad \sin\theta_0 = \boldsymbol{\frac{1}{n}}$$

臨界角以下で入射する光をカットしてやればよい。右図より

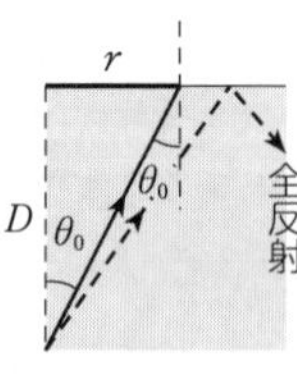

$r = D\tan\theta_0$

tan と sin を結ぶ三角関数の公式を使ってもいいが，右のような，$\sin\theta_0 = 1/n$ となる直角三角形を描けば，tan や cos はすぐ分かる。

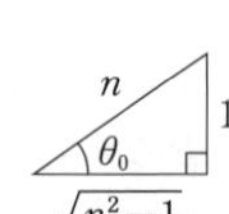

$$r = D\frac{1}{\sqrt{n^2-1}} = \boldsymbol{\frac{D}{\sqrt{n^2-1}}}$$

41　$v = c/n$ より n が小さい方が光の速さが速い。よって，**ガラスから水へ入射する場合**に全反射を起こす。

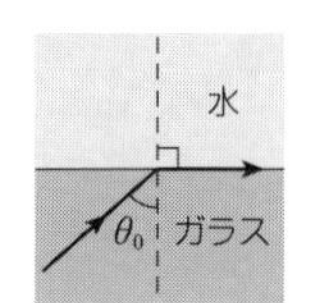

「$n\sin\theta$＝一定」を用いると

$$\frac{3}{2}\sin\theta_0 = \frac{4}{3}\sin 90^\circ \quad \therefore \quad \sin\theta_0 = \boldsymbol{\frac{8}{9}}$$

42　B での屈折より

$$n = \frac{\sin\phi}{\sin\theta}$$

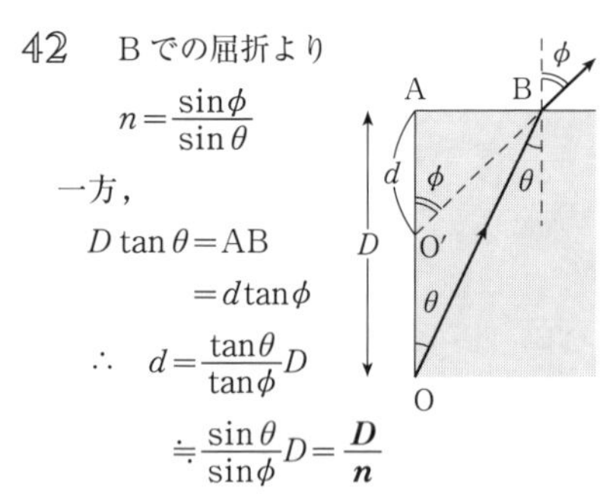

一方，

$D\tan\theta = \mathrm{AB}$

$\qquad = d\tan\phi$

$\therefore \quad d = \dfrac{\tan\theta}{\tan\phi}D$

$\qquad \fallingdotseq \dfrac{\sin\theta}{\sin\phi}D = \boldsymbol{\dfrac{D}{n}}$

直線 OA 上を進む光線も同時に見るため，光源は O′ にあるように見える。

43

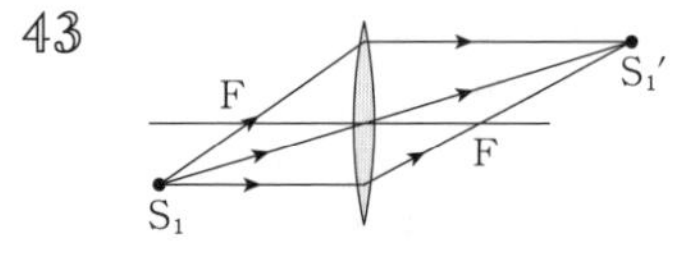

S_2 の場合は直接の作図ができない。そこで S_2 の位置に棒状の物体を考え，その像をまず求めてみる。像の根元(ねもと) S_2' こそ S_2 の像である。

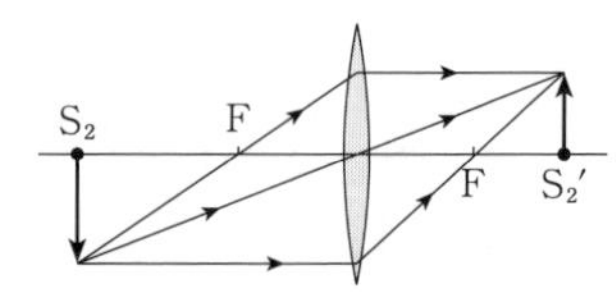

44　レンズの中心を通る光線とFを通る光線を加えてやれば解決できる。Fを通る光線はレンズに当たらないが，考えの上では使ってよい。

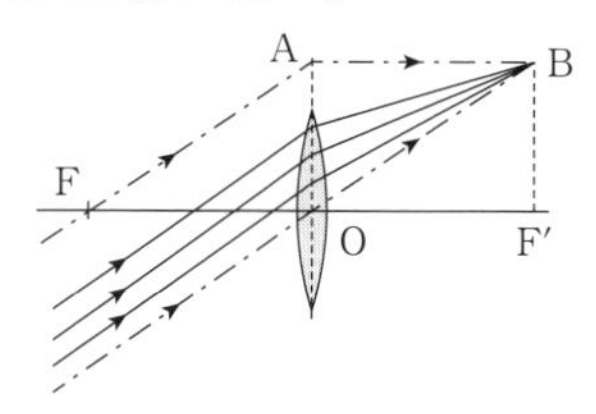

四辺形FOBAが平行四辺形になっていることに注目してほしい。

AB=FO=f　つまり，平行光線は焦点F′の真上の位置に集まるのである。このことを知っていると，中心を通る光線だけでも作図できる。

45　まず，Sの像(虚像，白丸)を求め，そこから光線が出てくるように引けばよい。

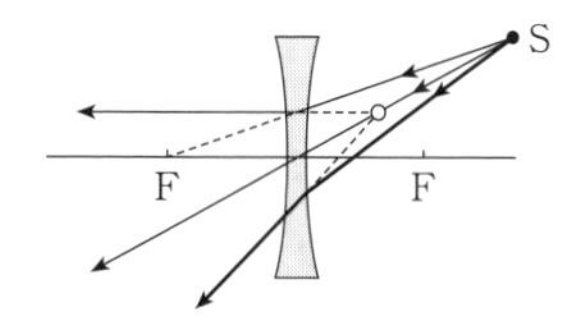

46　**Miss**　像が消えてしまうとか長さが半分になるという答が多い。

物体のどの位置から出る光もレンズの下半分により集光されて像を結ぶので，**像の長さは変わらない**(明るさは約半分に減る)。要するにレンズの一部でも光が当たれば像はできる。

欠け始めは物体の根元から起こる。右図のようになると，根元からの光はレンズに当たらなくなる。相似三角形より　$r=\mathbf{3\,cm}$

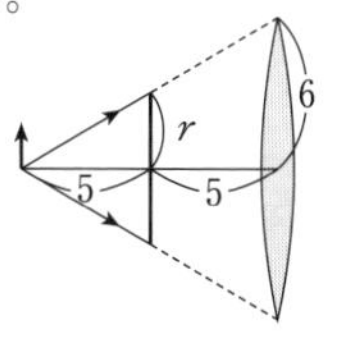

このとき，根元より上から出る光はレンズの上部に当たっている。

物体の先端からの光がレンズに当たらなくなったとき，像が完全に消える。灰色の相似三角形より

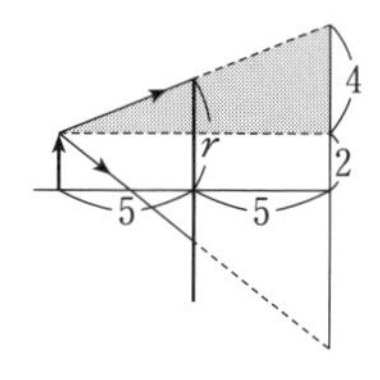

$$\frac{r-2}{4}=\frac{5}{10}\qquad \therefore\quad r=\mathbf{4\,cm}$$

47　凸レンズの場合

$$\frac{1}{15}+\frac{1}{b}=\frac{1}{10}\quad より\quad b=30$$

像の長さは　$3\times\dfrac{30}{15}=6$

レンズの後方30 cmに長さ6 cmの実像ができる(倒立)。

凹レンズの場合

$$\frac{1}{15}+\frac{1}{b}=\frac{1}{-10}\quad より\quad b=-6$$

像の長さは　$3\times\left|\dfrac{-6}{15}\right|=1.2$

レンズの前方6 cmに長さ1.2 cmの虚像ができる(正立)。

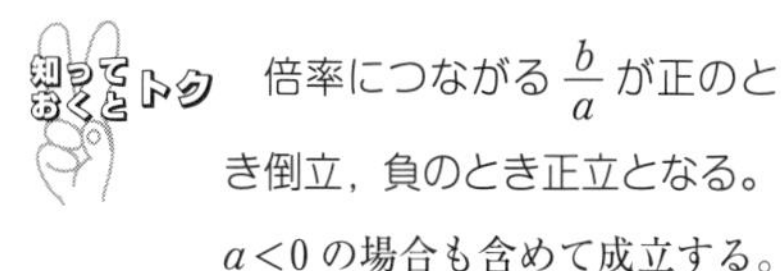

倍率につながる $\dfrac{b}{a}$ が正のとき倒立，負のとき正立となる。$a<0$ の場合も含めて成立する。

48　$\dfrac{1}{6}+\dfrac{1}{b}=\dfrac{1}{15}$　より　$b=-10$

レンズの前方10 cmに正立の虚像ができる。

虚像は，次のレンズL_2にとっては，その位置に光源があるのと同じだから，

$$\frac{1}{10+10}+\frac{1}{30}=\frac{1}{f}\qquad \therefore\quad f=\mathbf{12\,cm}$$

$f>0$ より　レンズは**凸**。

像は実像で倒立である。大きさは

$$\left|\frac{-10}{6}\right|\times\frac{30}{20}=2.5\text{ 倍。}$$

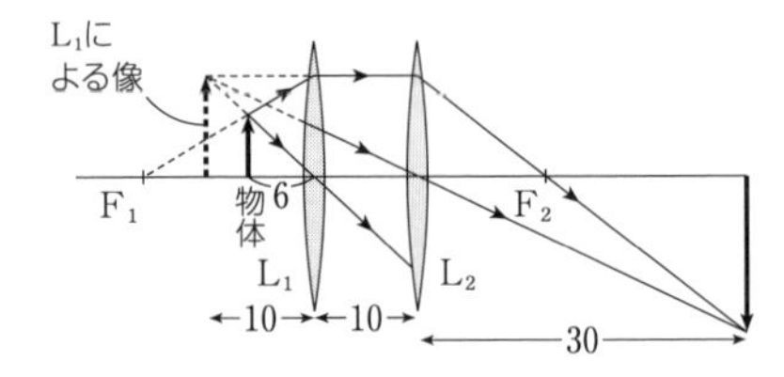

49　$\frac{1}{30}+\frac{1}{b}=\frac{1}{20}$　より　$b=60$

凸レンズは後方 60 cm に実像(倒立)をつくろうとするが，凹レンズにとっては後方 20 cm に光源があることになり

$$\frac{1}{-20}+\frac{1}{b'}=\frac{1}{-40}\quad \text{より}\quad b'=40$$

$b'>0$ より実像と分かる。

像の大きさは

$$20\times\frac{60}{30}\times\left|\frac{40}{-20}\right|=80$$

凸レンズで倒立となり，凹レンズは $40/(-20)<0$ で像の向きを変えないから，倒立となる。

よって，**凹レンズの後方 40 cm に長さ 80 cm の倒立実像ができる。**

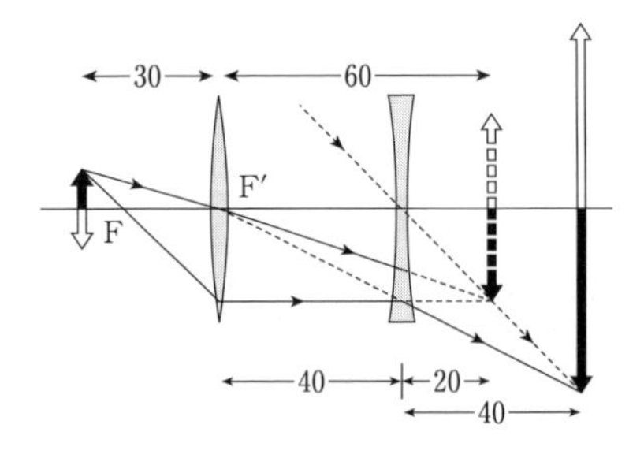

50　距離差と波長 $\lambda=4$ cm の関係を調べてみる。

P：　$25-17=8=2\lambda$

Q：　$30-20=10=2\lambda+\frac{\lambda}{2}$

R：　$13-(20-13)=6=\lambda+\frac{\lambda}{2}$

T：　$(20+6)-6=20=5\lambda$

よって　**P と T は強め合う。**

Q と R は弱め合う。

なお，直線 S_1S_2 上の点 T のような位置(S_1 の左側でもよい)は，

$$S_1T-S_2T=S_1S_2=20=5\lambda$$

となり，すべて強め合いになる。

51　波源からの 2 つの波が逆向きに進む S_1S_2 間には定常波ができている。定常波も干渉の一例であり，腹(はら)が強め合いに，節(ふし)が弱め合いに対応している。

S_1 と S_2 は同位相だから，それらの中点 O は腹になる。腹と腹の間隔は半波長 $\lambda/2=2$ cm。そこで次図のように腹の位置(黒丸)が決まる。それは強め合いの線が通る位置であり，全部で **9 本**。

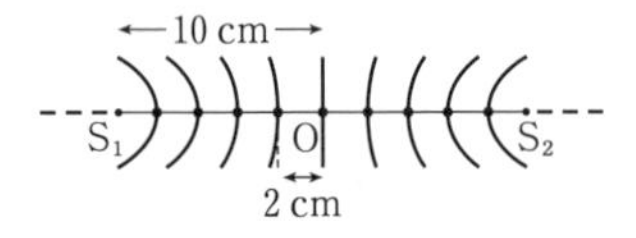

なお，いまの場合は S_1 と S_2 も腹であり，S_2 から右の半直線と S_1 から左の半直線(点線)も強め合いの線になっている。また，弱め合いの線は節に対応し，10 本あることも確認できる。

このように波源間の線分上の定常波に注目することによって干渉の全体像がつかめる。本文 p 108，109 で学んだことを活(い)かしたい。

52　管Bを4cm引くと，Bを伝わる音の経路は　$4\times2=8$ cm 長くなる(灰色部)。
距離差(経路差)が1波長λ増すごとに弱め合い(あるいは強め合い)が生じるから，$\lambda=8\,\text{cm}=0.08\,\text{m}$ と決まる。

$$\therefore\quad f=\frac{V}{\lambda}=\frac{340}{0.08}=\mathbf{4250}\ \textbf{〔Hz〕}$$

(別解)　干渉の条件式を用いてもよい。
はじめの距離差をlとすると

$$l=\left(m+\frac{1}{2}\right)\lambda \qquad \cdots\cdots①$$

次の弱め合いは整数mが1変わるときであり

$$l+8=\left\{(m+1)+\frac{1}{2}\right\}\lambda \qquad \cdots\cdots②$$

左辺が増しているので，右辺の整数も1増やしている。
②−① より　　$8=\lambda$　　(以下，省略)

53　$\dfrac{dx}{l}=m\lambda$　より　$x=m\dfrac{\lambda l}{d}$

mが1増すごとにxは$\lambda l/d$増すから明線の間隔は　$\Delta x=\lambda l/d$

$$\therefore\quad \lambda=\frac{d\Delta x}{l}=\frac{0.40\times10^{-3}\times3.0\times10^{-3}}{2.0}=\mathbf{6.0\times10^{-7}\ m}$$

54　中央はλによらず明線ができるから，すべての色が重なり合い**白色**。
p138の EX や前問のように，$x=m\lambda l/d$
これからλが小さいほどxが小さく，中央に近いので(同じmで比較)，**青，黄，赤**の順になる。

(別解)　中央から離れるほど距離差が大きくなる。距離差$=m\lambda$より，同じmではλが長い光ほど中央から離れた位置に明線をつくることになる。

55

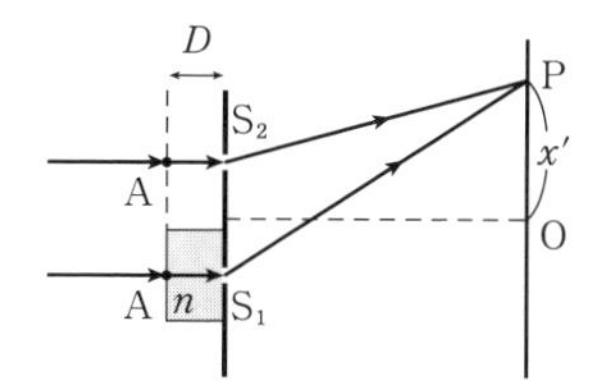

点A以後の光路差Lは

$$L=(nD+S_1P)-(D+S_2P)$$
$$=(n-1)D+(S_1P-S_2P)$$
$$=(n-1)D+\frac{dx'}{l}$$

$L=m\lambda$ より

$$x'=\frac{l}{d}\left\{m\lambda-(n-1)D\right\}$$

薄膜(はくまく)がない場合($D=0$とすればよい)の$x=lm\lambda/d$と比べると，同じmに対しては，$n>1$より　$x'<x$
よって　**下へずれる**。

ずれの距離は　$x-x'=\mathbf{\dfrac{(n-1)Dl}{d}}$

この値はmによらないから，縞(しま)模様は等間隔のまま全体が下へずれることが分かる。

Miss　薄膜による光路差をnDとする誤りが多い。“薄”にひかれてのことだろうが，AS_2が忘れ去られている。正しい差は$nD-D=(n-1)D$でnDとは大いに違う。たとえば，$n=1.5$とすると3倍も違う。

なお，上の図では薄膜をスリットに密着させたが，問題の図のように離れていても構わない。光路差としては共通部分は消えてしまう。

(別解)　中央の明線($m=0$, つまり光路差 0)のずれの向きだけなら定性的に決められる。S_1 を通る光の方が薄膜によって光学距離が長くなっているので, スリット以後で逆に S_1 からの距離が短くなるようにしてやればよい。つまり O より下の位置にずれるはずと分かる。

56　S で回折して直接スクリーンに達する光 a と鏡で反射してから達する光 b の重なりで干渉が起こる。S の鏡像の位置 S′ と鏡の両端を結ぶ直線から反射光の届く範囲が決まる。縞模様は次図の太線の範囲となる。

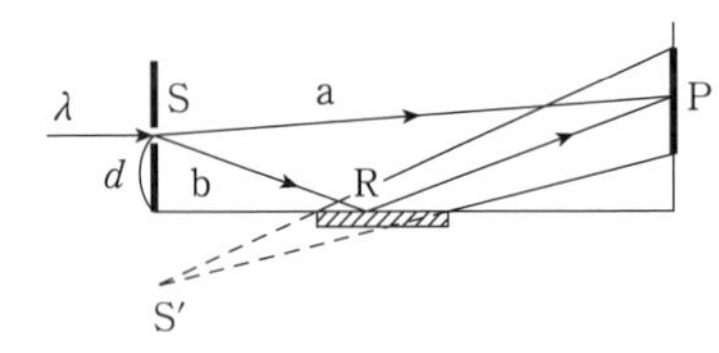

光 b の光学距離 l_b は, 鏡の反射点を R とすると,　$l_b=\mathrm{SR}+\mathrm{RP}$

S と S′ は鏡面に関して対称だから

$\mathrm{SR}=\mathrm{S'R}$　　$\therefore$　$l_b=\mathrm{S'P}$

結局, b と a の光路差は S′P−SP となり, ヤングの実験と同じ状況になる。スリット間隔 $\mathrm{SS'}=2d$ に注意して

$$\mathrm{S'P}-\mathrm{SP}=\frac{2d\cdot x}{l}$$

光 b は鏡による反射で位相が π 変わることを考えると, 明線の条件は

$$\frac{2d\cdot x}{l}=\left(m+\frac{1}{2}\right)\lambda$$

$$\therefore\quad \boldsymbol{x=\left(m+\frac{1}{2}\right)\frac{\lambda l}{2d}}$$

57　$d\sin\theta=m\lambda$ より λ が小さいほど $\sin\theta$ が小さい。つまり θ が小さく, 中央 ($m=0$, $\theta=0$) に近くなる。よって, **青**, **黄**, **赤**の順。なお, 中央は白色になる。

58　1 mm 当たり 500 本のすじがあるから, すじとすじの間隔(格子定数) d は

$$d=\frac{1\times10^{-3}}{500}=2\times10^{-6}\,[\mathrm{m}]$$

$d\sin\theta=m\lambda$ より

$$2\times10^{-6}\sin\theta=m\times440\times10^{-9}$$

$$\therefore\quad \sin\theta=0.22m$$

$0\leqq\sin\theta<1$ より

$$m=0,\ 1,\ 2,\ 3,\ 4$$

$m=0$ 以外は上下対称に現れるので **9 本**

59

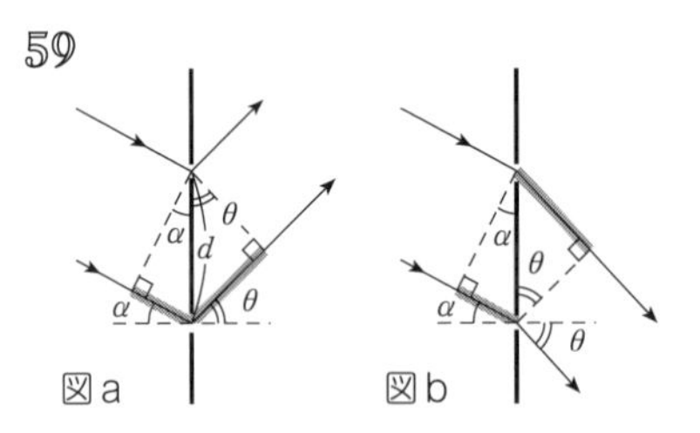

図 a：光路差は灰色の太線部の和だから

$d\sin\alpha+d\sin\theta$

$$\therefore\quad \boldsymbol{d(\sin\alpha+\sin\theta)=m\lambda}$$

図 b：光路差は灰色の太線部の差だから

$d\sin\theta-d\sin\alpha$

$$\therefore\quad \boldsymbol{d(\sin\theta-\sin\alpha)=m\lambda}$$

$\theta=\alpha$ は $m=0$ で, 直進するケース。この方向だけは d や λ によらず明線となる。なお, $\theta<\alpha$ の可能性もある(m は負の整数)。

High　θ について反時計回りを正とすると(図 b の θ は負), 図 a, b まとめて次式で表せる。m は負も含める。

$$d(\sin\alpha+\sin\theta)=m\lambda$$

60

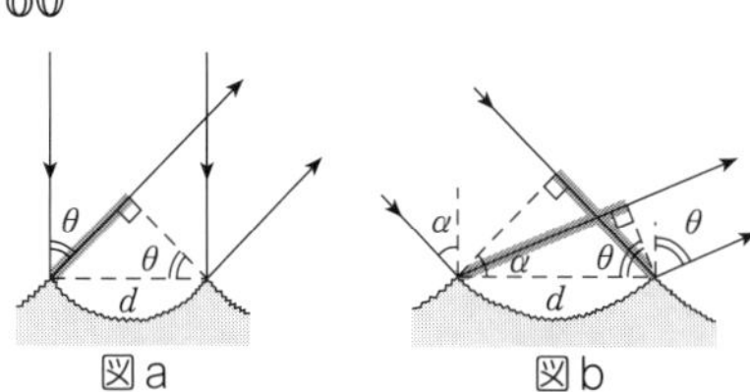

図ａ：　$\boldsymbol{d\sin\theta = m\lambda}$

反射によって位相は π ずれるが，どの光も π ずれるので影響しない。

図ｂ：灰色の太線部の差より

$$\boldsymbol{d(\sin\theta - \sin\alpha) = m\lambda}$$

$\theta=\alpha$ のときは $m=0$ で，d や λ によらず強め合う。つまり，反射の法則に従う方向は必ず強め合う。

$\theta<\alpha$ の場合，m は負。

61

油の表面で π ずれるので，強め合いの条件は

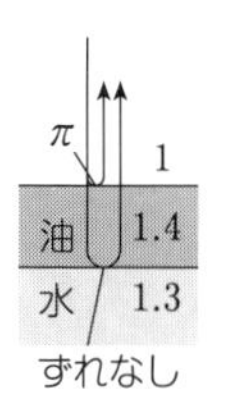

$$2nd=\left(m+\frac{1}{2}\right)\lambda$$

$$2\times1.4\times5.0\times10^{-7}=\left(m+\frac{1}{2}\right)\lambda$$

$$\therefore\quad \lambda=\frac{28}{2m+1}\times10^{-7}$$

与えられた波長範囲に該当するのは

$m=2$ のとき　$\boldsymbol{\lambda=5.6\times10^{-7}\ \mathrm{m}}$

$m=3$ のとき　$\boldsymbol{\lambda=4.0\times10^{-7}\ \mathrm{m}}$

62

２つの光とも π ずれるので，弱め合うのは

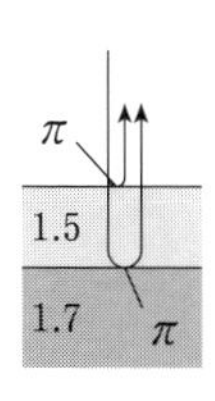

$$2nd=(m+\frac{1}{2})\lambda$$

d の最小は m の最小値 0 に対応する。mm 単位で表すと

$$2\times1.5\,d=\frac{1}{2}\times600\times10^{-9}\times10^{3}$$

$$\therefore\quad d=\boldsymbol{1\times10^{-4}\ \mathrm{mm}}$$

63

表面でだけ π ずれるから，屈折角を ϕ とすると，強め合う条件は

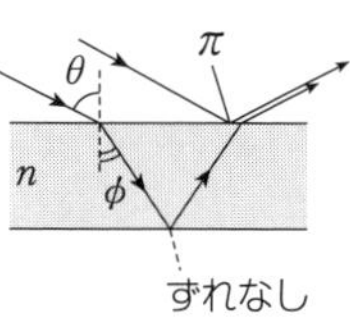

$$2nd\cos\phi=\left(m+\frac{1}{2}\right)\lambda$$

屈折の法則より　$n=\dfrac{\sin\theta}{\sin\phi}$

また　$\cos\phi=\sqrt{1-\sin^2\phi}$　より

$$\boldsymbol{2nd\sqrt{1-\left(\frac{\sin\theta}{n}\right)^2}=\left(m+\frac{1}{2}\right)\lambda}$$

$$\therefore\quad \boldsymbol{2d\sqrt{n^2-\sin^2\theta}=\left(m+\frac{1}{2}\right)\lambda}$$

64

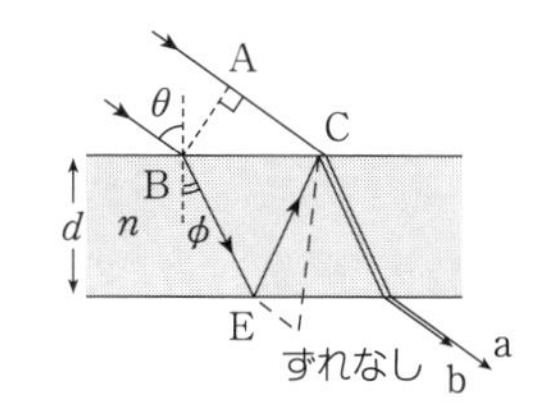

C 以後の光路差はないから，光路差は BEC と AC の差から生じる。これは反射光の場合とまったく同じことになり，公式をそのまま用いればよい。光ｂの２回の反射はいずれも位相がずれないから，強め合いは

$$2nd\cos\phi=m\lambda$$

63と同様にして

$$\boldsymbol{2d\sqrt{n^2-\sin^2\theta}=m\lambda}$$

(別解)　63の結果を利用すれば，「反射と透過は逆条件」ですむ。

65

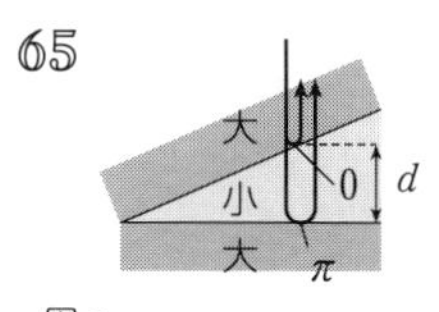

図a

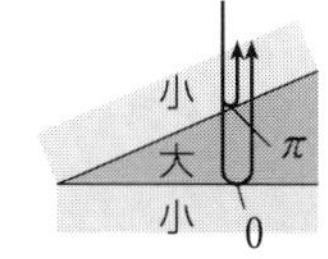

図b

光路差は

$$n\times 2d=n\times 2x\tan\theta \fallingdotseq 2nx\theta$$

n とガラスの屈折率の大小関係は与えられていないが，図ａ，ｂいずれにしても，片方の経路だけで位相が π 変化する。よって明線の条件は

$$2nx\theta=\left(m+\frac{1}{2}\right)\lambda$$

$$\therefore\quad x=\boldsymbol{\left(m+\frac{1}{2}\right)\frac{\lambda}{2n\theta},\ m=0,\ 1,\ 2\cdots}$$

m が１増すごとに x は $\boldsymbol{\frac{\lambda}{2n\theta}}$ 増す。これが明線の間隔 Δx であり，液体で満たす前（$n=1$ とすればよい）に比べて $1/n$ 倍になり，狭くなっている。

(別解)　$\Delta x\tan\theta=\dfrac{\lambda/n}{2}$ より求めてもよい。液体中の波長 λ/n を忘れないこと。

66

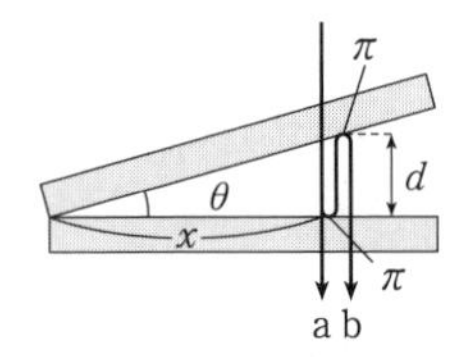

光ａの方は透過のため位相変化はなく，ｂは２度の反射のいずれも π 変化するから，実質的には反射の影響はない。

$$2d=2x\tan\theta\fallingdotseq 2x\theta=m\lambda$$

$$\therefore\quad x=\boldsymbol{\frac{m\lambda}{2\theta},\quad m=0,\ 1,\ 2,\ \cdots}$$

p 147 の EX より，これは反射光では暗線の位置である。「反射と透過は逆条件」となっている。

67

$$\Delta x\tan\theta=\frac{\lambda}{2}$$

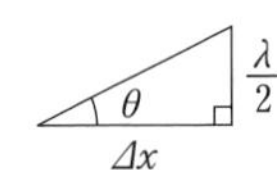

紙の厚さを D，平面ガラスの長さを $l(=10\text{ cm})$ とおくと

$$\tan\theta\fallingdotseq\frac{D}{l}\qquad\therefore\quad D=\frac{\lambda l}{2\Delta x}$$

数値を mm 単位で代入すると

$$D=\frac{500\times10^{-9}\times10^{3}\times10\times10}{2\times\dfrac{1\times10}{8}}$$

$$=\boldsymbol{2\times10^{-2}\ \mathrm{mm}}$$

68

$m=5$ の暗線より

$$\frac{r^2}{R}=5\lambda\quad\cdots\cdots①$$

$$\therefore\quad R=\frac{r^2}{5\lambda}=\frac{(6\times10^{-3})^2}{5\times0.6\times10^{-6}}=\boldsymbol{12\ \mathrm{m}}$$

69

光路差　$n\times\dfrac{r'^2}{R}=5\lambda\quad\cdots\cdots②$

$\dfrac{②}{①}$ より　　$n\left(\dfrac{r'}{r}\right)^2=1$

$$\therefore\quad n=\left(\frac{r}{r'}\right)^2=\left(\frac{6}{5}\right)^2=\boldsymbol{1.44}$$

70

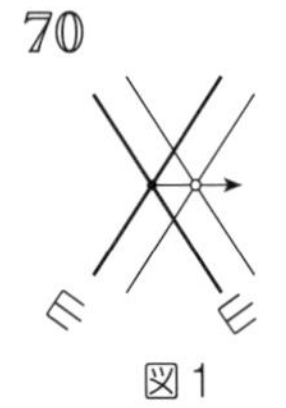

図１

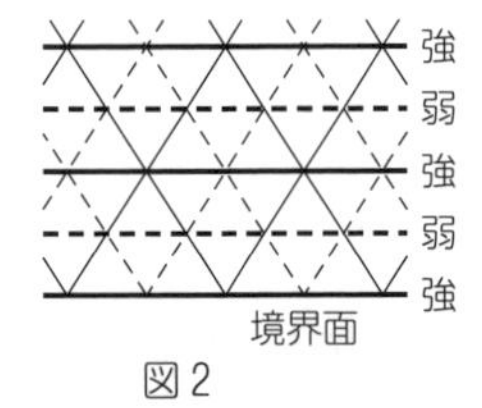

図２

山と山，または谷と谷が交差している所が強め合いの位置だが，それらをどうつなぐかが問題。少し時間がたつと，山と山の重なりは図１のように右向きに移動する。これから強め合いの線は図２のように境界面に平行になることが分かる。

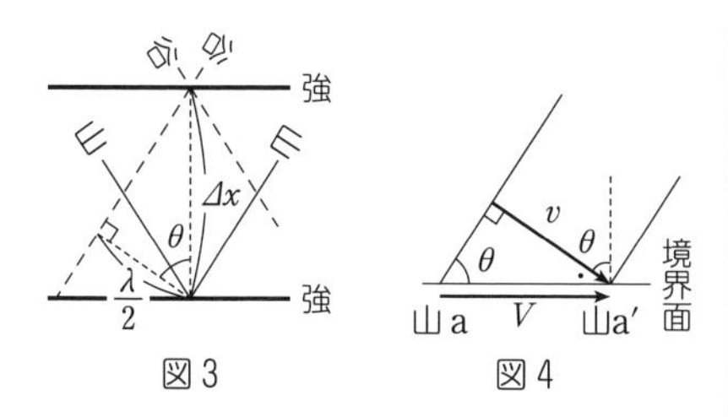

図3　図4

図3（図2の一部を拡大）より

$$\Delta x\cos\theta=\frac{\lambda}{2}$$

$$\therefore\quad \Delta x=\boldsymbol{\frac{\lambda}{2\cos\theta}}$$

1 s 間に波面は v〔m〕進む。境界面上で見ると，図4のように山 a は a′ の位置に移るように見え，

$$V\sin\theta=v$$

$$\therefore\quad V=\boldsymbol{\frac{v}{\sin\theta}}$$

$V>v$ に注意。波は模様が伝わる現象なので，v より速く伝わる（ように見える）ことがある。